水科学博士文库

Drought Identification and Solutions in Baiyangdian Basin

白洋淀流域干旱识别技术及应对

袁勇 严登华 袁喆 尹军 王青等 著

中国水利水电出版社
www.waterpub.com.cn
·北京·

内 容 提 要

本书以华北地区白洋淀流域及白洋淀湿地为研究对象，提出了干旱还原理论与技术框架，基于流域水文模型和湿地生态模型，开展了白洋淀流域和湿地历史干旱评价，辨识了干旱演变规律和驱动机理，分析了流域和湿地干旱还原后的特征，提出了干旱综合应对措施，为科学认识干旱驱动机理和影响大小，提高流域区域干旱综合应对能力提供了重要参考。

本书可供从事干旱演变机理和湿地生态水文等相关研究的专家、学者阅读，也可供相关专业的高校师生参考。

图书在版编目（CIP）数据

白洋淀流域干旱识别技术及应对 / 袁勇等著. -- 北京 : 中国水利水电出版社, 2022.9
（水科学博士文库）
ISBN 978-7-5226-0908-9

Ⅰ. ①白… Ⅱ. ①袁… Ⅲ. ①白洋淀－流域－干旱－研究 Ⅳ. ①P426.615

中国版本图书馆CIP数据核字(2022)第141172号

书　　名	水科学博士文库 **白洋淀流域干旱识别技术及应对** BAIYANG DIAN LIUYU GANHAN SHIBIE JISHU JI YINGDUI
作　　者	袁勇　严登华　袁喆　尹军　王青　等 著
出版发行	中国水利水电出版社 (北京市海淀区玉渊潭南路1号D座　100038) 网址：www.waterpub.com.cn E-mail：sales@mwr.gov.cn 电话：(010) 68545888（营销中心）
经　　售	北京科水图书销售有限公司 电话：(010) 68545874、63202643 全国各地新华书店和相关出版物销售网点
排　　版	中国水利水电出版社微机排版中心
印　　刷	清淞永业（天津）印刷有限公司
规　　格	170mm×240mm　16开本　15.5印张　223千字
版　　次	2022年9月第1版　2022年9月第1次印刷
印　　数	001—500册
定　　价	**78.00**元

前言

QIANYAN

气候变化带来的旱涝极端天气事件呈现频发、广发、多发态势，已经对生态系统、经济社会、基础设施、人类身体健康等造成了广泛而普遍的影响，引起各国政府、学术界、社会公众的高度重视。我国幅员辽阔，地理环境复杂，受气候变化影响较大，我国自然灾害所造成的总损失中有71%是由气象灾害造成的，而气象灾害造成的损失中一半以上是由旱灾造成。因此，开展干旱还原的研究，识别干旱及驱动机理，对提高区域供水安全保障水平、支撑经济社会发展和生态文明建设具有重要意义。

2017年4月，党中央国务院作出设立河北雄安新区的重大决策部署。雄安新区位于白洋淀流域内，该流域水资源禀赋较差，受气候变化和人类活动影响，干旱对经济社会发展和生态环境带来不利影响，水资源短缺严重，导致经济社会用水挤占河湖生态用水问题突出，特别是近几十年来，素有“华北之肾”之称的白洋淀湿地入淀水量减少，主要依靠人工补水维持湿地内正常的生态系统服务功能。因此，开展白洋淀干旱还原研究，辨识白洋淀干旱演变规律及驱动机理，可为雄安新区供水安全保障提供重要支撑。

本书在系统梳理相关研究成果的基础上，结合干旱研究新进展，以白洋淀流域及流域内白洋淀湿地为研究对象，考虑研究对象不同尺度和干旱影响因素等特点，围绕干旱还原理论与技术框架、干旱评估及演变规律、干旱还原特征、干旱综合应对等开展深入研究。全书共9章，第1章主要介绍了研究背景和国内外干旱研究进展；第2章基于“自然-人工”二元水循环理论和干旱形成机制，提出了干旱还原理论与技术框架；第3章分别介绍了白洋淀流域及白洋淀湿地自然地理和经济社会概况；第4章利用流域水文模型开展了历史干旱特征分析，并采用湿地干旱指数评价分析了白洋淀湿地干旱；第5章分析了白洋淀流域和湿地干旱演变规律及驱动机理；第6章结合设置的干旱还原情景，利用流域水文模型分析了干旱还原后的特征；第7章基于构建的湿地生态水文模型分析了干旱还原特征，并从湿地生态脆弱性角度提出了湿地保护阈值；第8章结合流域和湿地干旱还原研究结果，提出了干旱综合应对措施建议；第9章提出了结论及展望。本书研究成果为科学认识干旱演变规律和驱动机理提供了理论基础，也为今后开展干旱研究的方法技术提供了实践支撑。

本书得到了国家自然科学基金项目（52079008，51909080）的共同资助。参与本书研究与编写的主要有袁勇、严登华、袁喆、尹军、王青等。第1章、第3章由尹军、王青编写；第2章、第4章由严登华、袁喆编写；第5章由袁喆、尹军编写；第6章由袁喆、袁勇编写；第7章、第8章由袁勇、袁喆编写；第9章由王青、尹军编写。

干旱的产生、演变和影响是一个漫长复杂的过程，涉及水资源、生态、经济社会等众多领域，相关理论认识和方法技术研究也在不断更新和完善。限于作者认识和水平，本书内容难免有不妥之处，敬请读者批评指正。

作者

2022年5月

目录

MULU

第1章 绪　论

在气候变化影响下，干旱等极端事件对居民生活、工农业生产及生态环境造成了严重不利影响。本章在说明研究背景的基础上，以白洋淀流域及流域湿地为主要研究对象，提出研究的重要意义，系统梳理了干旱评价、干旱对生态水文过程影响等研究进展。

1.1 研究背景

在气候变化背景下，气候系统稳定性降低，旱涝极端天气事件呈现频发、广发、多发态势，全球及区域水循环系统特征发生深刻变化（Dai，2011；Sun et al.，2014；Nam et al.，2015）。近年来全球极端天气事件频发，对居民生活、工农业生产及生态环境造成了严重不利影响。近20年来全球几乎每年都会发生暴雨洪涝及干旱等极端天气事件。

对北半球来说，1983—2012年很可能是近1400年以来最暖的30年。全球陆地-海洋表面平均温度在1880—2012年上升0.65～1.06℃（IPCC，2013）。干旱是全球最为常见的自然灾害，在以气温升高为主要特征的气候变化背景下干旱形势更为严峻（Richman et al.，2015）。我国幅员辽阔，地理环境复杂，受气候变化影响较大，我国自然灾害所造成的总损失中有71%是由气象灾害造成的，而气象灾害造成的损失中53%是由旱灾造成的（袁喆，2016；陈云峰等，2010）。1961—2011年全国干旱受灾面积及成灾面积如图1.1所示。2015年，我国干旱直接经济损失579.22亿元（见图1.2），占当年GDP的0.08%，对我国粮食安全、饮水安全及社会经济发展造成严重不利影响（Jia et al.，2016）。我国华北地区旱涝灾害严重，海河流域社会经济水平发展迅速，人口密度大，旱灾发生频率高，“十年九旱”（黄荣辉等，2006；卢路等，2011；杨志勇等，2013）；干旱事件受到自然和人类活动双重影响，随着社会经济的发展，流域用水竞争特性显著增强；受到人类活动尤其是干旱时段水资源调配的影响，社会经济系统和自然生态系统则承受着较天然情景下更为严重的干旱影响。将实际干旱事件还原到天然情景，是从根本上揭示干旱演变规律的前提，也是制定水资源合理配置及干旱情景下应急生态补水方案措施的重要依据（马俊超等，2015）。

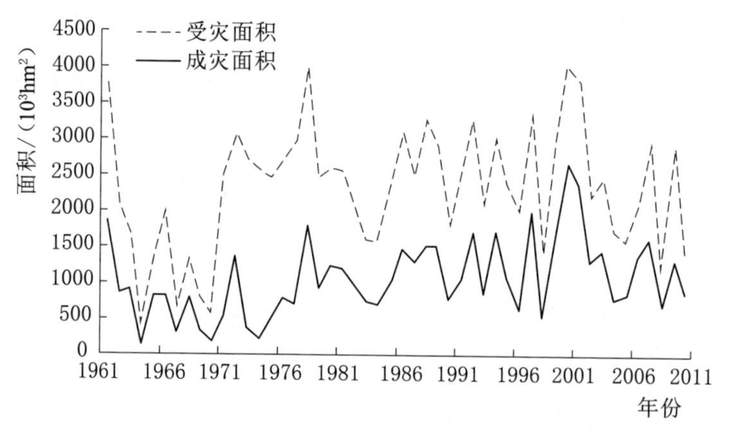

图 1.1　1961—2011 年全国干旱受灾面积及成灾面积

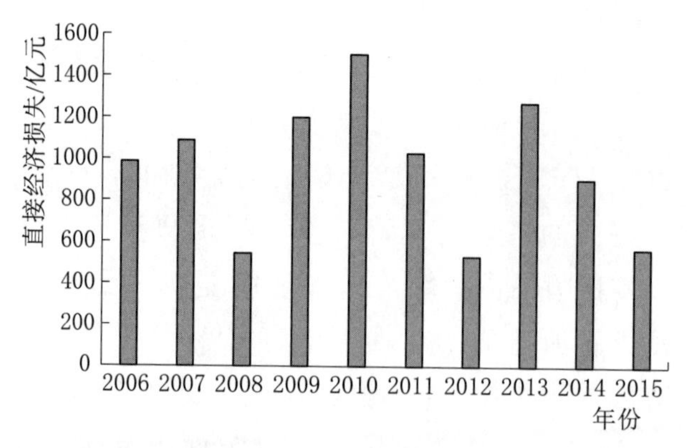

图 1.2　2006—2015 年全国干旱直接经济损失

白洋淀流域地处我国华北平原，是受气候变化影响的敏感区域，同时也是受高强度人类活动影响明显的区域，流域内多年平均水资源量为 31.18 亿 m³，人均水资源量仅为 297m³（白杨等，2013），日益尖锐的供需水矛盾对白洋淀流域生态环境及社会经济发展造成了严重不利影响。流域内素有“华北之肾”之称的白洋淀湿地是华北地区面积最大的湿地，但近年来受气候变化和人类活动影响，入淀水量持续下降，水量损失不断增加，1983—1988 年连续 5 年干淀（高彦春等，2009），20 世纪 90 年代后依靠人工补水维持湿地内正常的生态系统服务功能。

2017 年 4 月 1 日，中共中央、国务院决定设立河北雄安新区。雄安新区位于白洋淀流域内，而白洋淀湿地则是雄安新区的重要组成部分。因此，开展白洋淀干旱研究，辨识白洋淀干旱演变规律及驱动机理，对于保障支撑雄安新区建设具有重要意义。

1.2 国内外研究进展

1.2.1 干旱评价及驱动机理

1.2.1.1 干旱事件评价

由于影响干旱形成和发展因素不同（尹晗等，2013），不同学科对干旱的定义和内涵也不同，目前尚未有统一的普遍接受的定义（王鹏新等，2003）。世界气象组织认为干旱是一种因长期无雨或少雨而导致的土壤和空气干燥的现象；联合国粮食及农业组织认为干旱是因为水分减少而造成的农作物减产的现象；《中国水旱灾害公报 2015》中定义干旱灾害是指由于降水减少、水利工程供水不足引起的用水短缺，并对生活、生产和生态造成危害的事件（张俊等，2011；国家防汛抗旱总指挥部，2016）。本书借用广义干旱思想，构建干旱还原理论框架，并以白洋淀流域为典型案例进行分析。广义干旱是指因降水减少而导致流域在一定时段内的缺水情势劣于正常状况的水资源系统演变过程，受到气候变化、下垫面条件改变和水利工程的综合影响（翁白莎，2012），该定义从水资源系统的角度对干旱进行定义，物理意义明确，具有普遍推广意义。

根据受旱机制的不同，干旱主要分为5类，分别为气象干旱、水文干旱、农业干旱、社会经济干旱和生态干旱（尹晗等，2013；张强等，2009），近年来，针对不同干旱类型学者研发了多种干旱评价指标，评价指标也逐渐从诸如单站Z指标（鞠笑生等，1998；袁文平等，2004）、累积降水演化系数（张丕远等，1999）、标准化降水指数SPI（武建军等，2011）和Palmer干旱指数PDSI（叶敏等，2013）等单尺度、单指标、小范围评价指标逐渐演变为多指标大范围评价指标（Esfahanian et al.，2017）。主要干旱评价指标见表1.1。

表1.1　主要干旱评价指标（姚玉璧等，2007；韩海涛等，2009；李伟光等，2012；高宇等，2012）

干旱类型	评价指标	评价原理	优点	缺点
气象干旱	降水量距平百分率	反映某一时段降水与同期平均状态的偏离程度	计算简单	降水资料较为宽泛，计算精度不高，不反映干旱内在机理
	标准降水蒸散发指数	通过标准化潜在蒸散与降水的差值表征一个地区干湿状况偏离常年的程度	对不同时空旱涝状况都有良好反映，计算更稳定	无法识别干旱频发地区，未考虑水分支出
	综合气象干旱指标	综合利用月尺度与季尺度标准化降水指数以及月尺度湿润指数，进行实时气象干旱监测以及历史气象干旱评估	可反映长、短时间尺度降水量气候异常情况，同时可表征短时间尺度水资源短缺情况	未考虑生态系统和社会经济要素
	Palmer干旱指数	基于土壤水分平衡原理，考虑前期降水量和水分供需，对不同时间不同地区土壤水分状况进行分析	考虑了蒸散发、土壤水、径流等多种要素，并定义了干旱的开始、结束和强度	资料处理及计算过程复杂，土壤湿度参数使用具有不确定性

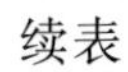

续表

干旱类型	评价指标	评价原理	优点	缺点
水文干旱	径流距平百分率	反映某一时段径流与同期平均状态的偏离程度	计算简便	在当前强人类活动影响下，径流量已受到强烈人类活动影响，计算结果可靠性降低
	地表水供给指数	利用径流量、水库蓄水量等要素建立	参数可被物理描述，可代表不同水文分区的供水条件	需考虑每个因子的分布变化及权重变化，计算复杂
农业干旱	降水量距平百分率、标准差指标等	对于地下水位较深且无人工灌溉的农田，根据降水的异常程度来判定农业干旱程度	计算过程相对简单	仅间接反映农作物受旱程度
	土壤含水量	根据土壤水分平衡原理和水分消退模式计算各个生长时段的土壤含水量，判定农业干旱是否发生	能直接反映作物可利用水分的减少状况	未考虑作物之间的差异
	农田冠层温度、农作物水分指数、作物形态指标、作物生理指标等	基于作物生理生态特征的突变及最优分割理论建立	直接反映作物水分供应状况	难以应用于大范围的旱情诊断
	积分湿度指标、供需水比例指标、农作物水分综合指标等作物需水量指标	计算标准蒸散量，利用作物需水系数进行订正，计算作物实际需水量	积分湿度指标：能定量客观评价自然降水对农业需水的满足程度和干旱程度； 供需水比例指标：物理概念明确，资料简单易获取； 农作物水分综合指标：综合考虑了水量平衡的各个因素，并与农作物需水量相关联	积分湿度指标：难以评价北方冬季干旱状况； 供需水比例指标：不具有空间可比性； 农作物水分综合指标：部分参数难以确定

续表

干旱类型	评价指标	评价原理	优点	缺点
社会经济干旱	干旱经济损失指数	根据干旱持续时间、强度与其对居民生活及不同行业产生的损失的函数关系表征干旱程度	—	—
	社会用水匮缺指数	基于年可利用水量、人口数以及人类发展指数评价干旱对社会面的干旱胁迫程度	—	—
	农村干旱饮水困难百分率	指因干旱造成农村供水低于正常需水的百分率	—	—
	城市干旱指数	分为城市干旱综合指标与城市干旱水源性指标两类，城市干旱综合指标是指城市干旱缺水量，即城市日常缺水量与城市正常日供水量的比值；城市干旱水源指示性指标包括河道水位变化率和地下水位变化率两种	—	—

注 因生态干旱受诸多要素影响，目前评价生态干旱的指标体系尚未完善，因此表中暂不分析生态干旱指标。

气象干旱指标主要为降水量距平百分率、标准化降水指数（SPI）、标准降水蒸散发指数（SPEI）、综合气象干旱指标（CI）、Palmer 干旱指数（PDSI）等。降水量距平百分率指标计算简单，但降雨资料较为宽泛，计算精度不高。SPI 可定量表征不同时段内降水量的匮缺程度。

随着地理信息系统和计算机技术的迅速发展，水文干旱指标由前期的利用径流量（Liu et al.，2016；Swetalina et al.，2016；Pathak et al.，2016）、水库蓄水量等要素建立地表水供给指数和Palmer 水文干旱强度指标等进行干旱评价，逐渐演变为采用

TOPMODEL、SWAT、MIKE SHE模型等分布式水文模型模拟预测气候变化以及下垫面条件改变等情景下的流域水文响应特性，以对研究区水文干旱进行监测、评价及预报（袁文平等，2004）。

农业干旱是指农作物体内水分匮缺而影响其正常生长发育的农业气象灾害，受人工灌溉措施调节影响，发生气象干旱时不一定发生农业干旱。对于雨养农业区，可用降水指标评价农业干旱程度（姚玉璧等，2007），例如降水量距平百分率以及标准差指标（Ezzine et al.，2014）。由于农田中土壤水状况直接影响作物生长，可用土壤含水量表征干旱对作物的影响状况。

社会经济干旱的水分短缺，主要是指存在于自然和人类社会经济系统中的水资源供需不平衡。其主要评价指标包括干旱经济损失指数、社会用水匮缺指数（Social Water Scarcity Index，SWSI）（袁文平等，2004）、农村干旱饮水困难百分率以及城市干旱指数等。干旱经济损失指数假定干旱对工业、航运、旅游等行业造成的损失指数与干旱持续时间、强度等存在一定函数关系（翁白莎，2012），以此计算某次干旱造成的社会经济损失。社会用水匮缺指数基于年可利用水量、人口数以及人类发展指数评价干旱对社会面的干旱胁迫程度。农村干旱饮水困难百分率是指因干旱造成农村供水低于正常需水的百分率。城市干旱指数分为城市干旱综合指标与城市干旱水源性指标两类，城市干旱综合指标是指城市干旱缺水量，即城市日常缺水量与城市正常日供水量的比值；城市干旱水源指示性指标包括河道水位变化率和地下水位变化率两种（吴玉成等，2010）。

生态干旱涉及植被、水文、土壤、地理等多个方面的诸多要素，是5种干旱类型中最复杂的一种。生态干旱评价指标主要表征干旱对生态系统功能的影响程度，目前对生态干旱的研究主要集中在湖泊和湿地。张丽丽等（2010）构建了白洋淀湿地生态系统健康评价指标体系，计算生态系统健康相对隶属度，分析了白洋淀湿地生态干旱演变趋势及驱动因子。

1.2.1.2 干旱演变驱动机理

有关学者针对干旱演变驱动机理已进行了许多研究（Easterling

et al.，2016)，研究结果表明干旱受气候变化与人类活动双重驱动影响。

气候变化通过影响温度、降水、蒸散发和海平面高度而影响水资源系统稳定性，进而驱动干旱特征演变（Liu et al.，2011；丁一汇，2008）。Verdon-Kidd等（2017）从气候变化角度对比分析了美国得克萨斯州和澳大利亚墨累达令河气象干旱、农业干旱和水文干旱的驱动要素以及干旱事件发生进程。Leng等（2015）基于标准降水指数（SPI）、标准径流指数（SRI）以及标准土壤水指数（SSWI）分析了气候变化对中国气象干旱、农业干旱和水文干旱的影响，认为气候变化会导致未来（2020—2049年）中国除北方及东北部分地区外的大多数地区气象干旱、农业干旱和水文干旱的发生强度、持续时间及频率升高。王素萍等（2010）认为我国2009—2010年冬季降雨偏少主要由环流异常引起；李维京等（2003）分析了影响我国北方夏季降水及旱涝时间的天气要素，认为亚洲季风、东亚阻塞高压和西太平洋副热带高压是主要影响要素；卫捷等（2004）分析了形成我国1999年及2000年华北夏季干旱的气候要素，认为静止波列的遥相关强迫作用及下垫面异常是主要因素；陈权亮等（2010）认为环流配置长期不变导致的我国西南方向偏西气流的水汽输送减少，是引起我国2008—2009年冬季北方干旱的主要因素。

人类活动，特别是土地利用变化是加剧地区干旱化的主要原因，Chen等（2016）认为1951—2014年中国日益严峻的干旱形势主要是由人类活动引起。符淙斌等（2002）认为人类活动强度及范围不断增加，导致生态环境破坏，是导致干旱情势加剧的主要因素；高升荣（2005）指出人类活动是造成淮河流域旱涝灾害的重要因素；姜逢清等（2002）认为我国新疆自20世纪80年代以来旱涝灾害情势加剧的主要原因是人类活动导致的生态系统改变。

目前越来越多的学者从气候变化和人类活动两方面同时展开研究，Wanders等（2014）基于全球水文-水资源模型PCR-GLOB-WB定量预估了全球尺度1971—2099年人类活动和气候变化对水

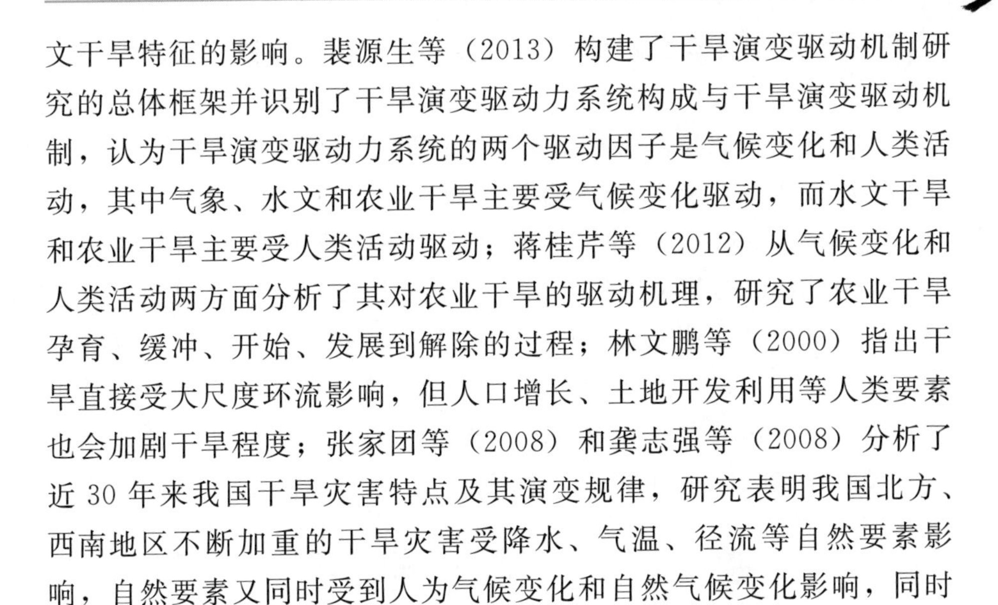

文干旱特征的影响。裴源生等（2013）构建了干旱演变驱动机制研究的总体框架并识别了干旱演变驱动力系统构成与干旱演变驱动机制，认为干旱演变驱动力系统的两个驱动因子是气候变化和人类活动，其中气象、水文和农业干旱主要受气候变化驱动，而水文干旱和农业干旱主要受人类活动驱动；蒋桂芹等（2012）从气候变化和人类活动两方面分析了其对农业干旱的驱动机理，研究了农业干旱孕育、缓冲、开始、发展到解除的过程；林文鹏等（2000）指出干旱直接受大尺度环流影响，但人口增长、土地开发利用等人类要素也会加剧干旱程度；张家团等（2008）和龚志强等（2008）分析了近 30 年来我国干旱灾害特点及其演变规律，研究表明我国北方、西南地区不断加重的干旱灾害受降水、气温、径流等自然要素影响，自然要素又同时受到人为气候变化和自然气候变化影响，同时也受到水资源利用、抗旱措施等人类活动要素影响；Yang 等（2016）分析了中国东北地区干旱演变规律并对其进行了归因分析，认为降水减少是导致干旱的主要因素，而作物灌溉面积和播种面积的增加也加剧了研究区干旱形势。

1.2.1.3　干旱还原

目前针对径流还原以及洪水还原的研究相对较多，李玉荣等（2009）通过对 2007 年 7 月长江上游洪水还原计算，分析了三峡工程蓄水水文特性的变化；王船海等（1996）构建流域洪水模型，以淮河中下游段作为典型案例进行了洪水还原计算；陈守煜等（1983）提出了利用不恒定流迭代解法的入库洪水还原计算。对干旱进行还原分析的研究较少。

在农业灌溉、水库调节以及地下水开采等人类活动的影响下，原有径流过程变形，实测径流已经无法代表真实的天然径流特性，因此需要对实测径流进行还原计算，将其还原至天然状态下（陈佳蕾等，2016）。径流还原的方法主要有分项调查法、降雨径流模型法、蒸发差值法以及水文模型法等。其中，分项调查法是基于水量平衡原理的分项调查法，其物理意义明确，计算简便，分析成果定性准确（周蓓等，2008）。降雨径流模型法是在下垫面条件基本一致的前提下，基于降雨径流相关关系的一种还原方法。国内外许多学者引入人工神经网络、遗传算法等对降雨径流模型法进行完善和改进。蒸发差值法是基于降雨、径流、蒸发三要素水量平衡公式得的一种还原方法，但因蒸发数据很难获得，因此在实践中很少用到（魏茹生，2009）。水文模型法因其物理机制强，使用方便，近年来应用广泛。夏岑岭等（1994）首次使用集总式水文模型——新安江模型进行径流还原计算，近年来学者多采用分布式水文模型进行水资源评价（贾仰文等，2006），基于 VIC 模型将海河流域实测径流还原至天然情景，并对驱动径流演变的气候变化和人类活动两大因素进行了归因识别干旱还原研究主要内容见图 1.3。

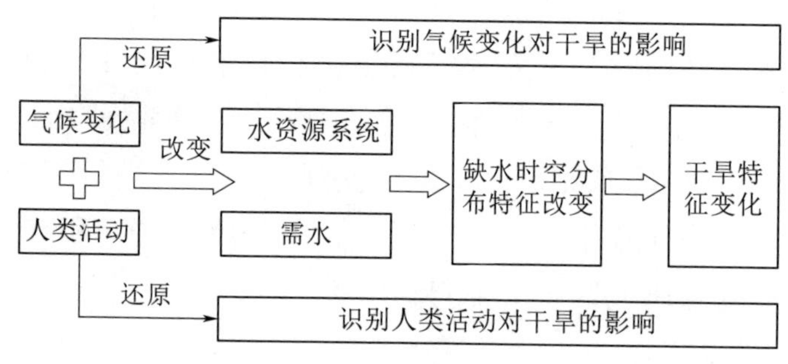

图 1.3　干旱还原研究主要内容

1.2.2　干旱对湿地生态水文过程的影响

1.2.2.1　湿地生态水文过程

在全球变化背景下，如何体现全球水文循环中的生态作用，将水文过程与生态过程进行耦合研究已成为当前水文科学研究的热点和前沿。由于全球水循环过程涉及地圈-生物圈-大气圈，在水文过程研究中必然伴随着与生态环境变化交叉研究，以满足一定社会需求，于是产生了新的学科——生态水文学。

生态水文格局和生态水文过程是生态水文学研究的两个重要方面。生态水文格局指生态格局和水文要素之间的相互关系研究（何池全等，2000）。生态水文过程是指生物动力过程与水文过程之间的关系，是揭示生态格局和过程变化水文机理的关键。在不同时空尺度上，生态过程如何反作用于水文过程，水文过程变化如何影响生态过程，是生态水文学研究的两大核心主体。

在湿地生态过程研究中，通常以研究植被为主。水循环特征对湿地，尤其是植被的特定作用主要体现在以下几个方面：水文条件控制着植被的组成丰富度；湿地初级生产力受水文条件影响，在流水环境或水文周期性变化状态下较高，而在静水状况下较低；水文过程影响湿地有机物的分解与输出，从而控制了湿地有机物的累积，同时对湿地营养物质循环和可利用性产生重要影响（Mitsch et al.，2007）。湿地水文与植被的相互作用关系见图 1.4。

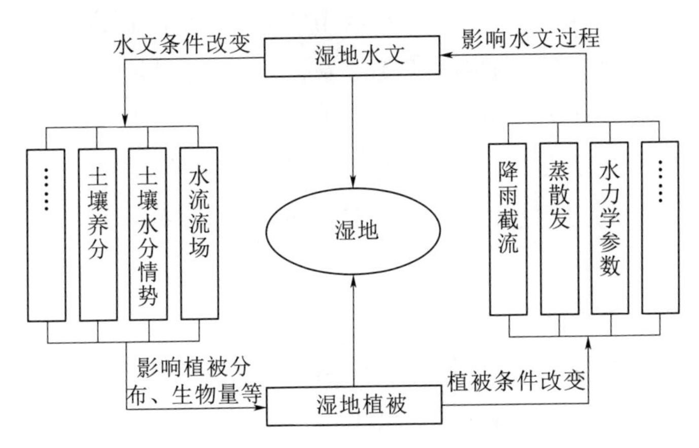

图 1.4　湿地水文与植被的相互作用关系示意图

1.2.2.2　干旱对湿地水文的影响

1. 对湿地来水特性的影响

按不同水源类型，湿地可分为降水补给型湿地、径流补给型湿地、地下水补给型湿地、综合补给型湿地等（Baird et al.，1999），这反映了湿地的主要来水类型。干旱导致流域降水量、径流量及地下水量减少，改变了流域水循环，湿地作为流域中的一个单元其来水特性受到很大影响。对于上述 4 种类型湿地，干旱对其主要来水的影响表现为：湿地区的降雨量减少（降水补给型湿地），上游径流减少引起入流径流量的减少（径流补给型湿地），地下水位下降（地下水补给型湿地），湿地区降雨量减少、入流径流量减少及地下水位下降（综合补给型）。地表水与地下水交换复杂，且对地表水的变化表现出一定滞后性（Baird et al.，1999），所以地下水补给的湿地，对干旱表现出一定的耐受性和滞后性，而降水、径流补给的湿地对干旱反应较灵敏且强烈（邓伟等，2003）；综合补给的湿地由于来水的多样化，其对干旱的反应介于地下水补给与降水、径流补给的湿地之间（Fan et al.，2011）。

此外，在干旱背景下，人类活动将深刻影响湿地水循环，土地利用方式的改变深刻影响了地表径流和地下水的动力学特征。干旱使得整个区域水资源量减少，降低了区域的可供水量。在区域水资源配置的引导下，为优先满足生产、生活用水，人为地进行上游水库蓄水、减少下泄流量，湿地生态用水在本就不足的前提下被进一步挤占，甚至作为应急水源过度开发。如洪河湿地自然保护区近年来气候变化导致区域降水、径流减少，周边地区农业开发进一步挤占湿地保护区的生态用水，加速了保护区内水位下降，沼泽和水域面积萎缩，动植物栖息地功能严重丧失（张明祥等，2001；周德民等，2007）。

2. 对湿地水量的影响

湿地水量可分为存量水和通量水，干旱对湿地水量的影响首先表现在通量水上，如径流量的减小；随着干旱持续时间的延长，存量水的变化开始显现出来，体现在淡水湖泊湿地的水位（降低）和水面积（减少）上。随着水位的下降，水面从岸边向湖中心减退（Stanley et al.，1997）；另外，湿地地下水位和水量也会随着干旱的持续而降低和减少（Van，2000）。这一部分水量的减少导致湿地可用水量的降低，体现为不能满足所有动、植物的生存，土壤水含量也随之减少。

3. 对湿地水动力学特征的影响

湿地水域区生长的水生植物会对水流流速产生一定阻碍作用（李胜男等，2008），动植物的残体也会在一定程度上对流速产生阻碍作用。由于湿地水量的减少会造成一部分动植物的死亡，其对流速的影响存在不定性，可能引起湿地水流流速增加或减小（邓伟等，2003）。干旱往往伴随着高温，水温的升高导致水体成层现象出现和导电性增强、溶解氧含量降低，引起鱼类等水生动物的死亡（Nicholas et al.，2008）。另外，蓄水量的减少降低了湿地的自净能力。这些都会导致湿地水质变差，水的黏滞性增加，水流流速减缓（吕宪国等，2008；刘红玉等，2003；鞠美庭等，2009）。因此，在短期内，干旱可能引起湿地水体流速降低。

4. 对湿地水文周期的影响

湿地水位具有季节性模式变化，表现为湿地表层和亚表层水位的升降（崔保山，2006）。大部分湿地的水位不是恒定的，而是具有波动性变化特征（陆健健等，2006），即表现为丰、平、枯水期，主要是由于湿地补给水源具有一定波动性。但在正常年份，湿地水位波动幅度一般不会太大，水位波动保持在一个范围内，呈现出周期性。干旱则会破坏这一周期性。湿地偶遇干旱表现为一种历时较短的干扰，使得水位波动幅度超过正常水平；持续干旱可能表现为一种长期的水分短缺事件，使湿地水位不断下降，直至湿地消失。如 20 世纪 80 年代白洋淀湿地曾出现连续干淀（安新县地方志编纂委员会，2000），其中，1984—1987 年连续干淀 4 年，水位波动现象消失，水文周期受到严重干扰。

1.2.2.3 干旱对湿地生态的影响

国外对于干旱对湿地生态影响研究，可以追溯到 1956 年，Moon（1956）对英国一条河流干旱时的动物种群进行了调查。综合起来，在 20 世纪 90 年代以前，该方面研究较少，研究内容主要涉及了植被、水生动物及水质方面，但研究方法主要是以调查比较干旱前后生态的变化为主（Foster et al.，1978；Welcomme，1986）。如 Cowx 等（1984）研究了干旱前后河流无脊椎动物的变化情况，并分析了原因；Muchmore 等（1983）干旱期间河流水质的变化情况；Wright 等（1987）对干旱期间水生植物和无脊椎动物、鱼类进行了调查分析。

在 20 世纪 90 年代，具有代表性的是对巴西马托格罗索州的潘塔纳尔湿地进行的生态季节性演替研究，先后发表了干旱对湿地水质、植被、动物和藻类等影响的 5 篇文章（Heckman，1994；Do

Prado et al.，1994；De Lamonica Freire et al.，1996；Hardoim et al.，1994；Heckman，1998）。其中 Heckman（1998）发表的文章在总结前面研究成果的基础上，初步分析了干旱对湿地生态的影响过程。

进入 21 世纪，随着人们对湿地功能、价值等的深入了解，对湿地相关研究开始增加，干旱对湿地的生态影响方面的研究成果也增多。在这一时期，除了对湿地干旱期间干旱过程的调查分析外，还加强了湿地元素循环过程和机理方面的研究，分析了湿地元素循环与气候变化、植被之间的相互关系以及干旱对湿地生态结构、功能等方面的影响及其适应机理，探讨了干旱对湿地生态影响的理论过程（Humphries et al.，2003；Brock et al.，2003；Douglas et al.，2003；Sprague，2005；Davey et al.，2007；Mitchell et al.，2008）。Lake（2003）认为湿地生态对干旱的响应，包括干旱消失后生态恢复是一个持续渐进过程；而 Boulton（2003）则认为湿地生态系统有阈值，在阈值前，其响应过程是持续渐进过程，而超过阈值后则是呈阶梯状（Stepped）。Ledger 等（2011）通过在室内模拟构建底栖动物的生长环境，分析干旱对其结构和功能的影响干旱对湿地影响研究见图 1.5。

在国内，从 20 世纪 60 年代开始，部分学者对沼泽湿地的生态进行了相关研究。目前专门研究干旱对湿地生态系统影响的成果较少，大部分研究是分析干旱对植物生长的胁迫作用，而在影响及生态适应机理等方面的研究还不完善（邢开成等，2005；谢涛等，2009；舒展，2010）。谢涛等（2009）通过盆栽试验，研究了水分梯度下湿地芦苇的光合参数变化；张丽丽等（2010）提出了生态干旱的概念，并用模糊隶属度函数进行了评价。

1. 干旱对湿地植被影响

湿地的“湿”是其区别于其他生态系统的主要特征，干旱发生时，将使湿地降水、蒸发等水文过程发生变化，造成湿地水面面积及地下水位下降，从而导致湿地植物结构和分布受到影响。植物对干旱的适应主要表现为两个方面：避旱（drought avoidance）和耐旱（drought tolerance）。植物避旱主要是改变其气孔导度、叶面积

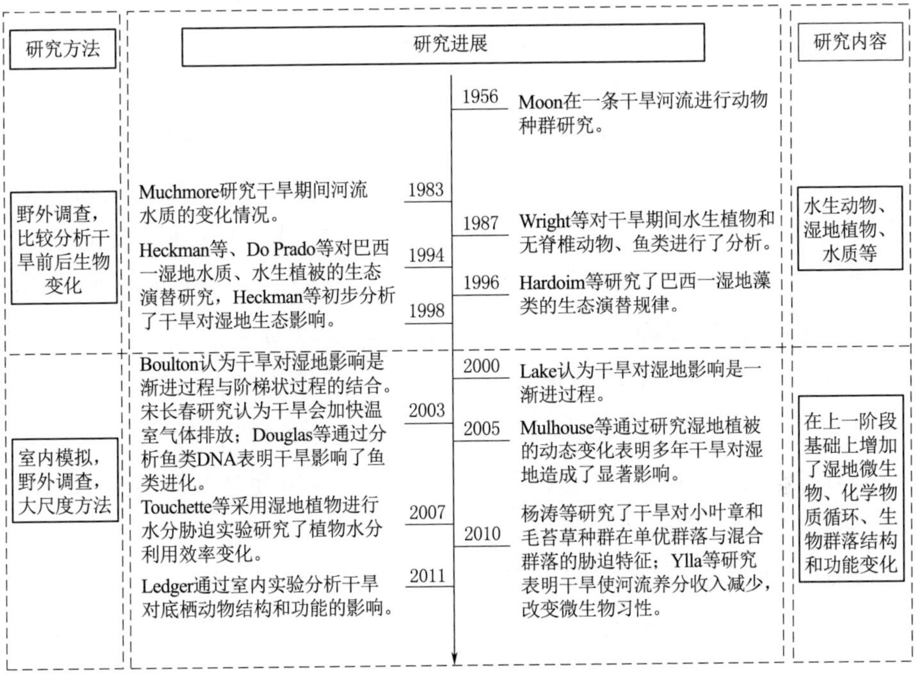

研究方法

研究进展

研究内容

1956 Moon在一条干旱河流进行动物种群研究。

Muchmore研究干旱期间河流水质的变化情况。 1983

1987 Wright等对干旱期间水生植物和无脊椎动物、鱼类进行了分析。

Heckman等、Do Prado等对巴西一湿地水质、水生植被的生态演替研究，Heckman等初步分析了干旱对湿地生态影响。 1994 1998

1996 Hardoim等研究了巴西一湿地藻类的生态演替规律。

野外调查，比较分析干旱前后生物变化

水生动物、湿地植物、水质等

Boulton认为干旱对湿地影响是渐进过程与阶梯状过程的结合。

2000 Lake认为干旱对湿地影响是一渐进过程。

宋长春研究认为干旱会加快温室气体排放；Douglas等通过分析鱼类DNA表明干旱影响了鱼类进化。 2003

2005 Mulhouse等通过研究湿地植被的动态变化表明多年干旱对湿地造成了显著影响。

Touchette等采用湿地植物进行水分胁迫实验研究了植物水分利用效率变化。 2007

2010 杨涛等研究了干旱对小叶章和毛苔草种群在单优群落与混合群落的胁迫特征；Ylla等研究表明干旱使河流养分收入减少，改变微生物习性。

Ledger通过室内实验分析干旱对底栖动物结构和功能的影响。 2011

室内模拟，野外调查，大尺度方法

在上一阶段基础上增加了湿地微生物、化学物质循环、生物群落结构和功能变化

图 1.5 干旱对湿地影响研究概况

和叶向等结构，而耐旱则是通过调整细胞渗透压、体积或细胞壁弹性来维持细胞膨胀压力，为将来长期干旱做准备（Saito et al.，2004）。Touchette 等（2007）采用 5 种湿地植物作干旱胁迫试验发现，有 4 种出现了避旱现象；有两种在经历干旱回到正常状态后水分利用效率提高了；植物水分利用效率差异是在其吸水饱和后才出现的。适度干旱可以使根系伸长生长，在水分亏缺条件下，根系生长通常快于地上部分，但当水分亏缺严重时，根系生长严重受阻，根长变短，根干重降低，集中分布于土壤剖面上部及表层，剖面下部死根变多（宫兆宁等，2007）。赵慧颖等（2008）研究表明受干旱的影响，呼伦湖湿地周边克氏针茅高度降低 11cm，羊草、苔草、多根葱和小针茅降低 2～4cm；草地初级生产力下降 30％～50％。湿地植物小叶章和毛苔草种群对干旱的响应特征与水分胁迫的幅度及持续时间有关，两个种群指标中以种群高度对水分胁迫的响应最为敏感（杨涛等，2010）。

干旱使土壤水分大量散失，可能使植物种子在局部相对较为湿润的地方更快地萌芽，从而对湿地植物的动态及分布产生较大的影响（Hall et al.，1999）。在一定的区域内，水位变化是植物群落分布变化的主要影响因素，短期干旱对湿地植物群落变化的影响不大，但长期干旱则严重影响植物群落的分布和生长。湿生植物因其具有较为发达的地下根系统，对水位波动的抵抗力较强，但水生植物地下根系不如湿生植物发达，对干旱气候条件带来的影响较敏感，如果水位持续降低且得不到季节性补给，原来的优势种群将不断退化，新的物种开始不断入侵，并且逐渐成为新的优势种群（宋长春，2003）。干旱将使湿地植物向森林植被演替，特别是在湿地规模较小、水位较浅、有耐洪涝的灌木的区域更容易发生（Stroh et al.，2008）。植物种群数量会在干旱期间下降，特别是对于不是在湿地大面积分布的物种，造成非湿地物种的入侵（Mulhouse et al.，2005；舒展，2010）。Fang 等（2008）采用高寒区分布式水文模型（CRHM）模拟了干旱对加拿大维兰德草原湿地影响，造成降雨、雪量减少，雪的覆盖时间缩短，冬天蒸发散增加，地下水补给减少，造成维兰德湿地水位降低。

总之，干旱对湿地植被的影响，主要是通过对水量的影响来体现的。水是植物生长的关键因素之一，不同的物种对水的要求不一样。干旱的发生，使得湿地"水量"，包括土壤水、水面面积发生变化。土壤水呈现从湿地中心向四周逐渐减少的梯度关系，最终与陆地生态系统一致的变化趋势。相应的，植被表现出从水生→湿生→旱生的生态演变模式，生态系统也从湿地生态演变成了陆地生态系统。

2. 干旱对湿地微生物和动物的影响

季节性干旱和非季节性干旱的早期影响相似，但由于非季节性干旱的影响更为严重、更难预测，并且有滞后效应，其影响更持久。随着干旱的发生，河道内水位下降，水面收缩，使可溶性有机碳（DOC）、磷、氮等向河道内输送量减少，甚至中断，并使微生物从异养性转变为自养性（Dahm et al.，2003；Ylla et al.，

2010）。另外，干旱的发生使得一些物种出现了适应干旱的结构特征，如缩短生命周期、减小体积、易于漂浮等，但当干旱渐渐结束时，这些物种被较大体积、漂浮能力小的物种取代（Griswold et al.，2008）。重度干旱会使河道断流，最终形成一个个缺乏连通性的独立水塘。在河道剩下的水塘中，与藻类相似的适合在静水环境中生活的生物大量出现，并造成夜间脱氧。在水塘中，高温可能使水的传导性增加，并发生热分层现象，造成栖息地空间和质量下降。河岸边缘带向水生栖息地收缩，导致河道横向联系减弱，天敌数量减少（Baxter et al.，2005），种群密度会慢慢变大到一定值（Acuna et al.，2005）。短期干旱将减少碱沼、酸沼微生物的基因丰富度，但湿地岸边的保持不变（Kim et al.，2008）。Leberfinger等（2010）通过设计不同无脊椎动物种群密度和不同干旱条件，分析交叉处理后对落叶分解程度的差异，发现高旱、中等种群密度条件下叶子分解程度最低；表明干旱可能影响生物生存和繁殖，同时也会影响食物链。

干旱的出现，使鱼类迁移到河流的水塘里以躲避干旱，当干旱结束时，幸存下来的鱼类后代在新的泛洪河段定居繁殖（Magoulick et al.，2003）。在干旱地区河流中，鱼类的延续可能取决于广大空间范围内水塘的特征（Arthington et al.，2005）。但水塘里腐殖质的积累，温度、可溶性有机物（DOM）的升高，含氧量的降低可能使鱼类和无脊椎动物死亡（Lake，2003）。鱼类的洄游时间与鱼类对干旱的平均抗性有关，而其关键环境影响因子是水质（Cucherousset et al.，2007）。固定生活在浅滩的蚌类在干旱发生时将遭受较高的死亡率（Gagnon et al.，2004）。对于蚯蚓和线蚓，土壤持水量和有机质含量是干旱发生后迁移与否的影响因素（Plum et al.，2005）。总体而言，干旱，尤其是非季节性干旱，会使鱼类和无脊椎动物的种群数量减少，构成和结构发生改变，生物种群对干旱的响应更多表现为适应，而不是对抗（Boulton，2003；Acuna et al.，2005；Dorn et al.，2007）。干旱对湿地生态的影响过程见图1.6。

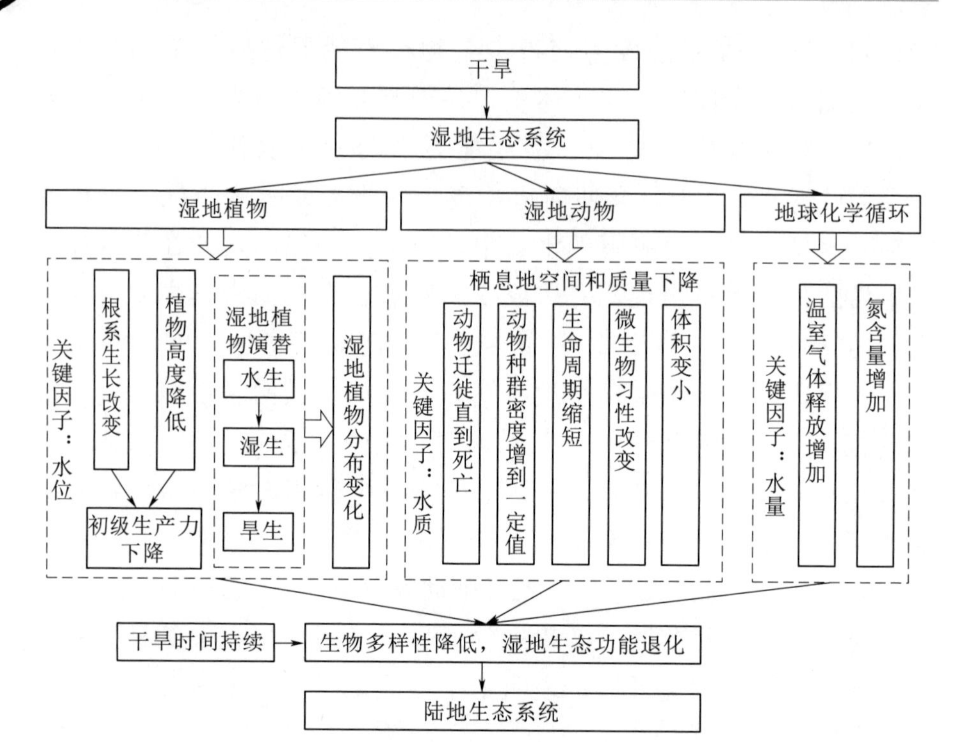

图 1.6　干旱对湿地生态的影响过程图

综上所述，由于动物具有一定的移动能力，其对干旱的响应主要表现为迁移躲避形式。它们会离开以前的生存区域，到更适合的地段，从而造成适宜生存区域种群密度增加，随着干旱的持续，种群数量又会减少，其关键影响因子是水质。这与干旱对植物的影响有一定区别。

3. 干旱对湿地地球化学物质循环的影响

在湿地化学物质循环中，由于碳循环与全球气候变化联系紧密，因而与其他元素比起来，研究较多。湿地是一个重要的碳库，储存了全球陆地碳总量的15％（Franzen，1992）。影响泥炭分解的主要因素是地表水及地下潜水水位，泥炭随着水文条件变化和地表泥炭层的剥蚀而逐渐向地表迁移，最终分解进入大气中。水位稳定的泥炭地通常由于分解速度小于积累速度，分解较慢，当泥炭沉积层暴露于大气环境下，特别是在干旱气候条件下，便有非常快的氧化速度，释放较多的温室气体（宋长春，2003）。

干旱条件改变了氮的有效性，并且一些水塘会出现高含量氮（Dent et al.，2001）。湿地干湿交替，将使其磷含量变得越来越少（Bostic et al.，2007）。夏季干旱的延长，使湿地水流流量减少甚至断流，地下水位将降低，同时生成硫酸盐，在流量恢复时，这些化合物又将被冲到河流里（Eimers et al.，2007）。

干旱使储存在湿地的地球化学物质释放出来，并加快了其循环速度。特别是温室气体的释放会加速全球气候变暖，影响植物生长和水质，使干旱形势严峻，而严重的干旱又会加速温室气体释放，从而形成恶性、不可逆的循环过程。

1.2.3 湿地模型

湿地生态水文模型是对湿地生态水文过程的模拟，是了解揭示湿地内部作用规律、预测和评价湿地演变过程和影响的有效工具，同时也是湿地实验和辅助设计的工具（殷康前等，1998），为湿地规划、设计和管理提供支持。不同时空尺度下模型模拟流动、运移和过程的不同选择见表1.2。

表1.2　不同时空尺度下模型模拟流动、运移和过程的不同选择（Trepel et al.，2000）

尺度		流动状态	运移状态	过程
空间	时间			
流域	几十年	静态/动态	对流	物理
子流域	年	饱和/非饱和	弥散	化学
湿地	月	侧向/垂直	扩散	生物
样点	日	一维、二维、三维	一阶	……
土壤层	小时	一层/多层	高阶	
……	……	……	……	
复杂程度组合				
时空尺度	+	流动状态		
		流动动态 + 运移状态		
		流动动态 + 运移状态 + 过程		

数学模型的构建主要包括：①对系统相互作用机理的识别；②对相互作用过程的概化；③用数学方程表示概化后的系统并求解；④用于预测和评价等。其中第①、②是基础，③是关键。在实际应用中，由于对系统的认识不完善及研究目的不同，模型概化也不一样，从而出现了不同的模型；对系统概化的繁简、采用不同的数学方程（代数方程、微分方程、偏微分方程等）及不同的数学求解方法，使模型表现出不同的复杂程度。模型不是越复杂越好，要根据研究目的及数据是否完整等因素综合考虑。对系统的概化及方程表达和求解过程，使得模型不是百分百地再现真实系统，出现了模型不确定性，因此现有模型也不是完美的。对于湿地模型，有不同的尺度和模拟对象可以选择。不同模拟尺度和对象组合造成模型复杂程度的不同。一般来说，模型模拟对象越多，尺度越小，复杂程度越大；反之，复杂程度越小。未来模型的发展，其计算过程和精度由于计算机技术的不断发展已不再是问题，而主要受限于数据收集是否充足以及对数据的参数化、校正和检验。本书将从河岸带（riparian）模型和综合模型说明湿地生态水文模型研究进展。

1.2.3.1 河岸带模型

河岸带是一介于陆地与水域水文的地貌单元，由于复杂的气象、水文、生物等过程的影响，其时空异质性很高，是湿地与外界环境物质能量交换的通道（Vanek，1997；Dall'O et al.，2001；Hattermann et al.，2006）。河岸带因其同时受陆地和水域的影响，表现出特殊的水文、生态、化学等过程。一般认为河岸带就像一个半透膜，调节着与相邻区域的物质能量交换（Naiman et al.，1988）。河岸带高的时空异质性是由于同时受水流垂直运动和侧向运动的影响，但主要受地下水侧向流动影响，植被构成差异与短期水文气象变化将直接影响蒸散发（Fränzle et al.，1997）。在生态方面，具有独特的演变特征和较高的生物多样性（Naiman et al.，1997；Sabo et al.，2005）。

Kluge等在1994年就采用地理水文模型对河岸带进行了模拟，以研究陆地、半陆地和水生生态系统间的相互作用关系。随着对河岸带机理认识的深入，模型模拟的内容和复杂程度不断增加。Heniche 等（2000）采用 Saint-Venant、Navier-Stokes 方程，基于改进算法，建立二维模型，模拟了河岸干湿交替情景下水文变化过程，但没有考虑人为调控及植被对洪水的响应。Dall'O 等（2001）采用模型模拟了贝劳湖岸水平衡，模型将河岸带分成几个断面分别模拟，并通过与实测湖水水位验证，具有较好的模拟效果。Trepel 等（2004）建立了一个矩阵模型，用于德国一个河岸带水文变化、氮转换过程及评价不同管理措施对土壤中氮含量的影响。以上模型基本都是基于水动力学构建的，但模型结构和计算都较复杂。Pollock 等（1998）考虑淹水频率，建立了河岸带植被丰富度模型，该模型是基于观测数据建立非线性方程，不是完全的基于机理的分布式模型，因此使用范围有限。Joris 等（2003）采用二维模型模拟了河岸带水文变化，及其响应的植被变化，但模拟时间只有 1 年。Liu 等（2008）基于 SWAT 模型，嵌套了一个河岸带模拟模块用以模拟流域尺度水文、水质变化特征。随着计算机技术发展，多维多过程大尺度的模型渐成主流，但模型的最终目的不是越复杂越好，而是要根据研究目的确定。从目前构建的河岸带模型来看，对其二维的水文特征变化模拟较多，而对于生物、化学过程模拟较少，需完善生物特别是植被生长对河岸带水文过程的影响模拟。

1.2.3.2 湿地综合模型

湿地综合模型在本书中主要是指对湿地水域和岸带的综合模拟。计算机和 GIS 技术的应用，使模型发展从一维到多维、从地表水到地表地下水相互作用、从单一过程到多过程的模拟，其复杂程度和模拟精度不断提高。湿地生态与化学过程都与水文变化有直接关联（Mitsch et al.，2007），因此对水文模拟较多，在多过程模拟里也都基于水文模拟模块。Mansell 等（2000）采用 Richards 方程和水量守恒方程建立一个模拟湿地水位、地下水、土壤水、地表水之间水文变化及溶质迁移的模型。Kazezyılmaz-Alhan 等（2007）开发了 WETSAND 模型，用以模拟湿地水循环及溶质迁移过程，该模型整合了地上、地下水相互作用关系，边界条件采用 SWMM5

模型模拟湿地上游城市区水量及水质结果，水质模块采用对流-弥散方程进行计算。Huckelbridge等（2010）研发了模拟科罗拉多河三角洲的湿地模型，用以分析水分运动、盐分和植被动态过程，模型由水量平衡、蒸发、盐度、植被4个模块组成，其中植被以盖度分维数来表示。另外，部分研究者也利用已有水文模型，如SWAT、MIKE SHE、MODEFLOW、SWIM等模型，修改或者增加相应的湿地模型模块，用于流域或区域模拟、分析（Chauvelon et al.，2003；Zacharias et al.，2004；Hattermann et al.，2006；Staes et al.，2009；Wang et al.，2010）。这类模型由于开发较早，对某些机理认识不完善，特别是对于湿地，因其有独特的生态水文过程，不能简单地套用现有模型。

在国内，专门针对湿地模型的研究较少，且现有模型也主要集中在人工湿地方面。殷康前等（1998）首先对湿地成因进行了分析及分类，探讨湿地状态变量，然后利用这一变量建立湿地模型模拟湿地状态特征和动力特征变化，是对湿地系统定量描述的尝试。生态水力学是结合水动力学和水生态系统动力学理论，研究水力条件变化与水生态系统演变相互作用的学科，而基于该理论建立的模型为动态模型，是分析水生生态系统复杂过程的有力工具（陈求稳等，2005）。宋新山等（2007）考虑到湿地水生植被对水流的影响，采用水流连续性方程和忽略加速度项的水流动力学方程，构建了基于连续性扩散流的湿地表面流动力学模型。叶飞等（2008）将水动力模块与基于元胞自动机模式的植被演替模块相结合，用以研究长江中游某一河岸带生态水文变化，并模拟3种岸边植被的生长演替。但由于该类模型是动态模型，对研究对象内在机制要求比较详细，而当换了研究对象或者尺度后，模型某些机理可能不再适用，因此，受尺度问题限制，动态模型只能在一定范围内模拟（Liu et al.，2008）。

未来湿地模型的发展应该是大尺度、多过程的模拟，大尺度模拟有助于认识湿地的作用和价值，而多尺度模拟则有助于了解湿地功能并提出相应保护措施。湿地水生植物较多，从而对湿地水文流

场产生较大影响，但在目前湿地模型里基本没有考虑这个因素。在生态过程模拟等方面需要完善。如植被过程的模拟，由于植被生长复杂，同时受种间竞争及外部环境的影响，目前只能在较小尺度内对物种生长过程模拟。另外，尺度问题及无资料地区模拟问题也需要完善。

1.3 主要研究内容

本书以白洋淀流域及其流域内白洋淀湿地为研究对象，在“自然-人工”二元水循环和广义干旱理论基础上，提出干旱还原基础理论及技术框架，结合干旱评价模型和方法，分析白洋淀流域及湿地干旱程度和规律，明晰干旱时空演变特征；构建干旱还原理论模型，对白洋淀流域干旱进行还原计算，影响期内干旱事件受气候变化和人类活动共同影响，本书将气候变化和人类活动对干旱的影响还原至天然情景下，定量分析气候变化和人类活动对白洋淀流域干旱的贡献率；构建生态模拟模型开展湿地干旱还原，并评价干旱情景下湿地生态脆弱性，明确干旱情景下湿地保护阈值；在此基础上，提出白洋淀流域应对干旱的措施建议。

第2章　干旱还原理论与技术框架

本章基于“自然-人工”二元水循环和基于水资源系统的广义干旱理论，针对流域尺度和湖泊湿地尺度各自特点，在流域尺度，构造了由数据库构建、干旱形成机制识别、定量评价、归因及还原、综合应对组成的干旱还原总体框架，论述了干旱还原的关键支撑技术：基于标准化水资源短缺指数（SSDI）的干旱事件评价技术、基于游程理论的干旱特征识别技术以及基于SWAT分布式水文模型的干旱演变归因分析技术；在湿地尺度，在明确湿地干旱内涵基础上，论述了考虑入淀水量的干旱还原技术方法。

2.1　理论基础

2.1.1　“自然-人工”二元水循环理论

水在太阳能和地球重力作用的驱动下，在地理环境中移动，同时其运动形态和物理状态发生变化，即为水循环，其驱动因子为太阳能和地球重力作用。水循环可分为海陆间循环、海洋水循环和陆地水循环。海陆间循环是指海洋水与陆地水之间通过蒸发、水汽输送、降水、地表径流、下渗、地下径流等一系列过程进行的相互转换运动，使陆地上的水资源得以补充，水资源再生，也称为大循环。海洋水循环是指海洋面上的水蒸发，形成水汽，在海洋上空凝结后形成降水，再次降落到海洋上的过程。陆地水循环是指降落到陆地上的水分，一部分或全部通过陆面蒸发、水面蒸发和植物蒸腾形成水汽，凝结形成降水，再次降落在陆地上的过程。

在采食经济阶段，受文明发展水平限制，人类对自然水循环的影响十分微弱，可忽略不计（秦大庸等，2014）；在农耕经济阶段，原始农业发展，因农业生产资料不能随意迁徙，人类开始采取引水灌溉、疏导江河等原始治水措施，下垫面条件开始改变，但受技术手段约束，该阶段人类活动对水循环的影响范围及程度相对较小；大规模农田灌溉及工业化起步阶段，全国大规模兴建农田水利和防洪工程，同时大规模开发浅层地下水，人类活动对水循环的影响逐渐深入；大规模工业化和城市化阶段，工业、农业以及居民用水量急剧增加，水资源系统供需水矛盾尖锐，人类活动极大影响了流域水循环。

未受到人类活动影响或影响可忽略情况下的水循环，可称为“一元”水循环，随着人类活动强度及范围的不断加强，水循环模式逐渐变为“自然-人工”二元模式（吴普特等，2016）。流域水循环的二元化包括服务功能二元化、循环结构二元化、流域水循环参数二元化及循环路径二元化（图 2.1）。

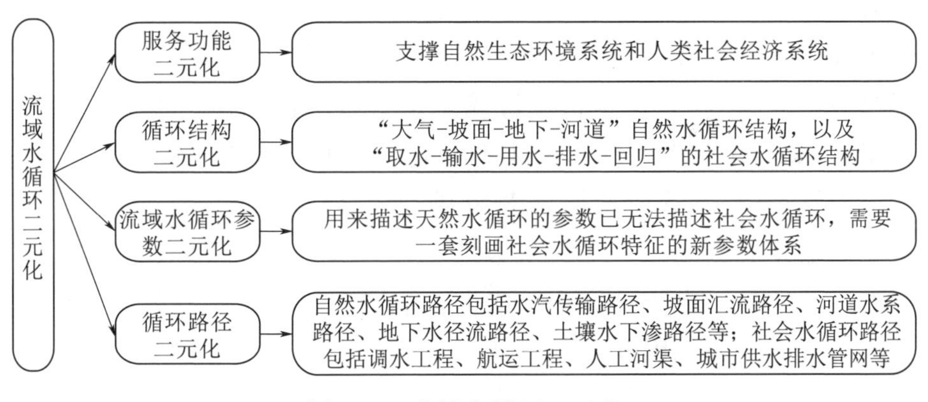

图 2.1　流域水循环二元化

2.1.2　干旱形成机制

不同类型的干旱形成在受气候变化和人类活动两者共同影响的大背景下，又分别受到不同子要素的驱动。气象干旱主要受降水和蒸发两个要素驱动，当二者收支不平衡造成水分亏缺现象时，即发生气象干旱；水文干旱主要受到地表水和地下水驱动，当二者收支不平衡时，造成河川径流或水利工程蓄水量偏少以及地下水位偏低，即发生水文干旱；农业干旱主要受气象条件、土壤条件和作物自身生理条件三个要素驱动，三者发生异常变化导致作物体内水分收支不平衡时，即发生农业干旱（国家防汛抗旱总指挥部办公室，2010；蒋桂芹，2013）；社会经济干旱受降水、地表和地下水以及人类社会三者共同影响，三者水分收支不平衡时即发生社会经济干旱；生态干旱是各类干旱中最复杂的，受下垫面条件、气候条件和社会经济条件等多方面要素影响，气象干旱、水文干旱和社会经济干旱均有可能会引发生态干旱。

本书研究的干旱采用基于广义水资源量的广义干旱概念。广义水资源量是狭义水资源和土壤水资源之和（郭志辉，2011），指流域水循环过程中，在当前科学技术能力作用下能够被合理调控的、对生态环境和人类社会具有效用的由降水形成的水量（仇亚琴，2006）。广义干旱是指降水减少而导致流域在一定时段内的缺水情势劣于正常状况的水资源系统演变过程，受气候变化、下垫面条件和水利工程的综合影响。广义干旱的形成主要经历 4 个过程：①出现旱象（轻度干旱），是水资源偏离正常状况的现象，受社会经济因素影响，该阶段的水分短缺不一定会造成不利影响；②发生旱情（中度干旱），该阶段水资源短缺对社会经济造成不利影响，是旱象逐渐发展的结果；③旱灾发生（重度干旱或特大干旱），是旱情发展的结果，由于社会系统或生态系统对水资源短缺均具有一定程度的抗压能力，因此发生旱情并不一定会发生干旱，旱情的严重程度也不一定与旱灾损失具有完全一致的相关关系，会受到社会经济状况、作物种植条件等多种要素共同影响。

广义干旱受自然气候变化、人为气候变化、下垫面条件变化和水利工程调节 4 类驱动力影响。气候变化背景下，广义干旱基本特征受极端和连续少雨事件影响发生显著改变；流域产汇流特征随下垫面条件改变而变化（史晓亮，2013），影响流域的水资源量和可供水量；水利工程调节可提高干旱发生期间供水保障，减少干旱造成的不利影响。

2.2 流域干旱还原理论框架与关键技术

2.2.1 流域干旱还原理论框架

在“自然-人工”二元水循环理论指导下，结合广义干旱理论，本书定义干旱还原是基于长序列气象水文、下垫面状况等数据，将干旱分别还原至不受气候变化和人类活动影响情景，定量分析气候变化和人类活动对干旱发生的贡献率。通过干旱还原，可以研究干旱驱动机理和演变规律，为科学制定抗旱措施提供基础。长序列数据可以通过长期监测数据或模拟模型获得，开展干旱还原是为了保证研究的一致性，以更好地识别干旱的干旱驱动因素及演变规律。

干旱还原过程中将干旱分为天然期和影响期两个时期，认为天然期气候处于基本稳定状态，同时人类活动强度、幅度及范围都较小，气候变化和人类活动对干旱的影响可忽略不计，该时期干旱具有其自然演变节律特征；认为影响期干旱自然节律受到气候变化和人类活动共同影响，干旱发生频次、持续时间和笼罩面积较天然期均发生显著改变。

干旱还原的主要研究任务是在划分干旱事件天然期及影响期的基础上，识别两大关键驱动——气候变化和人类活动对干旱演变特征的贡献，分别将气候变化和人类活动对干旱的影响进行还原，以分析干旱本身具有的自然节律特征，评价抗旱措施的抗旱效果，并为未来决策者应对气候变化背景下不断加剧的干旱形势提供科学基础。

干旱还原的技术框架包括以下层面：构建基础数据库、识别干旱形成机制、定量评价、归因及还原、综合应对（图 2.2）。基于区域/流域供水和需水的动态变化特征识别干旱形成的机制是后续相关工作的基础；分析干旱特征（强度、频度、持续时间和笼罩面积）是干旱演变机理及归因识别的前提；识别干旱演变的主导性因素并对其进行还原可指导区域/流域干旱事件的应对。在干旱评价-归因-还原的基础上，提出干旱事件的应对策略。具体而言：①构建基础数据库是对研究区气象、水文、地理信息、社会经济状况、水利工程运行以及其他相关资料进行收集和预处理；②识别干旱形成机制主要是从气候变化和人类活动两大驱动力为主要研究对象；③干旱的定量评价主要是以水资源供给和需求侧的动态演变特征为基础，识别干旱事件的特征（包括强度、频度、持续时间和笼罩面积）；④在归因及还原层，基于水资源供给侧和需求侧归因分析，定量评价气候变化和人类活动对干旱特征的影响，进而对干旱进行还原；⑤干旱应对策略的制定是以干旱还原结果为指导，建立未来气候变化背景下的应对策略体系。

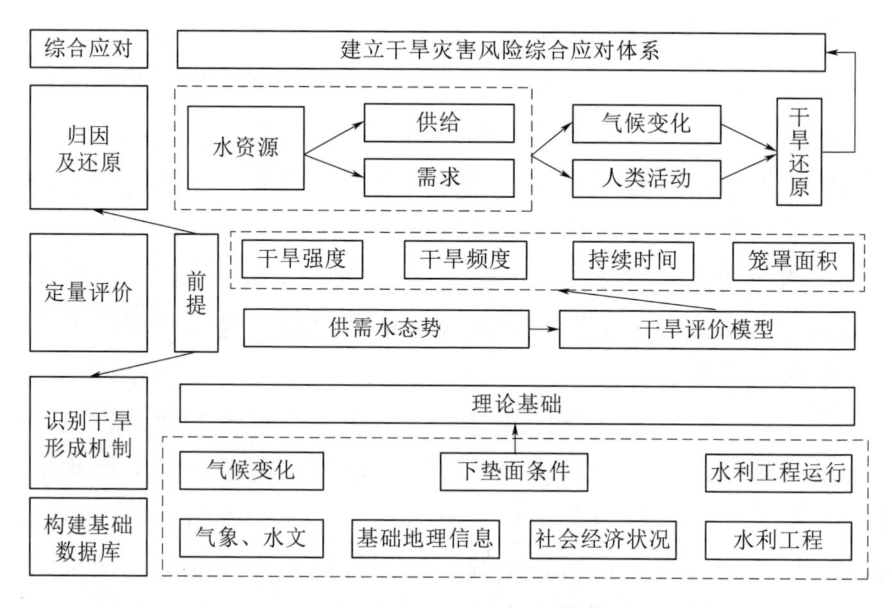

图2.2　干旱还原技术框架

2.2.2　干旱事件评价

本书借助标准化降水蒸散指数（SPEI）思想（张玉静等，2015；李亮，2015），构建标准化水资源短缺指数（SSDI），对干旱事件进行评价。计算步骤如下：

（1）计算区域需水量 WD：

$$WD = WD_a + WD_e + WD_l + WD_i \tag{2.1}$$

式中：WD_a 为农业需水；WD_e 为生态需水；WD_l 为生活需水；WD_i 为工业需水。

（2）计算区域供水量 WS：

$$WS=B+G=SR+LF+GR+AE \tag{2.2}$$

式中：WS 为供水量；B 为蓝水流；G（flow of green water）为绿水流；SR（surface runoff）为地表径流量；LF（lateral flows）为横向流；GR（groundwater recharge）为地下水交换量。

蓝水流（flow of blue water）可认为是地表径流量、壤中流以及地下径流量三者之和，绿水流即为蒸散发量，蓝水流与绿水流可由 SWAT 模型输出。

（3）计算逐月供水量与需水量的差值 D_i：

$$D_i=WS_i-WD_i \tag{2.3}$$

$$\begin{cases} D_{i,j}^k=\sum\limits_{l=13-k+j}^{12} D_{i-1,j}^k+\sum\limits_{l=1}^{j} D_{i,l}, & j<k \\ D_{i,j}^k=\sum\limits_{l=j-k+1}^{j} D_{i,l}, & j\geqslant k \end{cases}$$

式中：D_i 为计算时段内供水量与需水量差值的累积值；$D_{i,j}^k$ 为从第 i 年第 j 个月开始，k 个月内累积供水量与需水量的差值。

（4）拟合 D_i 数据：利用三参数的 log-logistic 概率分布函数对其进行拟合：

$$f(x)=\frac{\beta}{\alpha}\left(\frac{x-\gamma}{\alpha}\right)^{\beta-1}\left[1+\left(\frac{x-\gamma}{\alpha}\right)^{\beta}\right]^{-2} \tag{2.4}$$

式中：α、β 和 γ 分别为尺度、形状和位置参数。

$$\beta=\frac{2\omega_1-\omega_0}{6\omega_1-\omega_0-6\omega_2} \tag{2.5}$$

$$\alpha=\frac{(\omega_0-2\omega_1)\beta}{\Gamma(1+1/\beta)\cdot\Gamma(1-1/\beta)} \tag{2.6}$$

$$\gamma=\omega_0-\alpha\Gamma(1+1/\beta)\cdot\Gamma(1-1/\beta) \tag{2.7}$$

得到 D_i 的累积概率密度函数：

$$F(x)=\left[1+\left(\frac{\alpha}{x-\gamma}\right)^{\beta}\right]^{-1} \tag{2.8}$$

（5）正态标准化：对累积概率密度进行正态标准化，计算得到 SSDI 值。

当 $P \leqslant 0.5$ 时：

$$W=\sqrt{-2\ln(P)},\qquad \text{SSDI}=W-\frac{c_0+c_1W+c_2W_2}{1-d_1W+d_2W_2+d_3W_3} \tag{2.9}$$

当 $P>0.5$ 时：

$$W=\sqrt{-2\ln(1-P)},\qquad \text{SSDI}=\frac{c_0+c_1W+c_2W_2}{1-d_1W+d_2W_2+d_3W_3}-W \tag{2.10}$$

c_0、c_1 和 c_2 以及 d_1、d_2 和 d_3 取值参见参考文献（李亮，2015）。

SSDI 干旱等级划分标准见表 2.1。

表 2.1　SSDI 干旱等级划分

等级	特大干旱（特旱）	重度干旱（重旱）	中度干旱（中旱）	轻度干旱（轻旱）
SSDI	≤−2.0	(−2.0，−1.0]	(−1.0，−0.5]	(−0.5，0.5)

2.2.3　干旱特征识别

识别白洋淀流域干旱时空演变特征，主要从干旱频次、持续时间、干旱强度和笼罩面积 4 个方面进行。对于干旱发生次数、持续时间和强度，可根据游程理论对其进行分析；对于干旱笼罩面积可采用干旱覆盖率进行分析。

$$\vartheta_d=\frac{S_d}{S_t}\times 100\% \tag{2.11}$$

式中：ϑ_d 为干旱覆盖率；S_d 为某一时段内发生不同等级干旱格点个数；S_t 为区域总格点数。

游程理论又叫作轮次理论，该理论认为连续出现同类事件的前后为另一类事件，Herbst 等（1966）首次将游程理论应用于干旱研究。白洋淀流域干旱形势严峻，因此以发生中度干旱时的 SSDI

指标阈值进行 x_0 与 x_1 取值，取 $x_0=0$，$x_1=-1$，即：当 SSDI≤x_1 时，认为是干旱的起始时间；当 SSDI 回升至 0 时，认为干旱结束，起止时间的间隔认为是干旱的时序时间 DD，在此期间，负游程之和为干旱强度 DS。若两次干旱仅间隔一个月，且该月的 SSDI 介于 x_0 和 x_1 之间，则认为这两次干旱为一次干旱过程持续时间 DD=DT2+DT3+1，干旱强度 DS=DS2+DS3。游程理论示意见图 2.3。

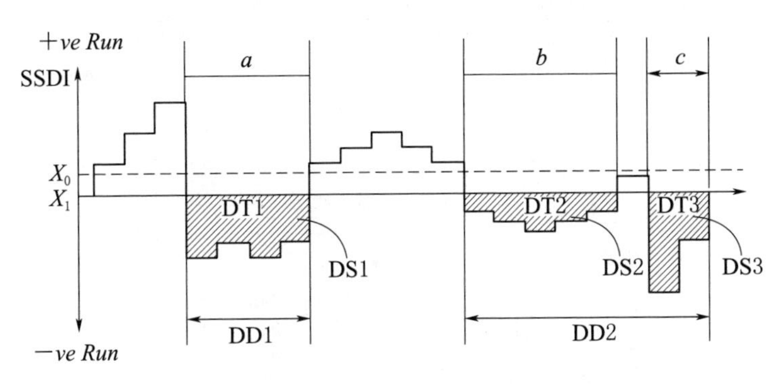

图 2.3 游程理论示意图

2.2.4 干旱演变的归因分析

通过时间序列分析技术将研究时段划分为天然期和影响期，认为天然期的干旱情况（干旱频次、持续时间和笼罩面积）不受气候变化和人类活动影响，具有本身自然节律特征，处于整体稳定状态，假设该时期内平均干旱情况为 D_n。影响期内实测干旱情况受气候变化和人类活动双重影响，该时期内实测平均干旱情况为 D_e。假设模型输入项中的气象因子仅受气候变化影响，下垫面条件仅受人类活动影响，以天然期下垫面条件和影响期气象因子作为模型输入条件，可得影响期内模拟干旱情况，其平均值为 D_s（图 2.4）。影响期内实测平均干旱情况与天然期内平均干旱情况的差值即为气候变化和人类活动共同影响引起的干旱变化：

$$\Delta D=D_e-D_n \tag{2.12}$$

影响期内实测平均干旱情况与影响期内模拟平均干旱情况的差

值即为人类活动影响引起的干旱变化：

$$\Delta D_h = D_e - D_s \tag{2.13}$$

气候变化和人类活动共同影响引起的干旱变化中剔除人类活动影响引起的干旱变化即为气候变化影响引起的干旱变化：

$$\Delta D_c = \Delta D - \Delta D_h \tag{2.14}$$

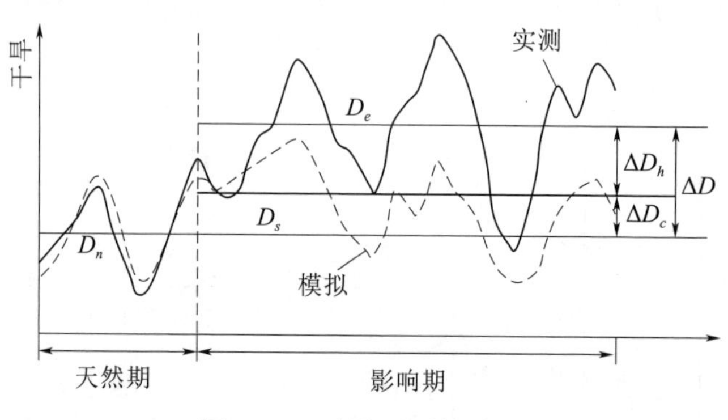

图 2.4　干旱还原概念图

2.3　湿地干旱内涵及干旱归因分析

2.3.1　基于水平衡的湿地干旱内涵

2.3.1.1　淡水湖泊湿地水平衡特征

淡水湖泊湿地（以下简称湿地）的水源包括降水补给、径流补给、地下水补给、调水补给等。水分支出主要有水面蒸发、植被蒸腾、补给地下水、地表出流及人工直接取用水，即：

$$W_S = W_I + P - E_W - E_T - F - W_O \pm U \tag{2.15}$$

式中：W_S 为湿地水量；W_I 为入流量（径流补给、地下水补给或调水补给）；P 为降水；E_W 为水面蒸发；E_T 为植物蒸腾；F 为入渗（补给地下水）；W_O 为出流量；U 为人工取用水量和回归水量。

根据湿地水量平衡原理，淡水湖泊湿地的水量由于入流量和出流量的不尽相等而会发生变化，若无其他情况干扰，一般处于动态平衡中（崔保山，2006）。淡水湖泊湿地水平衡示意见图 2.5。

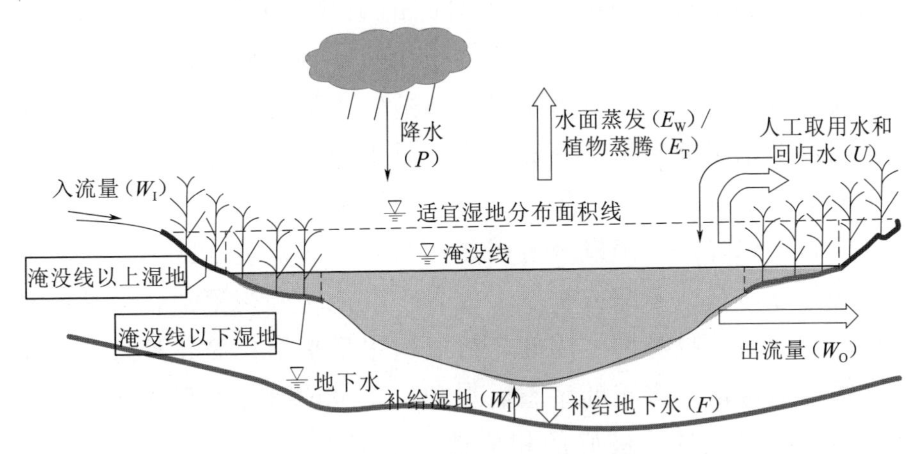

图 2.5 淡水湖泊湿地水平衡示意图

2.3.1.2 湿地干旱内涵

干旱是一种缺水现象。流域干旱作用于湿地，造成其生境缺水。从湿地水平衡的角度来说，干旱的发生是湿地水分支出大于收入，使得湿地水量减少，超出了其正常变化范围，对湿地生态系统造成了影响。湿地干旱的作用对象是湿地生态系统；作用机制是水分支出大于收入导致湿地水量持续低于正常水量的变动范围，造成湿地水量短缺；作用后果是导致湿地生态系统发生变化，主要表现为水位下降、水面积减少、生物量减少、生物多样性降低、湿地萎缩等（Steve et al.，2012）。因此，湿地干旱是一种生境用水短缺现象，最先表现在通量水上，通量水的入不敷出造成了存量水的持续减少。本书认为湿地干旱是湿地水量长时间低于其正常变动范围，造成湿地生境用水短缺的一种现象，表现在水位下降、水面积减少及生物量减少等方面。

2.3.2 湿地干旱指数内涵及简介

湿地由于其生态系统独特的性质和功能而具有一定的稳定性，不易受到干旱的影响，即作用于湿地的干旱不同于一般意义上的气象或水文干旱：它不仅会对水位、水面积造成影响，也会对生态造成影响（刘春兰等，2007）。

干旱指数是水分亏缺与持续时间的函数（卫捷等，2004）。因此，基于湿地水量平衡的干旱指数至少应体现出两个内涵：湿地水分亏缺与持续时间，即湿地水量偏离适宜水量的程度及该过程的维持时间。考虑湿地水量平衡和干旱情景下湿地的生态水文特性，可以选取湿地水位来体现干旱的最终作用结果。Burket 等（2000）认为相对较小的降水、蒸发及蒸腾变化只要改变地表水或地下水位几厘米就足以让湿地萎缩或扩展，或者将湿地转变为旱地，或从一种类型转变到另一种类型。因此，将湿地水量平衡作简化处理，用水位表征湿地水量。多年的生态需水和生态水位研究结果显示，湿地水位与生态状况具有极好的相关性（李英华等，2004；鲍达明等，2007；董娜，2009），水位决定其群落演替、生境演化以及湿地的演变方向。以白洋淀湿地为例，相关性分析显示湿地多年水位与芦苇面积、芦苇生物量、鱼虾生物量显著相关（表 2.2）。因此，水位是湿地生态状况的一个重要指标。

表 2.2　1950—1996 年湿地水位与芦苇面积、芦苇生物量、鱼虾生物量的相关性

生态指标	芦苇面积	芦苇生物量	鱼虾生物量
Pearson 相关性	0.34①	−0.337①	0.468②
样本数 N	46	47	46

①　在 0.05 水平（双侧）上显著相关；

②　在 0.01 水平（双侧）上显著相关。

将湿地水分亏缺用累积水位距平表示，适宜湿地水量用气候平均水位体现，表示为

$$d = WL - \overline{WL} \tag{2.16}$$

$$S = \sum d_i \tag{2.17}$$

式中：$\overline{WL}$ 为计算时段同期气候平均水位；WL 为日水位；d 为它们之间的差值，m；S 为计算时段内，日水位持续低于气候平均水位时期内的累积水位距平，m。

为了便于评价，对上述累积水位距平进行无量纲化处理。取淡水湖泊湿地完全干涸（水深为 0）时的水位作为特大干旱情况下的

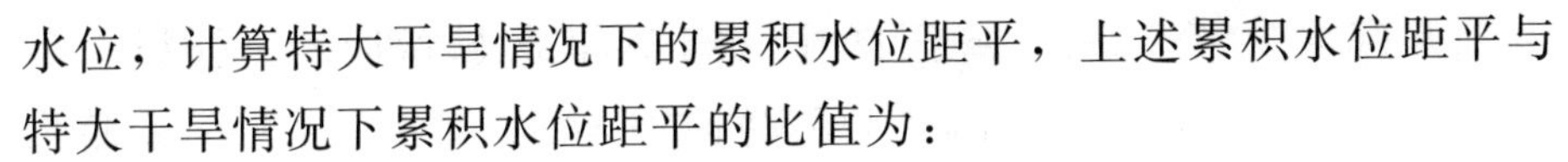

水位，计算特大干旱情况下的累积水位距平，上述累积水位距平与特大干旱情况下累积水位距平的比值为：

$$W=\frac{S}{S_{\max}} \tag{2.18}$$

发生干旱时，W 取值范围为 0～1，$W\leqslant 0$ 表示干旱未发生，1 表示特大干旱，其比值越大，干旱越严重。这样，利用日累积水位距平设计的湿地干旱指数（W 指数）不仅能够表现出计算时段内一次干旱事件的持续时间和强度，还能统计干旱发生的次数，可以对计算时段的干旱进行综合评价。

2.3.2.1 典型时段干旱指数

对于淡水湖泊湿地典型植被，如芦苇，一年中会有萌发、发育、繁殖、开花、结果、凋谢等阶段，不同时段内植被对水位的要求不同。同时，一年中水量存在丰枯变化，根据湿地水文条件的明显差异可划分为汛期和非汛期。气候特征的年内变化引导湿地生态水文过程的年内变化，干旱发生在不同时段对湿地生态健康安全的影响也不同。因而，对于淡水湖泊湿地来说，根据年内植物的生长条件和水文条件变化，将一年划分为典型时段，可更好地体现湿地的实际情况和干旱的发生发展情况；对典型时段划分如下：非汛期（D_1）、生长期（D_2）和汛期（D_3）。取不同时期的多年气候平均水位作为不同时段的适宜水位，计算得到不同时段的 W 值。

利用湿地水面积、水量、生物量、生物种类等表征湿地生态状况的指标来对 W 指数识别出的干旱时段进行评价，根据典型时段湿地生态特征来设置干旱指数的评价标准。

2.3.2.2 年尺度干旱指数

在湿地典型时段干旱指数的基础上，为进一步对年尺度干旱作出评价，可根据不同时段在一年中的重要程度设置权重，得到年尺度的干旱指数 W_y 及其评价标准。权重值可根据长序列的干旱统计给出，即在统计时段内，依据特大干旱在不同典型时段出现的次数 η_i（$i=1$，2，3）确定权重值：

$$\lambda_1=\frac{\eta_1}{\eta_1+\eta_2+\eta_3} \tag{2.19}$$

$$\lambda_2=\frac{\eta_2}{\eta_1+\eta_2+\eta_3} \tag{2.20}$$

$$\lambda_3=\frac{\eta_3}{\eta_1+\eta_2+\eta_3} \tag{2.21}$$

λ_i（$i=1$，2，3）表示 3 个时段的权重值，η_i（$i=1$，2，3）表示特大干旱在不同典型时段出现的次数。

在此基础上利用计算得到的典型时段干旱指数及其评价标准作权重计算，即可得到年尺度干旱指数及评价标准。

2.3.3　湿地干旱还原

白洋淀湿地的主要补给水源是入淀水量，而其主要受到人类活动和气候变化影响。目前，定量分析气候变化和人类活动对流域径流变化影响的方法主要有以下两种：第一种是基于 Budyko 假设的方法（也称为敏感系数法），利用该假设，构建了下垫面参数、潜在蒸散发、降水对径流影响的函数关系（Wang et al.，2013），计算过程简单，具有一定物理意义；第二种是弹性系数法，由 Schaake 首先提出气候弹性系数的概念用以评估气候变化对径流的影响，Zheng 等（2009）提出了改进的方法。基于以上分析，本书采用敏感系数法分析气候变化和人类活动对湿地入淀水量的影响。进行敏感系数法研究，要先明确气候水文突变点，通常采用 Mann-Kendall（以下简称 M－K）方法。本书采用 M－K 法计算入淀水量突变点，突变点前的时段为基准期，突变点后为人类活动影响期（以下简称影响期）。

流域径流量的变化主要由气候变化、人类活动、地质运动等因素共同影响，在较短的时期内（如 40～50 年内），地质运动的影响可以忽略，因此径流量变化影响因素主要为气候变化和人类活动。气候变化中的降水因子是流域径流产生的前提，直接影响径流量大小，而影响温度的因子则影响着流域蒸发这一水量输出过程。人类活动的影响主要由土地利用/土地覆被变化（LUCC）引起，一方面，随着社会经济的发展，以建设用地及耕地面积增加为主要特征的土地利用变化，包括兴建水利工程拦蓄地表径流，必然伴随着人类用水量的增加，使得部分径流量进入了社会水循环系统；另一方面，LUCC 改变了流域天然产汇流过程，如水土保持措施的实施，改变地表入渗和蒸散发过程。因此，人类活动对径流的影响可以分为人工取用水以及蒸散发、入渗过程的改变（以下简称蒸渗过程改变），而前者是主要方面。

2.3.3.1 人类活动整体对入淀水量影响

根据以上分析，假设人类活动与气候变化对入淀水量影响是相互独立的，可以用以下方程表示：

$$\Delta Q_T = \Delta Q_C + \Delta Q_L \tag{2.22}$$

式中：ΔQ_T 为流域径流量变化量，mm；ΔQ_C 为气候变化引起的径流量变化，mm；ΔQ_L 为人类活动引起的径流量变化，mm。

而 ΔQ_T 可以表示为基准期和影响期的实测平均径流量的差值：

$$\Delta Q_T = \overline{Q}_2 - \overline{Q}_1 \tag{2.23}$$

式中：$\overline{Q}_2$ 为影响期平均实测径流量，mm；$\overline{Q}_1$ 为基准期平均实测径流量变化，mm。

在假设人类活动对其不产生影响时，ΔQ_C 可以用以下方程求算（Milly et al.，2002；Zhang et al.，2008）：

$$\Delta Q_C = \beta \Delta P - \gamma \Delta PET \tag{2.24}$$

式中：ΔP、ΔPET 分别为突变点前后降水与潜在蒸散发的变化，mm；β、γ 分别为降水和潜在蒸散发的敏感系数。

β、γ 采用下列方程计算（Li et al.，2007）：

$$\beta = (1 + 2x + 3wx^2)/(1 + x + wx^2)^2 \tag{2.25}$$

$$\gamma = -(1 + 2wx)/(1 + x + wx^2)^2 \tag{2.26}$$

式中：x 为年均干旱指数，$x = PET/P$；w 为与植被类型有关的植物可利用水系数。

w 的取值是计算过程的关键，本书采用以下函数反算（Zhang et al.，2001）：

$$E/P = (1 + wx)/(1 + wx + 1/x) \tag{2.27}$$

式中：E 为实际蒸散发量，可根据水量平衡公式采用降水减去天然径流量计算；P 为降水量。

基于计算结果，对研究时段内求平均值，最后 w 取 2.0。因此，气候变化与人类活动对入淀水量影响大小为

$$P_C = \Delta Q_C / \Delta Q_T \tag{2.28}$$

$$P_L = \Delta Q_L / \Delta Q_T \tag{2.29}$$

式中：P_C、P_L 为气候变化人类活动对入淀水量变化的贡献率，用百分比表示。

2.3.3.2 人工取用水量对入淀水量的影响

通过以上分析，将人类活动对径流的影响分为人工取用水量及蒸渗影响：

$$\Delta Q_L = \Delta Q_A + \Delta Q_E \tag{2.30}$$

式中：ΔQ_A 为人工取用水量变化量，mm；ΔQ_E 为蒸渗对径流量的影响大小。

天然径流量是实测径流量与人工取用水量（包括工农业用水、水利工程蓄水等，在研究时段无外调水）之和，因此人工取用水量可以表示为

$$\Delta Q_A = \Delta Q_{NA} - \Delta Q_T \tag{2.31}$$

式中：ΔQ_{NA} 为天然径流量，是影响期与基准期的差值。

于是，可以评价人工取用水量与蒸渗影响对入淀水量的影响：

$$P_A = \Delta Q_A / \Delta Q_T \tag{2.32}$$

$$P_E = \Delta Q_E / \Delta Q_T \tag{2.33}$$

式中：P_A、P_E 分别为人工取用水变化量及蒸渗影响对入淀水量变化的贡献率，用百分比表示。

第3章　白洋淀流域概况

本章主要介绍了白洋淀流域的地理位置、地质地貌、河流水系、气候水文、土壤植被、经济社会等，在此基础上，从湿地植被、鱼类、浮游生物、鸟类等生态状况以及湿地周边经济社会发展方面说明了白洋淀湿地基本情况，为后续章节研究提供基础。

3.1　白洋淀流域基本情况

3.1.1　地理位置

白洋淀流域因流域内发育了华北平原明珠——白洋淀湿地而得名，流域位于海河流域中部，地理位置为东经113°40′～116°48′和北纬38°10′～40°03′，流域面积为34877.6km^2，占整个海河流域面积的11%。流域北部毗邻永定河，西部界限为太行山，南临子牙河流域，东经独流减河至渤海湾。流域地跨山西、河北和北京3个省（直辖市）。流域内白洋淀湿地是华北平原上最大的淡水湿地，总面积约为3.66万hm^2，属于国家重点生态湿地。

3.1.2　地质地貌

白洋淀流域地势整体上呈现出西高东低的特点，主要的地貌类型为山地、丘陵和平原，其中平原区面积为17799.8km^2，大起伏山地面积为3658.2km^2，中起伏山地面积为7526.6km^2，小起伏山地面积为3124km^2，台地面积为1467.3km^2，丘陵面积为1301.7km^2。各类地貌类型面积见表3.1。

从流域水文地质情况来看，保定以西地下水类型以变质岩裂隙潜水和峰丛峰林溶洞裂隙水为主，两者面积占比分别为25.3%和

表 3.1　　白洋淀流域各类地貌类型面积

大类	小类	面积/km^2
平原	低海拔冲积高地	2307.9
	低海拔冲积河漫滩	1330.6
	低海拔冲积洪积平原	4177.1
	低海拔冲积洪积扇平原	223.6
	低海拔冲积洪积洼地	307.8
	低海拔冲积湖积三角洲平原	174.1
	低海拔冲积平原	1794.4
	低海拔冲积扇平原	1018.3
	低海拔冲积洼地	1367.4
	低海拔河谷平原	597.0
	低海拔洪积平原	1835.2
	低海拔湖积冲积平原	398.9
	低海拔湖积冲积洼地	388.9
	低海拔湖积平原	547.3
	低海拔湖积微高地	18.7
	中海拔冲积洪积平原	146.0
平原	中海拔冲积平原	120.8
	中海拔冲积、洪积山前黄土平地	0.8
	中海拔河谷平原	706.9
	中海拔洪积平原	136.7
	湖泊	201.4
大起伏山地	冰缘作用的大起伏中山	10.0
	喀斯特侵蚀大起伏中山	1066.8
	侵蚀剥蚀大起伏熔岩中山	323.3
	侵蚀剥蚀大起伏中山	2258.1
中起伏山地	黄土覆盖的中起伏中山	38.9
	喀斯特侵蚀中起伏低山	1041.8
	喀斯特侵蚀中起伏中山	2414.7
	侵蚀剥蚀中起伏低山	819.3
	侵蚀剥蚀中起伏中山	3211.9
小起伏山地	黄土覆盖的小起伏中山	153.8
	喀斯特侵蚀小起伏低山	1059.1
小起伏山地	喀斯特侵蚀小起伏中山	215.6
	侵蚀剥蚀小起伏低山	1210.4
	侵蚀剥蚀小起伏中山	485.1
丘陵	喀斯特侵蚀低海拔低丘陵	37.6
	喀斯特侵蚀低海拔高丘陵	161.3
	喀斯特侵蚀中海拔高丘陵	7.8
	侵蚀剥蚀低海拔低丘陵	383.5
	侵蚀剥蚀低海拔高丘陵	599.6
	侵蚀剥蚀中海拔高丘陵	18.7
	中海拔侵蚀堆积黄土斜梁	93.2
台地	低海拔洪积低台地	1199.9
	低海拔洪积高台地	44.5
	中海拔洪积高台地	54.8
	中海拔侵蚀冲积黄土台塬	131.4
	中海拔侵蚀堆积黄土梁塬	36.7

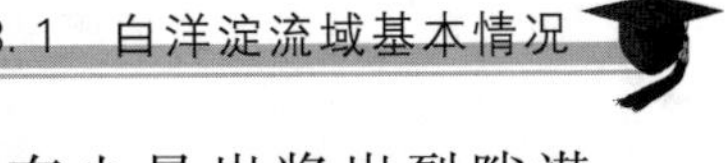

28.7%，此外，在涞源以南和满城以北分布有少量岩浆岩裂隙潜水，面积占比仅为5.4%；保定以东、白洋淀湿地以西地下水类型为山前平原砂砾石层潜水，面积占比为23.6%，白洋淀湿地以东地下水类型为平原多层状含水砂层承压水，面积占比为17.0%。

3.1.3　河流水系

白洋淀流域属于海河流域大清河水系中游，上游主要有拒马河、中易水、白沟河、瀑河、漕河、清水河、唐河、潴龙河、磁河（177.4km）等河流，均汇入白洋淀湿地，出淀后进入下游小白河，经独流减河和海河干流入海。河流分布总体呈现出上游河道分明、下游河网交错的特点，河网密度较高的地方主要集中在流域南部支流地区和白洋淀以下。

（1）拒马河。拒马河发源于河北省涞源县的涞山，是北支河川径流的重要来源。河道干流长254km，宽度200～1000m。拒马河于张坊镇铁锁崖分流后形成南、北拒马河，其中分流形成的南拒马河经北河店向东至新盖房枢纽，河流全长84km；北拒马河流经南尚乐乡流至东茨村，河流全长53km。

（2）中易水。中易水发源于河北易县山区，与南拒马河汇合于定兴县北河镇，河流全长95km。

（3）白沟河。白沟河是海河支流大清河的北支下段，上段为拒马河，中段为北拒马河。白沟河向南流，经高碑店，至白沟镇与南拒马河会合后，称大清河。白沟河干流全长53km。

（4）瀑河。瀑河发源于易县狼牙山东麓犄角岭，河流分为南瀑河和北瀑河，以南瀑河为主河道，而北瀑河现已断流。河流全长73km，河宽50～100m，年均径流量为0.59亿m^3，最大泄洪流量为180m^3/s。河道为季节性泄洪河道。

（5）漕河。漕河起源于易县五回岭，流经龙门岭谷、白堡河、泥沟河，于安新县东马村南注入藻苲淀，河流全长110km，年均径流量为1.19亿m^3。

（6）清水河。清水河发源于易县李家台，经坨南、腰山、满城县、清苑区，于安新县南部同口镇注入马棚淀，全长约 130km。其中在满城县方顺桥以上称界河；清苑区北店以上称龙泉河，以下称清水河。

（7）唐河。唐河是南支的重要支流之一，发源于山西省灵邱县高氏村，于 1966 年改道后从韩村注入马棚淀，牛角以下称唐河新道。河流全长 333km，流域面积 4990km^2，年均径流量为 5.9 亿 m^3，最大泄洪流量为 4000m^3/s。

（8）潴龙河。潴龙河是南支最大的行洪河道，由上游沙河、磁河、孟良河于安国市北郭村汇流后称潴龙河，由北郭村始至白洋淀入马棚淀。河流干流长 81km，流域面积为 9430km^2。由于上游水库较多，丰水年才有水流，河道常年干涸。

3.1.4　气候水文

白洋淀流域主要受西伯利亚干冷气团和太平洋、印度洋暖湿气团的影响，涞源以西为温带大陆性气候，涞源以东为温带季风气候。1961—2013 年，流域多年平均年降水量为 520.5mm，多年平均气温为 10.3℃。从空间上看，保定以北地区年降水量相对较大，多年平均年降水量普遍在 525mm 以上，保定以南年降水量相对较小，多年平均年降水量在 500mm 以下；气温呈现出由西北向东南逐渐递增的态势，上游山区年平均气温在 10℃以下，下游平原地区年平均气温在 12℃以上。从年内变化过程来看，降水年内分配不均，汛期（6—9 月）降水量为 416.6mm，占全年降水量的 80%，其中，7—8 月降水量达 296.5mm，占年降水量的一半以上；全流域春、夏、秋、冬四季平均气温分别为 12.2℃、24.0℃、11.2℃和−1.9℃。白洋淀流域降水和气温年内变化过程见图 3.1。

3.1.5　土壤植被

白洋淀流域主要发育了褐土、潮土、粗骨土、棕壤、石灰性褐土、淋溶褐土、褐土性土、黄绵土、湿潮土、石质土、中性粗骨土、钙质粗骨土、潮褐土、冲积土和棕壤性土 15 类土壤（图 3.2），

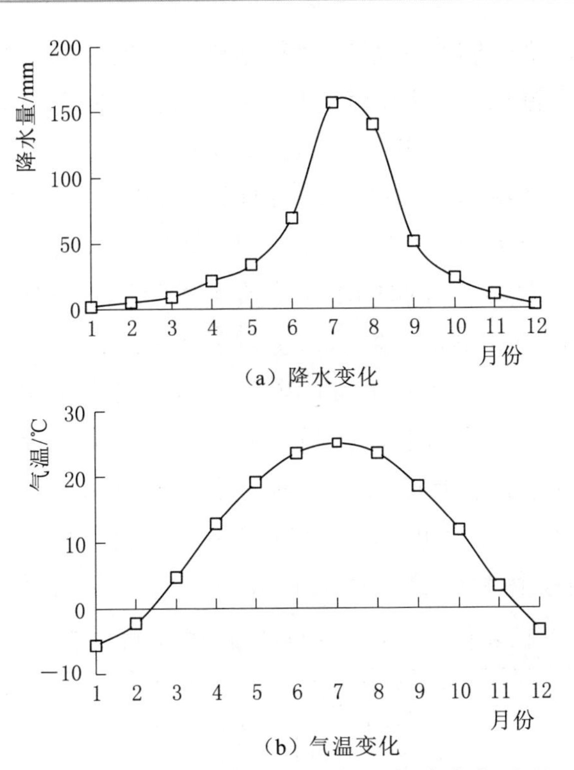

图 3.1 白洋淀流域降水和气温年内变化过程

其面积占流域总面积的 96%。其中：褐土和潮土的分布面积最广，分别为 $14975km^2$ 和 $8194km^2$，约占流域面积的 42.9%和 23.5%；其次为粗骨土、棕壤和石灰性褐土，其面积分别为 $3417km^2$、$1697km^2$ 和 $1490km^2$，约占流域面积的 9.8%、4.9%和 4.3%；其他类型土壤面积均在 $1000km^2$ 以下。从空间上看，白洋淀湿地以上主要分布的是潮土和粗骨土，湿地以下主要分布的是褐土。

暖温带落叶阔叶林和温带草原是白洋淀流域主要植被类型，前者分布于流域绝大部分地区，后者仅分布在灵丘附近。

白洋淀流域主要植被类型包括针叶林、阔叶林、灌丛和萌生矮林、草甸和草本沼泽等自然植被，以及一年一熟粮作和耐寒经济作物、一年两熟或两年三熟旱作等农业植被（图 3.3）。其中，自然植被面积占比为 41.4%，以荆条灌丛为主，其面积占流域面积的 38.6%，主要分布在流域上游山丘区；农业植被面积占比为 58.4%，其中流域面积的 53.7%主要播种一年两熟粮作或两年三熟

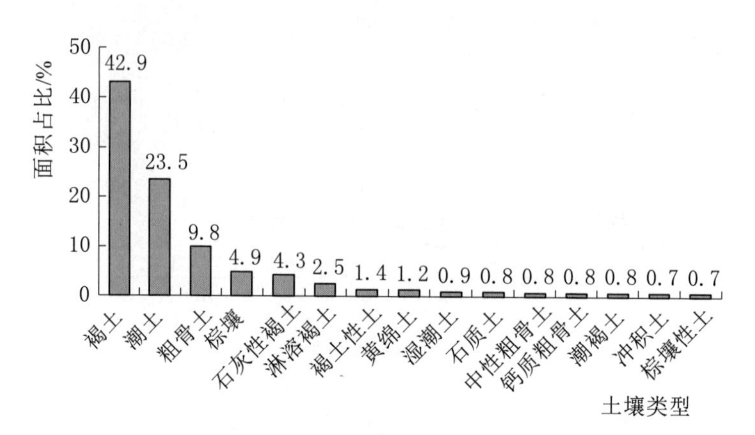

图 3.2 白洋淀流域主要土壤类型及面积占比

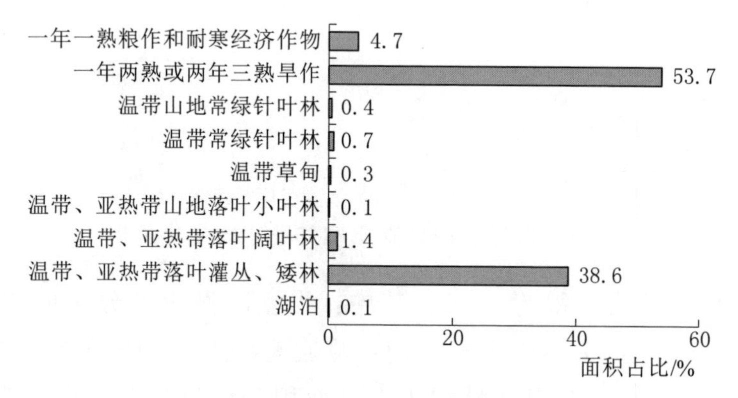

图 3.3 白洋淀流域主要植被类型及面积占比

旱作作物，主要分布在流域下游平原地区，作物类型多为冬小麦、玉米等。

3.1.6 经济社会

白洋淀流域地跨河北省、山西省和北京市，涉及三个省（直辖市）的面积分别为 29367.5km²、3370.3km² 和 2140.5km²。其中，河北省主要包括易县、阜平县、涞源县、涞水县、唐县、定州市、曲阳县、涿鹿县、行唐县、任丘市、文安县、清苑区等共计 39 个县（市、区）；山西省有灵丘县、浑源县和繁峙县共计 3 个县位于白洋淀流域。白洋淀流域内各县（市、区）面积见表 3.2。

表 3.2　白洋淀流域内各县(市、区)面积

河北省						山西省		北京市	
县(市、区)	面积/km^2	县(市、区)	面积/km^2	县(市、区)	面积/km^2	县(市、区)	面积/km^2	县(市、区)	面积/km^2
易县	2624.5	定兴县	724.2	蔚县	192.1	灵丘县	2559.3	北京市	2140.5
阜平县	2528.3	顺平县	717.5	藁城市	174.5	浑源县	382.0	共计	2140.5
涞源县	2431.2	涿州市	691.0	河间市	173.5	繁峙县	429.0		
涞水县	1631.8	灵寿县	659.9	安平县	172.9	共计	3370.3		
唐县	1412.0	蠡县	656.9	深泽县	162.2				
定州市	1265.2	高碑店市	626.7	霸州市	146.2				
曲阳县	1071.7	新乐市	520.1	正定县	137.9				
涿鹿县	970.9	雄县	502.4	保定市市辖区	133.1				
行唐县	969.6	高阳县	480.3	饶阳县	99.4				
任丘市	969.5	安国市	469.9	共计	29367.5				
文安县	960.1	无极县	466.8						
清苑区	943.5	肃宁县	402.1						
安新县	753.7	望都县	380.9						
徐水县	747.2	博野县	358.1						
满城县	730.7	容城县	308.8						

2010年白洋淀流域总人口数为1500万人，平均人口密度为436人/km^2，约为全国人口密度（140人/km^2）的3倍，全流域空间上呈现出“西部少，东部多”的特点，下游平原地区定兴、容城、徐水、雄县、安新、藁城等地人口密度相对较大，上游阜平、灵丘等山区人口密度相对较小。2010年白洋淀流域GDP为3800亿元，但全流域经济发展亦呈现出空间不均衡的特征，总体与人口分布特征相似。流域耕地面积约为1510万亩。

3.2 湿地基本情况

3.2.1 自然地理情况

白洋淀湿地位于太行山东麓永定河冲积扇与滹沱河冲积扇相夹峙的低洼地区，位于大清河中游，为大清河水系缓洪滞沥、蓄水兴利的天然洼淀，是华北地区最大的淡水湖泊湿地，具有重要的生态环境功能。白洋淀湿地四周主要以堤坝为界：东至千里堤，西至四门堤，南至淀南堤，北至安新堤。东西长39.5km，南北长28.5km，面积为366km^2。现有潴龙河、孝义河、唐河、府河、漕河、瀑河、萍河、白沟引河8条河流直接入淀，通过东部赵北口汇入海河流入渤海，其中安新县所占湿地面积最大，达到85.6%。淀内平均水深1～2m，水域大部分分布在高程7.5m以下。由于白洋淀特殊的地理位置和地貌形态，淀内水面宽阔，蒸发量较大，年平均蒸发量达到1106mm，其中，4—7月蒸发量最大，达到月平均140～190mm。

3.2.2 生态状况

3.2.2.1 植被组成

白洋淀的植物类型有沉水植物、浮叶植物、漂浮植物和挺水植物4类。其中，挺水植物中的芦苇（*Phragmites australis*）群落是白洋淀的主要景观植物群落，分布面积最大、数量最多，是建群群落和优势群落（安新县地方志编纂委员会，2000；李英华等，2004），对白洋淀湿地的功能起控制作用。白洋淀芦苇主要分布在

水域边缘和台地上（苇田）。台地上的芦苇主要是新中国成立初期由人工栽植和管理，长势较好，一般能长到2～3m。

3.2.2.2　鱼类组成

白洋淀鱼类资源丰富，分为经济鱼类和野生鱼类。经济鱼类以鲤科（Cyprinidae）为主，鲇科（Siluridae）、鳅科（Cobitidae）、鲳科（Stromateidae）和鲑科（Salmonidae）次之，野生鱼类主要有鲻科（Mugilidae）和鳗鲡科（Anguillidae）等（高芬，2008）。各种鱼类的食性不同，在水体中的分布具有垂直变异性。其中，鲢、鳙等滤食性鱼类主要生活在水体中上层，草鱼生活在水体底层，鲫鱼是杂食性鱼类，鲤鱼生活在水体底层，肉食性鱼类中的乌鳢生存能力强，在水体上、中、下层均可生存。

3.2.2.3　浮游动物及大型底栖生物组成

白洋淀的浮游动物分为四种门类，即原生动物、轮虫、枝角类和桡足类。白洋淀底栖生物常见的有寡毛类、软体动物和昆虫的幼虫。生态环境的变化引起了白洋淀底栖生物种群数量和优势种群的变化。蚌类多喜栖于流水河床中，近年来因缺水和污染致使蚌类大为减少，而螺类却在上述地区中种类较丰富。水中溶解氧较低时，底栖无脊椎动物在大多数淀泊的底泥中数量很少，附生于水草上的小型螺类、虾类和昆虫幼虫较多。

3.2.2.4　鸟类组成

白洋淀湿地位于我国3条南北鸟类迁徙路线东侧一条和东西方向鸟类迁徙路线上，为鸟类提供了优越的栖息地。根据安新县白洋淀湿地自然保护区管理处2011年调查结果，白洋淀湿地自然保护区内鸟类已达200种，隶属16目46科106属。其中国家一级重点保护鸟类4种，分别为丹顶鹤（*Grus japonensis*）、大鸨（*Otis tarda*）、白鹤（*Grus leucogeranus*）和东方白鹳（*Ciconia boyciana*）；二级重点保护鸟类26种。

3.2.3　经济社会状况

白洋淀湿地涉及安新县、雄县、任丘市、容城县和高阳县5个县（市），其中安新县、雄县、任丘市面积分别占湿地总面积的 81.2%、4.0%、9.0%。2010 年安新县、雄县、任丘市耕地面积分别为 3.26 万 hm^2、3.17 万 hm^2、5.55 万 hm^2；有效灌溉面积分别为 2.44 万 hm^2、1.83 万 hm^2、4.87 万 hm^2。农作物主要包括小麦、玉米、高粱、豆类，经济作物主要包括棉花、油料、麻类。

2010 年，安新县、雄县、任丘市人口分别为 44.1 万人、37.5 万人、83.6 万人；GDP 分别为 52 亿元、58 亿元、410 亿元。白洋淀区人们主要从事渔业、芦苇、养殖、旅游、农业及其他副业，水产、轻工、旅游三业发达。白洋淀湿地 GDP、人口、耕地面积和有效灌溉面积变化见图 3.4。

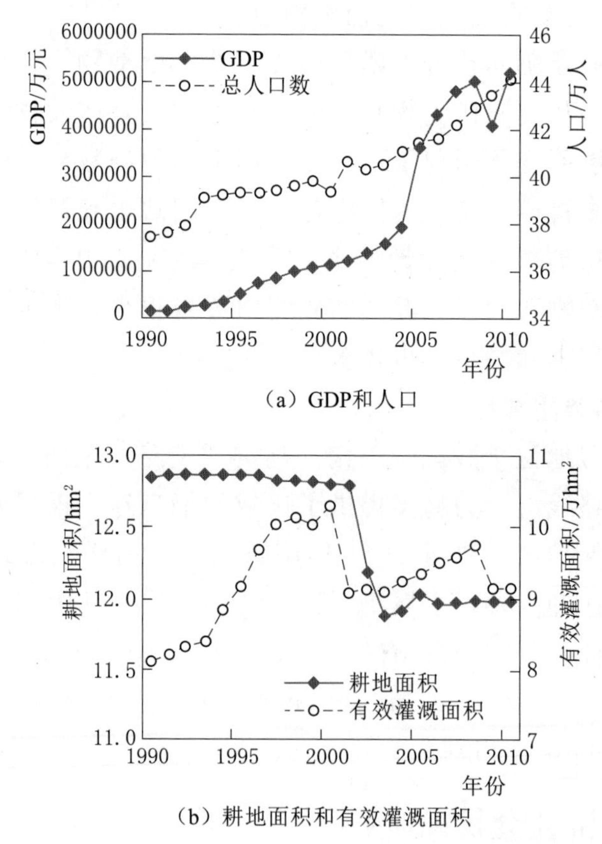

图 3.4　白洋淀湿地 GDP、人口、耕地面积和有效灌溉面积变化

白洋淀土地利用类型主要包括农用地、城镇用地、水面及芦苇地。表3.3为白洋淀湿地1964—2011年土地利用面积及比例变化。需要说明的是1964年的土地利用图包括了现有千里堤外围一部分水域，另外芦苇地包括了旱地芦苇及沼泽芦苇两种类型。从表3.3中可以看出，1964年水域面积最大，基本上整个湿地范围都被水淹没，因此农用地及城镇用地比例最小，分别为2.24%、0.94%，大面积淹水必然使湿地平均水深增加，而芦苇适宜水深小于1m，因此这时的芦苇地面积也较小，只有47.05km^2；随着湿地上游修建水库，湿地入淀水量减少，1964年后的水面面积大量减少，从1964年的85%左右减少到1974年的30%左右，再到2007年的25%左右。由于水面面积的减少，湿地原先被淹没的部分露出水面，被人们开发利用，因此，从1964年以后，农用地和城镇用地都有所增加，特别是耕地增加最快，在1974年时为58km^2 左右，但在1987年为113km^2 左右，增加了1倍左右。一个有趣的现象是，从1974—2011年，水面面积呈减少趋势，而农用地、城镇用地却先增加、后减少，分析原因认为：一方面可能是产业结构调整，另一方面的原因是近年来政府加大了对湿地的保护措施，对已有湿地里面的耕地进行腾退，并且严禁随意围垦湿地，这也是芦苇地在1987—2011年面积增加的原因。

表3.3 白洋淀湿地1964—2011年土地利用面积及比例变化

土地类型	1964年		1974年		1987年		2007年		2011年	
	面积/km^2	占比/%	面积/km^2	占比/%	面积/km^2	占比/%	面积/km^2	占比/%	面积/km^2	占比/%
农业用地	9.34	2.24	58.67	18.05	113.33	34.81	87.63	26.94	52.22	16.06
城镇用地	3.90	0.94	4.03	1.24	14.55	4.47	12.09	3.72	12.81	3.94
水面	356.22	85.53	94.71	29.15	93.74	28.79	80.66	24.80	88.56	27.23
芦苇地	47.05	11.30	167.54	51.56	103.98	31.93	144.92	44.55	171.61	52.77

第 4 章　白洋淀流域历史干旱特征分析

本章基于白洋淀流域供需水关系构建干旱评价模型，采用 SWAT 模型和定额计算结果，按照 SSDI 旱度模式，构建白洋淀流域干旱定量化评价模型，并基于游程理论，对白洋淀流域干旱特征及其演变规律进行识别。在历史干旱事件梳理和评价基础上，结合湿地干旱内涵和评价方法，对湿地干旱进行了分析评价。

4.1　白洋淀流域水文模型构建

随着计算机技术和系统理论的发展，20 世纪 60—70 年代，研究领域开始出现大量流域水文模型（张银辉，2005），水文模型主要分为集总式水文模型和分布式水文模型，集总式水文模型包括 TANK 模型、新安江模型、萨克拉门托模型等，分布式水文模型包括 SWAT 模型、WEP 模型、MIKESHE 模型、IHDM 模型等。集总式水文模型是以流域为整体进行研究，而分布式水文模型先将流域整体离散为较小的空间单元，假定一定离散尺度下每个空间单元内部各属性相对一致，在每个空间单元上运行模型，因此目前多采用分布式水文模型对流域水文过程进行模拟与评价（于峰等，2008）。SWAT 模型由美国农业部研究中心研制开发，具有较强的物理机制，可模拟流域内径流、泥沙、杀虫剂等的输移等多个过程，本书采用 SWAT 模型对白洋淀流域水循环过程进行模拟，从而获取关键水文要素过程，为流域干旱评价模型构建提供数据支撑。

4.1.1　SWAT 模型及其输入数据格式化处理

SWAT 模型由 701 个方程和 1013 个中间变量组成，分为子流

域模块和流路演算模块，模型的每个子模块对应一个水循环过程。SWAT 模型中水量平衡方程为

$$SW_t = SW_0 + \sum_{i=1}^{t}(R_{day} - Q_{surf} - W_{seep} - Q_{gw}) \tag{4.1}$$

式中：SW_t 为最终土壤含水量，mm；SW_0 为土壤初始含水量，mm；t 为时间，d；R_{day} 为第 i 天的降水量，mm；Q_{surf} 为第 i 天的地表径流深，mm；W_{seep} 为第 i 天存在于土壤剖面底层的渗透量和侧流量，mm；Q_{gw} 为第 i 天的垂向地下水出流量，mm。

SWAT 模型在水文水资源领域已有广泛的应用，模型原理和输入数据格式化处理过程可参见相关文献（秦福来等，2006；王中根等，2003），本书仅说明白洋淀流域 SWAT 模型构建过程中所需要的基础数据。

SWAT 模型输入数据包括地形、土壤、土地利用和气象水文四类。本书所用的数字高程模型（DEM）数据来自美国太空总署（NASA）和国防部国家测绘局（NIMA）联合测量的 STRM 数据（http：//srtm. csi. cgiar. org/index. asp），经过拼接和裁减得到白洋淀流域 DEM 数据［图 4.1（a）］。土壤数据为中国土壤数据库 1∶100 万中国土壤数据库（grid 栅格格式），来源于由中国科学院南京土壤研究所主持研究项目获取的数据、第二次全国土地调查以及中国生态系统研究网络陆地生态站部分监测数据（http：//www. soil. csdb. cn），基于该数据，结合中国土壤数据库、当地土种志、SPAW 软件构建本书所需要的土壤数据库。数据为 1980 年和 2000 年土地利用数据，由中国科学院资源环境科学数据中心（http：//www. resdc. cn）提供，并根据 SWAT 模型输入数据要求对土地利用进行重分类。气象水文数据为中国国家级地面气象站基本气象要素日数据集（V3.0），包括降水、气温、风速、日照时数、相对湿度等，由中国气象数据网（http：//data. cma. cn）获取，本书共选取白洋淀流域内部及周边共计 52 个气象站点［图 4.1（b）］，利用 Microsoft Visual C++整理得到天气发生器参数及相关气象输入数据文件。

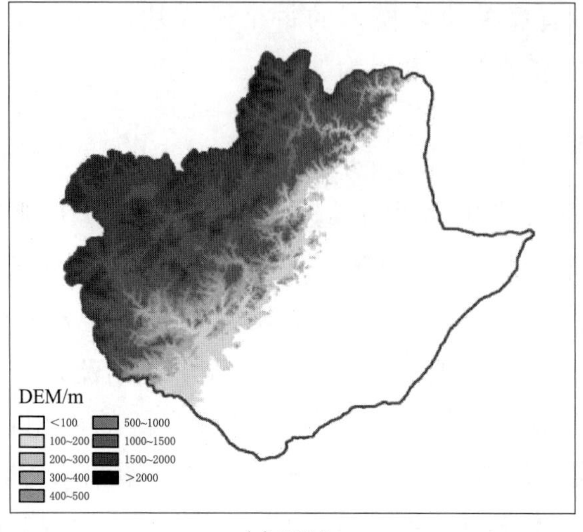

（a）DEM

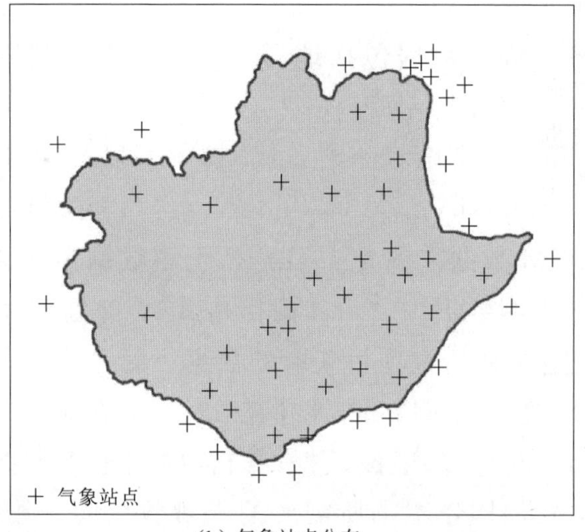

（b）气象站点分布

图 4.1　白洋淀流域 SWAT 模型构建基础数据

本书定义 200km² 为最小河道集水面积阈值，将白洋淀流域划分为 119 个子流域（图 4.2）。参考郝芳华（2003）研究定义水文响应单元（HRU），定义土地利用阈值为 20%，土壤类型阈值为 10%。

4.1.2　SWAT 模型参数率定及模拟效果评价

本书选取横山岭水库、王快水库、西大洋水库、安各庄水库和

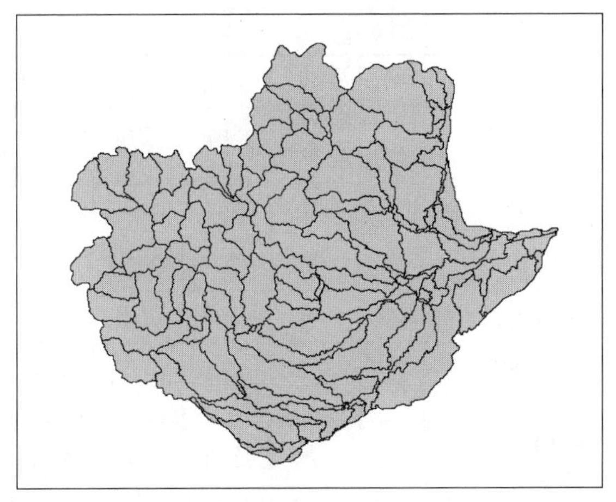

图 4.2 白洋淀流域子流域划分

张坊站还原径流量对白洋淀流域 SWAT 模型进行参数率定。模型率定期为 1956—1990 年，其中预热期为 1956—1959 年，以 1980 年土地利用数据作为输入；模型验证期为 1991—2000 年，以 2000 年土地利用数据作为输入。本书使用 SWAT-CUP2012 中的 SUFI-2 优化算法以及手动校准对基流 Alpha 系数、最大覆盖度、主河道河床水力传导度、SCS 径流曲线数等 13 个参数进行率定。白洋淀流域 SWAT 模型参数率定结果见表 4.1。

表 4.1　白洋淀流域 SWAT 模型参数率定结果

参数名称	参数含义	输入文件	参数改变类型	参数取值				
				横山岭水库	王快水库	西大洋水库	安各庄水库	张坊站
ALPHA_BF	基流 Alpha 系数	gw	v	0.06	0.70	0.12	0.25	0.29
CANMX	最大覆盖度	hru	v	65.25	73.93	94.70	27.30	69.09
CH_K2	主河道河床水力传导度	rte	v	370.6	257.9	20.5	239.5	68.6
CN2	SCS 径流曲线数	mgt	r	−0.35	−0.03	−0.48	−0.48	−0.45
ESCO	土壤蒸发补偿系数	hru	v	0.26	1.25	0.90	0.91	1.10
GW_DELAY	地下水滞后系数	gw	v	232.50	131.37	343.50	160.50	254.55
GW_REVAP	地下水再蒸发系数	gw	v	0.15	0.23	0.10	0.15	0.11

续表

参数名称	参数含义	输入文件	参数改变类型	参数取值				
				横山岭水库	王快水库	西大洋水库	安各庄水库	张坊站
GWQMN	浅层地下水径流系数	gw	r	2.7	3801.5	3285.0	2925.0	5289.7
RCHRG _ DP	深蓄水层渗透系数	gw	v	0.37	0.01	0.77	0.46	0.64
REVAPMN	浅层地下水再蒸发系数	gw	v	104.2	130.1	177.5	77.5	328.0
SOL _ AWC	土壤可利用有效水量	sol	r	2.14	0.42	2.10	4.17	2.07
SOL _ K	土壤饱和导水率	sol	r	1.08	−0.73	0.53	−0.99	−0.54
SURLAG	地表径流滞后时间	bsn	v	18.4	18.4	18.4	18.4	18.4

注　参数改变类型："v" 指现有的参数值将被给定的值取代，"r" 指现有的参数值将乘以（1＋给定的值）。

本书选用决定系数（R^2）、Nash-Sutcliffe 效率系数（NSE）（Nash 等，1970）以及相对误差（RE）对模型效果进行评价。

$$R^2=\frac{\left\{\sum_{t=1}^{N}\left[q_{\text{obs}}(t)-\overline{q_{\text{obs}}}\right]\left[q_{\text{sim}}(t)-\overline{q_{\text{sim}}}\right]\right\}^2}{\sum_{t=1}^{N}\left[q_{\text{obs}}(t)-\overline{q_{\text{obs}}}\right]^2\sum_{t=1}^{N}\left[q_{\text{sim}}(t)-\overline{q_{\text{sim}}}\right]^2} \tag{4.2}$$

$$NSE=1-\frac{\sum_{t=1}^{N}\left[q_{\text{obs}}(t)-q_{\text{sim}}(t)\right]^2}{\sum_{t=1}^{N}\left[q_{\text{obs}}(t)-\overline{q_{\text{obs}}}\right]^2} \tag{4.3}$$

$$RE=\frac{\overline{q_{\text{sim}}}-\overline{q_{\text{obs}}}}{\overline{q_{\text{obs}}}} \tag{4.4}$$

式中：$q_{\text{obs}}(t)$为实测月径流量；$q_{\text{sim}}(t)$为模拟月径流量；$\overline{q_{\text{obs}}}$ 为实测值平均值；$\overline{q_{\text{sim}}}$ 为模拟值平均值。

R^2 和 Nash-Sutcliffe 效率系数与 1 越接近则表示模拟效果越好。当 $NSE\geqslant 0.75$ 时，模型模拟效果较优；当 $0.36<NSE<0.75$，认为模拟效果基本满意；当 $NSE\leqslant 0.36$ 时，则认为模型模拟效果较差（Motovilov 等，1999）。

图 4.3 为各水文站月径流量过程的模拟值和实测值，表 4.2 为白洋淀流域径流量模拟效果评价结果，率定期内，除横山岭水库外，其他四个站点 R^2 均超过 0.85；王快水库、西大洋水库和安各庄水库 NSE 均超过 0.8。校验期内，横山岭水库、王快水库和西大洋水库的模型模拟结果有所降低，横山岭水库和西大洋水库 R^2 和 NSE 均低于 0.75，王快水库 R^2 和 NSE 仍高于 0.75；而安各庄水库和张坊站 R^2 和 NSE 均在校验期有所升高。本书构建的白洋淀流域 SWAT 模型对月径流量过程具有较好模拟效果，五个水文站点相对误差均在±10%以内，结果表明该模型可用于下一步研究。

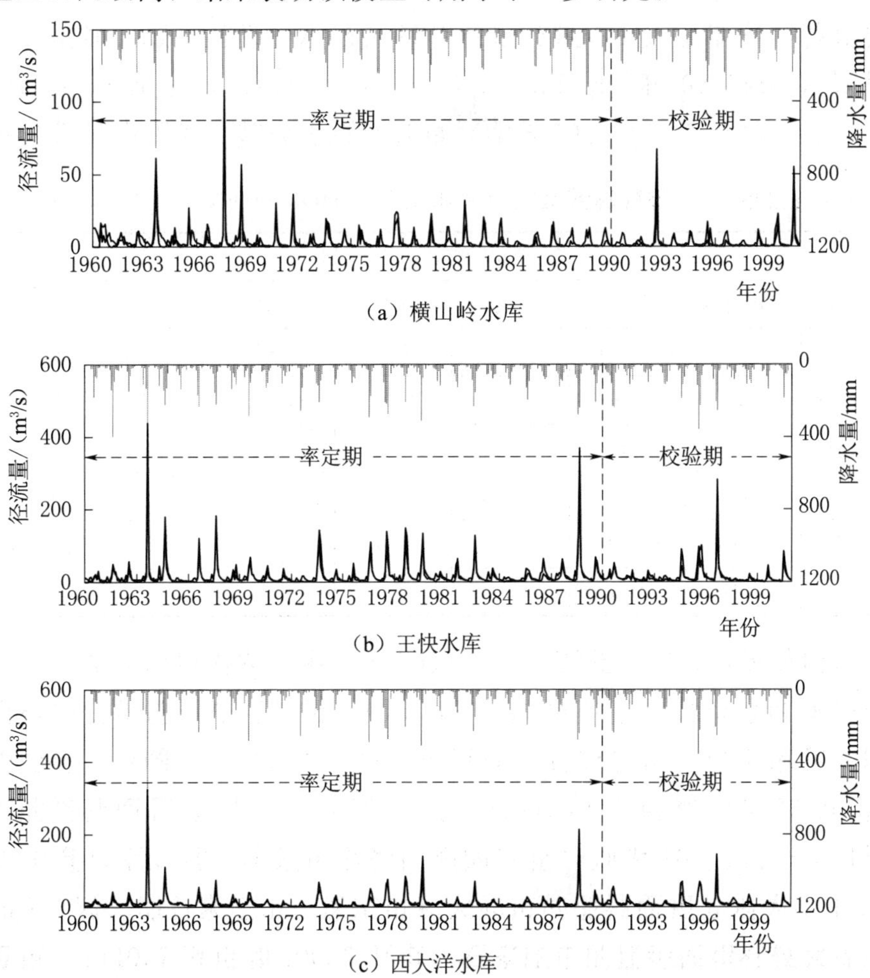

(a) 横山岭水库

(b) 王快水库

(c) 西大洋水库

图 4.3（一） 各水文站月径流量过程的模拟值和实测值

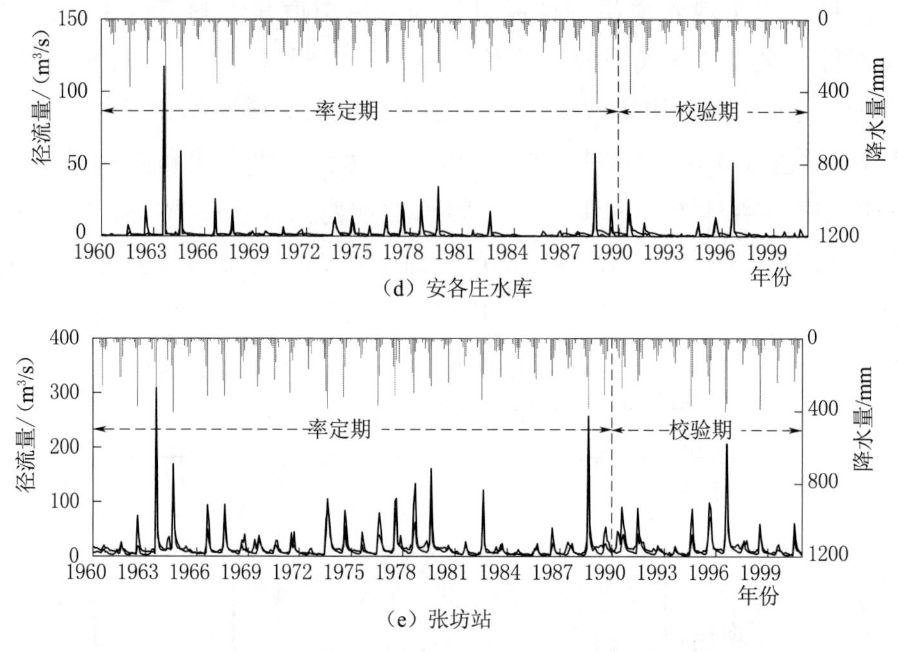

（d）安各庄水库

（e）张坊站

图 4.3（二）　各水文站月径流量过程的模拟值和实测值

表 4.2　　　　白洋淀流域径流量模拟效果评价

站　点	率定期（1960—1990 年）			校验期（1991—2000 年）		
	R^2	*NSE*	*RE*/%	R^2	*NSE*	*RE*/%
横山岭水库	0.76	0.75	−7.5	0.73	0.68	−8.4
王快水库	0.87	0.86	3.8	0.85	0.77	−7.0
西大洋水库	0.88	0.84	−8.7	0.72	0.70	−5.8
安各庄水库	0.88	0.88	3.4	0.91	0.89	5.0
张坊站	0.86	0.75	5.1	0.87	0.83	8.8

4.2　白洋淀流域干旱定量化评价模型构建

4.2.1　供水量和需水量计算

4.2.1.1　供水量

白洋淀流域供水量可近似认为蓝水流和绿水流之和。其中，蓝

水流可认为是地表径流、横向流和地下水交换量之和；绿水可认为是实际蒸散发（Schneider 等，2013）。

$$WS=B+G=SR+LF+GR+AE \tag{4.5}$$

式中：WS 为供水量；B 为蓝水流；G 为绿水流；SR 为地表径流；LF 为横向流；GR 为地下水交换量。

上述各分项均可由本书构建的白洋淀流域 SWAT 模型输出项得到。在此基础上，可获取白洋淀流域各子流域蓝水流和绿水流变化过程。

4.2.1.2 需水量

区域需水量（WD）可认为是农业需水（WD_a）、生态需水（WD_e）、生活需水（WD_l）和工业需水（WD_i）之和：

$$WD=WD_a+WD_e+WD_l+WD_i \tag{4.6}$$

农业需水主要考虑白洋淀流域典型农作物冬小麦和夏玉米生育期内需水，利用单作物系数法对其需水量进行计算：

$$ET_c=ET_0 \cdot K_c \tag{4.7}$$

式中：ET_0 为蒸发能力，可利用国际粮农组织（FAO）推荐的 Penman-Monteith 公式计算（Allen 等，1994）；K_c 为对应时段的作物系数，参考严登华等的研究成果。

冬小麦和夏玉米逐月作物系数取值见表 4.3。按照上述方法，并结合各子流域中耕地面积占比，可获取白洋淀流域各子流域典型农作物逐月需水过程。

表 4.3　冬小麦和夏玉米逐月作物系数

作物系数	1月	2月	3月	4月	5月	6月	7月	8月	9月	10月	11月	12月
冬小麦	0.4	0.4	0.4	0.8	1	0.5	0	0	0.2	0.5	0.5	0.4
夏玉米	0	0	0	0	0	0.2	0.8	1.1	0.9	0	0	0

林草地生态需水与气象条件、土壤水分状况和植被种类等因素相关，单位面积上的林草地生长过程中的需水量（ET_q）可按以下公式进行计算（何永涛等，2004）：

$$ET_q=ET_0 \cdot K_c \cdot K_s \tag{4.8}$$

式中：ET_0 为潜在蒸发量；K_c 和 K_s 分别为植被系数和土壤水分

系数，对应的取值见表4.4和表4.5。

按照上述方法，并结合各子流域中林草地面积占比，可获取白洋淀流域各子流域植被逐月需水过程。

表4.4　　不同类型植被系数

植被类型	乔木	灌木	草地
K_c	0.6200	0.5385	0.2630

表4.5　　最小生态需水定额下的 K_s

土壤质地	粗砂土	砂壤土	砂黏土	粉黏土	粉土
K_s	0.5484	0.5564	0.5221	0.5387	0.5365

4.2.1.3　生活需水和工业需水

居民生活需水采用人均日用水定额来进行估算：依据《城市居民生活用水量标准》（GB/T 50331—2002）和《河北省用水定额》中相关成果，保定市用水定额取130L/(人·d)，其他地区取110L/(人·d)进行估算；白洋淀流域典型年份人口数据源于《中国1公里格网人口数据集》（www.geodata.cn），按照上述方法得到的白洋淀流域2000年、2005年和2010年的生活需水量。

工业需水也采用“规模×定额”的方式获取，其中“定额”选用万元工业产值用水量，各分区的定额可由地球系统科学数据共享网提供的2000年建设用地产值和工业用水数据得到；“规模”选用工业产值，可由GDP数据和土地利用数据得到。在上述分析的基础上，可得到白洋淀流域典型年份（2000年、2005年和2010年）工业需水量。

4.2.2　干旱评价指标

在获取各子流域供水和需水的基础上，可得到逐月缺水量，在此基础上，分别获取1个月和12个月两个时间尺度下的累积缺水量，按照第2章所提出的SSDI指数计算方法，可得到这两个时间尺度下各子流域的干旱指数。以编号为60的子流域为例，对SSDI评价指标（时间尺度为1个月）的计算过程进行说明。

步骤1：以需水和供水之差作为输入量，以两者差值偏离平均

状态的程度来表征区域干旱情况，图 4.4 为典型子流域逐月供水、需水和缺水量。

步骤 2：采用 3 个参数的 log-logistic 概率分布对 1 个月尺度的取水量进行正态化处理，得到尺度参数、形状参数和位置参数，见表 4.6。

步骤 3：对累积概率密度进行标准化，可获取 SSDI 变化过程，如图 4.5 所示。

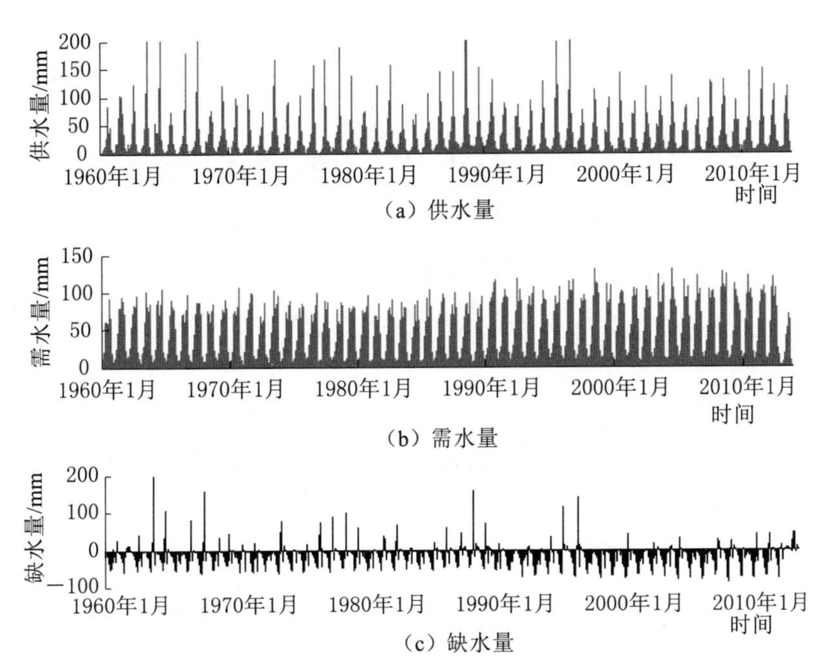

图 4.4 典型子流域逐月供水量、需水量和缺水量

表 4.6 典型子流域 Log-logistic 概率分布参数

月份	尺度	形状	位置参数
1	21.2	9.3	−31.2
2	−161.4	−39.5	140.2
3	146.8	27.3	−183.6
4	101.7	15.3	−160.6
5	−280.3	−41.8	220.9
6	38.9	5.4	−66.5
7	66.4	4.1	−55.5

续表

月份	尺度	形状	位置参数
8	48.5	2.2	−43.6
9	57.9	9.0	−92.5
10	27.0	5.5	−27.5
11	20.0	7.4	−22.3
12	9.3	4.3	−14.8

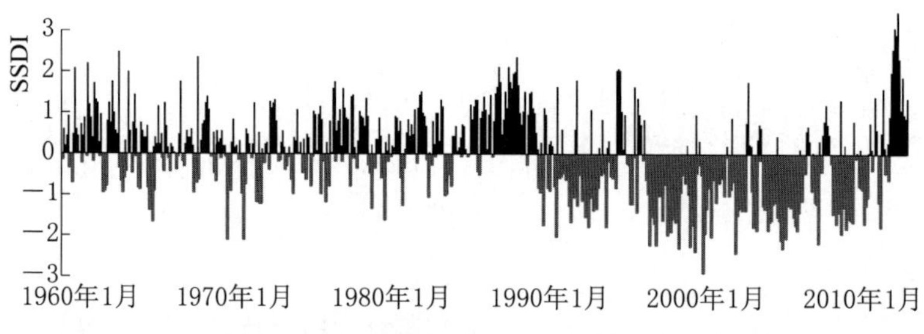

图 4.5 典型子流域 SSDI 变化过程（1960—2010 年）

4.3 白洋淀流域干旱时空特征分析

利用 4.2 节中所得到的干旱指数，可对白洋淀流域各子流域逐月干旱等级进行评价，在此基础上，结合第 2 章中干旱特征评价方法，对白洋淀流域干旱频次、持续时间、强度和笼罩面积的时空变化特征进行分析。其中，对于干旱频次、持续时间、强度的分析采用 1 个月尺度，由于白洋淀流域干旱发生较为频繁，本书在分析干旱频次、持续时间和强度这 3 项指标值时，仅针对中等及以上等级的干旱事件；对于干旱笼罩面积的分析采用 12 个月尺度。分析时段为 1960—1990 年、1991—2013 年和 1960—2013 年共计 3 个时段。

4.3.1 干旱频次分布

白洋淀流域各时段干旱频次空间分布见附图 1。从附图 1 中可以看出，1960—2013 年白洋淀流域干旱的高频区主要位于流域山

区，如大清河、唐河、清水河和磁河上游等地区。其中，约10%的区域干旱频次超过15次/10a，约85%的区域干旱频次在10次/10a年以上，而干旱频次在8次/10a以下的区域仅占2.5%。1991—2013年，全流域约有81.4%的地区干旱频次有所增加，有46.7%的地区干旱频次增加5次/10a，有8.8%的地区干旱频次增加10次/10a；干旱频次减少2次/10a以上的地区面积占比为11.0%，而干旱频次减少5次/10a以上的地区面积占比仅为3.3%。频次增加的地区分布较为广泛，以平原地区最为明显。

4.3.2 干旱持续时间分布

白洋淀流域各时段干旱平均持续时间空间分布见附图2。从附图2中可以看出，1960—2013年白洋淀流域干旱持续时间较长的地区主要位于保定南部和石家庄北部，平均每次干旱持续时间高达2.4个月以上。全流域约有83.7%的区域干旱持续时间在2个月/次以上，约1.7%的地区干旱持续时间在2.5个月/次以上，而干旱持续时间不超过1.9个月/次的地区不到全流域面积的7%。1991—2013年，干旱持续时间增加幅度超过2个月/次和3个月/次的地区分别占全流域面积的35.1%和13.1%；而干旱持续时间减少的地区占15.2%，其中干旱持续时间减少幅度超过1个月/次和2个月/次地区面积占比分别为4.6%和1.0%。干旱持续时间增加的地区分布较为广泛，以平原地区最为明显。

4.3.3 干旱强度分布

白洋淀流域各时段干旱平均强度空间分布见附图3。从附图3中可以看出强度较大的地区主要位于保定以西的地区，如唐河上游等地区，场次干旱强度的绝对值高达1.55以上。场次干旱强度小于−1.5的地区约占全流域的50%，场次干旱强度小于−1.55的地区约占全流域的20%，场次干旱强度小于−1.6的地区约占全流域的5%；而场次干旱强度大于−1.4的地区仅占全流域面积的7%。1991—2013年，场次干旱强度的增加10%以上的地区占全流域面积的17.5%，强度增加20%

以上的地区不到7%；而场次干旱强度减少10%以上的地区仅占全流域面积的8.5%，强度减少20%以上的地区不到全流域的1%。

4.3.4　干旱笼罩面积演变特征

图4.6为1960—2013年白洋淀流域不同等级干旱笼罩面积的年际变化。从图中可看出，近60年来各等级干旱面积均呈现出增加的趋势，轻度干旱（轻旱）、中度干旱（中旱）、重度干旱（重旱）和特大干旱（特旱）面积变化率分别为818.8km^2/10a、803.7km^2/10a、

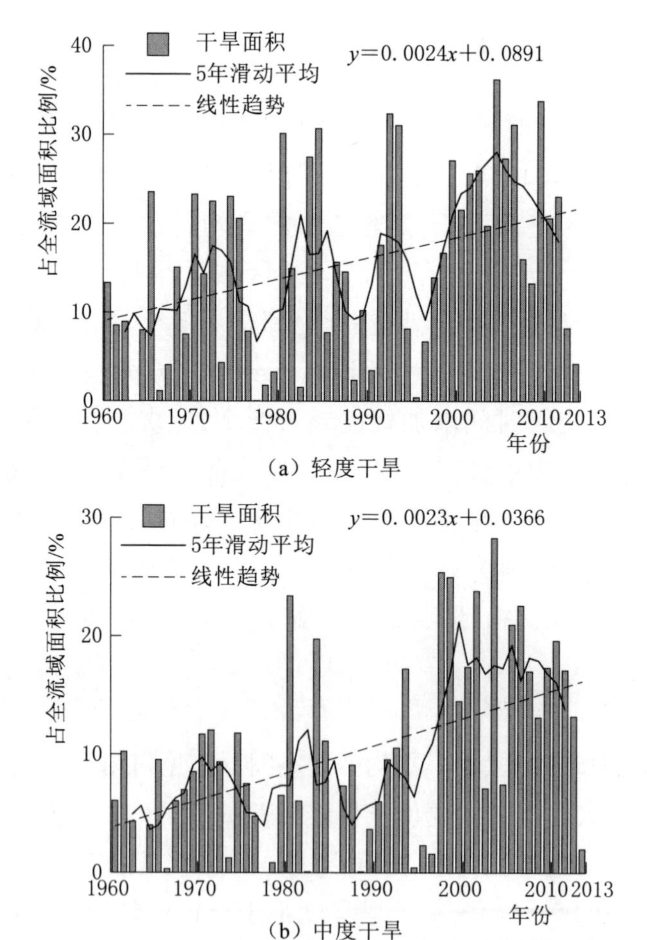

图4.6（一）　1960—2013年白洋淀流域不同等级干旱笼罩面积年际变化

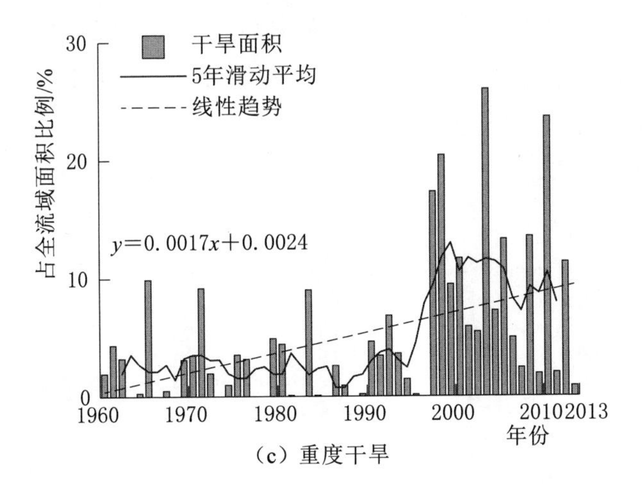

(c) 重度干旱

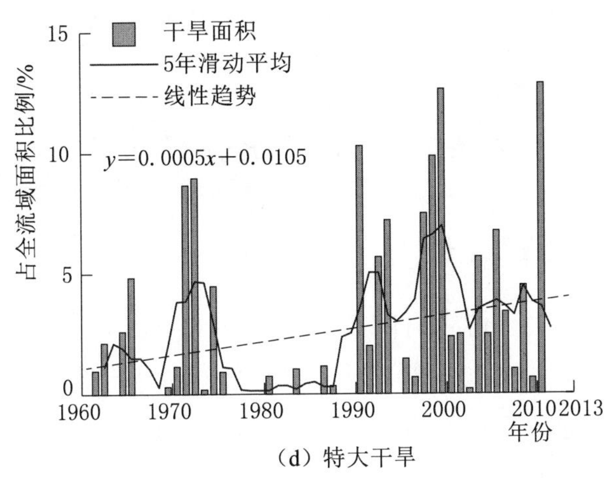

(d) 特大干旱

图 4.6(二) 1960—2013 年白洋淀流域不同等级干旱笼罩面积年际变化

590.5km²/10a 和 190.8km²/10a，其变化趋势统计量分别为 $Z_{轻旱}=2.51>1.96$、$Z_{中旱}=3.06>1.96$、$Z_{重旱}=2.53>1.96$ 和 $Z_{特旱}=0.69<1.96$，即轻度干旱、中度干旱和重度干旱面积的变化趋势达到了 $\alpha=0.05$ 的显著水平，而特大干旱面积的变化趋势并没有通过显著性检验。1960—2013 年白洋淀流域不同等级干旱笼罩面积变化率及变化趋势统计值分别为 2404km²/10a 和 4.05，其变化趋势达到了 $\alpha=0.05$ 的显著水平。对比 1990 年前后多年平均干旱面积可知，1991—2013 年，轻度干旱、中度干旱、重度干旱、特大干旱面积的多年平均值

为 6959km² 、5028km² 、2103km² 和 1349km²，分别占流域面积的 20.0%、14.5%、8.4%和 3.9%，各类干旱面积相对于 1990 年以前均有较为明显的增加（见图 4.7）。

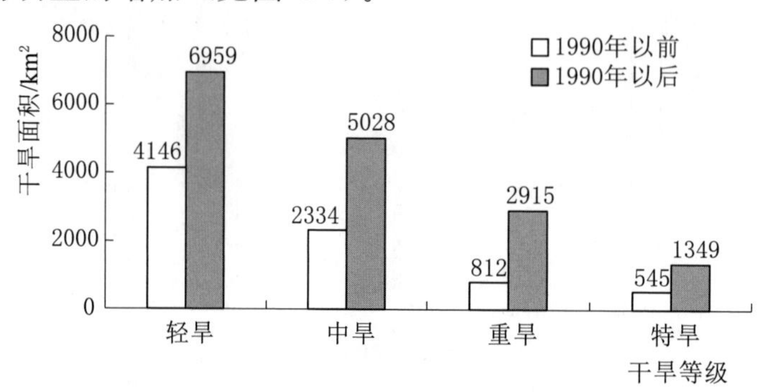

图 4.7　1990 年前后多年平均干旱面积

4.4　白洋淀流域干旱评价效果分析

4.4.1　与 SPI 指数对比

（1）干旱频次、持续时间和强度。分析 SPI 和 SSDI 两种评价方法下白洋淀流域在 1960—2013 年干旱总次数、持续时间和强度的空间分布情况。在 SPI 评价方法下，干旱总次数和总持续时间相对于 SSDI 而言普遍较低。在 SPI 评价方法下，1960—2013 年干旱总次数普遍在 50～70 次之间，持续时间普遍在 100d 以下；而在 SSDI 评价方法下，1960—2013 年近一半以上地区干旱总次数普遍在 70 次以上，持续时间普遍在 110d 以上；但在两类评价方法下，干旱频次和持续时间的空间分布特征较为一致；而干旱平均强度则是 SSDI 要高于 SPI，在 SSDI 方法下，近一半的地区干旱平均强度的绝对值在 1.5 以上，而在 SPI 方法下，绝大部分地区干旱平均强度的绝对值在 1.45 以下。

（2）干旱面积。图 4.8 对比了 SPI 和 SSDI 评价方法下各等级干旱的多年平均干旱面积。从图 4.8 中可以看出，SSDI 方法下中旱、重旱和特旱 3 类干旱面积高于 SPI，此 3 类干旱多年平均面积较 SPI 高 5.5%（中旱）、14.7%（重旱）和 18.1%（特旱）；SSDI

指标下的轻旱面积较 SPI 低 8.3%；但两类评价方法下，各类干旱面积占总干旱面积的比例基本一致。

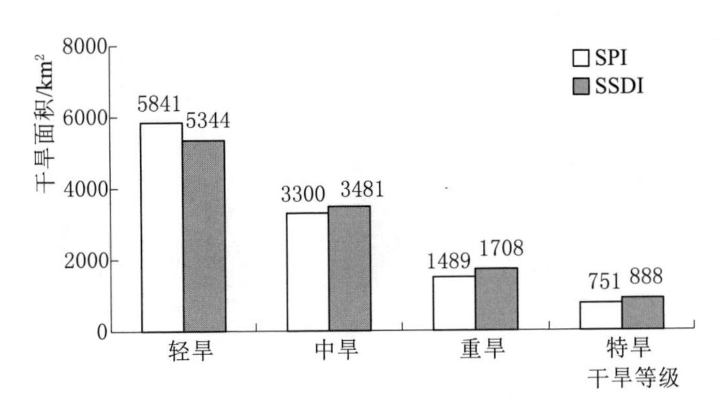

图 4.8 不同评价方法下白洋淀流域 1960—2013 年多年平均干旱面积

4.4.2 与 SPEI 指数对比

(1) 干旱频次、持续时间和强度。分析 SPEI 和 SSDI 两种评价方法下白洋淀流域在 1960—2013 年干旱总次数、持续时间和强度的空间分布情况。在 SPEI 评价方法下，干旱总次数和总持续时间相对于 SSDI 而言普遍较高。在 SPEI 方法下，1960—2013 年干旱总次数普遍在 80 次以上，持续时间普遍在 120d 以上；而 SSDI 方法下，1960—2013 年干旱总次数普遍在 50 次以上，持续时间普遍在 110d 以上；但两类评价方法下，干旱频次和持续时间的空间分布特征较为一致；而干旱平均强度则是 SSDI 要高于 SPEI，在 SSDI 方法下，近一半的地区干旱平均强度的绝对值在 1.5 以上，而在 SPEI 方法下，绝大部分地区干旱平均强度的绝对值在 1.4 以下。

(2) 干旱面积。图 4.9 对比了 SPEI 和 SSDI 评价方法下各等级干旱的多年平均干旱面积。从图 4.9 中可以看出，SSDI 方法下轻旱、中旱和重旱 3 类干旱面积略小于 SPEI，此 3 类干旱的多年平均干旱面积较 SPEI 少 4.2%（轻旱）、2.4%（中旱）和 6.4%（重旱）；但 SSDI 方法下的特旱面积较 SPEI 高 42.3%；两类评价方法下，各类干旱面积占总干旱面积的比例基本一致。

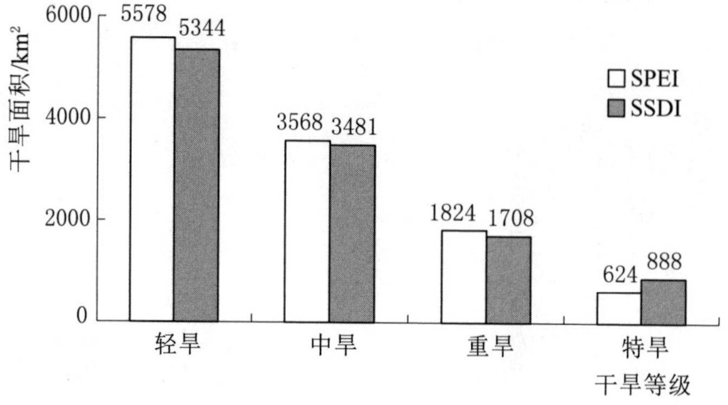

图 4.9 不同评价指标下白洋淀流域 1960—2013 年多年平均干旱面积

4.4.3 与历史旱灾情况对比

图 4.10 对比了 1961—1990 年本书计算得到的白洋淀流域理论干旱面积与《海河流域水旱灾害》记载的实际受灾面积。从图 4.10 中可知，计算得到的典型干旱年份与《海河流域水旱灾害》所记载的典型年份较为符合，如典型干旱年为：1961 年、1965 年、1972 年、1980 年和 1983 年等。

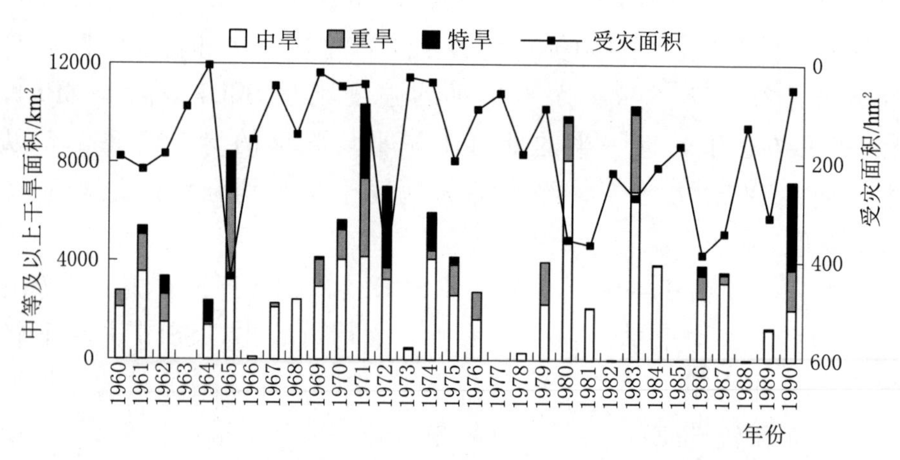

图 4.10 1960—1990 年白洋淀流域理论干旱面积与实际受灾面积

根据《海河流域水旱灾害》中的记载，1965 年“全流域降水量都是负距平，特别是海河南系，山区达－44.3%，平原达－45.3%……河北省春旱连夏旱，夏旱连秋旱……石家庄地区有 7 条万亩以上的灌溉渠道污水；保定地区 29 条河流，干了 23 条……干旱严重的中南部 6 个地区受旱面积占耕地的一半……”采用 SSDI 评价方法得到白洋淀流域 1965 年春、夏、秋三季干旱发展过程，结果表明白洋淀流域 4 月、5 月、8 月和 10 月均发生了较大范围的干旱，也与历史记载中春夏秋连旱的特征相吻合。

4.5　湿 地 干 旱 评 价

4.5.1　湿地历史干旱事件

白洋淀湿地蓄水主要依靠上游径流和湿地区域的降水，而流域径流量的大小主要依赖于降水，因此，降水的减少是白洋淀湿地干旱的主要原因。20 世纪 50 年代白洋淀流域降水较丰，湿地入淀水量较大。60 年代以后，由于水库调蓄和降水量的减小，白洋淀多次出现干淀和持续低水位现象，航道无法行船，污水不能稀释，湿地萎缩，湿地中水生生物失去了适宜生长条件。80 年代后，白洋淀出淀、入淀水量都很少，虽存在个别丰水年，白洋淀干淀危机仍然存在。1984 年下半年至 1988 年上半年白洋淀干涸，出淀、入淀水量为零。1999 以后白洋淀基本没有出淀水量，入淀水量也很少，多次面临干淀危机，生态环境十分脆弱，只能依靠调水补淀。1997 年至今，水利部和河北省先后向白洋淀调水 18 次。

图 4.11 显示了白洋淀 1950—2011 年的干旱事件，其中，1988 年以前的干旱事件都与流域干旱有关。

据《河北省水旱事件》记载，1956 年、1972 年、1975 年、1980—1984 年、1989 年均发生了较大的干旱灾害，受流域整体水文情势的制约，湿地也发生了干旱。由于 1984—1988 年白洋淀出现了连续 5 年的干淀事件，之后水利部和河北省开始对湿地进行调水补给，维持湿地的基本水位。1999 年以后，白洋淀多次面临干旱威

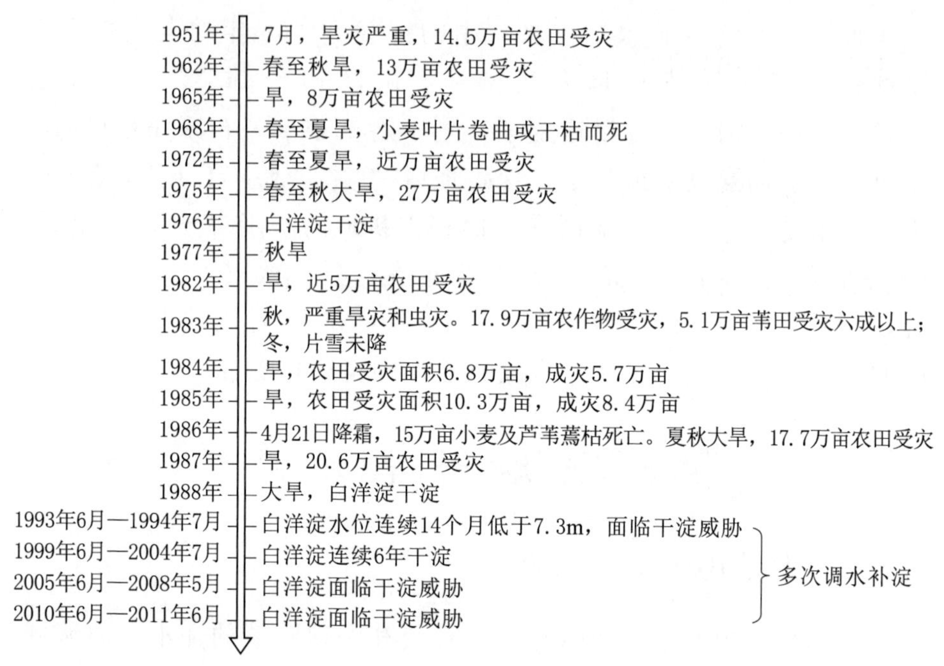

图4.11　白洋淀历年干旱事件

胁，只能依靠调水补给，因此该时期内的湿地水位基本上受人为调控，与20世纪90年代之前的干旱有所不同。由表4.7可以看出，1950—2009年以来，年代际间干旱发生的次数呈上升趋势，2000年以来白洋淀几乎每年都面临干淀威胁，但由于有调水补给，水位一直维持在干淀水位之上，仅能保证其不至于干涸。

表4.7　　1950—2009年白洋淀干旱与干淀情况统计

时段	干旱次数	干淀年份	持续时间/d	干淀之前水位/m
1950—1959年	1			
1960—1969年	3	1966	90	5.89
1970—1979年	4	1972—1973	244	6.32
		1976	162	6.32
1980—1989年	7	1982	31	5.74
		1984—1988	1622	5.16
1990—1999年	3			
2000—2009年	9	2003	162	5.70

注　干旱次数以年计。

4.5.2 典型时段干旱评价

白洋淀湿地的主要植被类型为芦苇沼泽，根据其生长期特点，对其典型时段划分如下：非汛期（11月至次年3月）、生长期（4—7月）、汛期（8—10月）。分别对59年来（1950—2009年）的这3个时段月水位进行频率分析，得到平均水位（$\overline{WL}_1$、$\overline{WL}_2$、$\overline{WL}_3$），即$\overline{WL}_1$=7.71m、$\overline{WL}_2$=7.36m、$\overline{WL}_3$=7.93m。

根据式（2.16）和式（2.17）可分别计算得到D_1（非汛期）、D_2（生长期）和D_3（汛期）3个时段的水分亏缺量。历史上（1984—1986年）这3个时段都经历过干淀现象，即水位维持在5.5m（大沽高程）左右。计算得3个时段的S值：S_{max1}=333.71m，S_{max2}=226.92m，S_{max3}=223.56m。

利用1950—1986年长序列日水位数据（缺少1975—1979年数据）计算一年（11月至次年10月）中不同时段的W值（表4.8）。这里选取水面积和水量两个指标来评价典型年的生态状况，并与历史上生态状况良好时期的水面积、水量做比较，从而对典型时段的干旱情况作出评价。

对于白洋淀湿地来说，满足其水生动植物生长和淀区居民的生活用水要求的最低水位是维持湿地正常功能的前提。白洋淀底高程大多在5.50～6.50m之间，对于鱼类来说，所需水深至少为1m，适宜水深为2～3m，相应的水位为7.5～8.5m。对于水生植物来说，不同生长期对水深的要求不同。芦苇是白洋淀湿地的典型植被，其发芽期的水深要求为0.5～1m，生长期为1m，相应的水位为7.00～7.50m。据此，认为取频率P_{50}～P_{25}之间的水位7.76～8.57m为最适生态水位较为合适。多年的综合分析也认为：淀内的水位应该保持在7.50～8.50m之间。为此，用水位8m时的水面积和水量来表示生态状况良好，以此为对照计算典型干旱时段的水面积减少和水量减少百分数，得到表4.8所示结果。

相关性分析显示水面积减少和水量减少与W值均有很好的相

表 4.8　1950—1986 年白洋淀湿地典型时段 W 值及生态状况评价

典型时段	干旱时期	持续时间/d	S/m	频率/次	W	水面积减少/%	水量减少/%
D_1	1963 年 3 月 7—31 日	25	1.98	1	0.01	10.1	19.3
	1965 年 11 月 1 日—1966 年 3 月 31 日	151	234.78	1	0.70	71.0	88.6
	1966 年 11 月 28 日—1967 年 3 月 31 日	124	49.13	1	0.15	25.4	40.6
	1968 年 11 月 1 日—1969 年 3 月 23 日	143	45.24	1	0.14	29.3	45.2
	1971 年 11 月 29 日—1972 年 2 月 11 日	75	5.24	2	0.02	11.3	22.4
	1972 年 3 月 31 日	1	0.02				
	1972 年 11 月 1 日—1973 年 3 月 31 日	151	303.86	1	0.91	98.9	98.9
	1980 年 11 月 1 日—1981 年 3 月 31 日	151	33.66	1	0.10	23.1	37.9
	1981 年 11 月 1 日—1982 年 3 月 31 日	151	235.61	1	0.71	71.0	88.6
	1982 年 11 月 1 日—1983 年 3 月 31 日	151	137.23	1	0.41	57.9	72.4
	1983 年 11 月 1 日—1984 年 3 月 31 日	152	308.15	1	0.92	94	97.2
	1984 年 11 月 1 日—1985 年 3 月 31 日	151	333.71	1	1.00	98.9	98.9
	1985 年 11 月 1 日—1986 年 3 月 31 日	151	333.71	1	1.00	98.9	98.9
D_2	1963 年 4 月 30 日—7 月 31 日	93	14.58	1	0.06	40.1	53.7
	1966 年 4 月 1 日—7 月 31 日	122	211.43	1	0.93	94.3	97.8
	1967 年 4 月 1 日—7 月 11 日	101	40.69	1	0.18	49.1	59.1

续表

典型时段	干旱时期	持续时间/d	S/m	频率/次	W	水面积减少/%	水量减少/%
D2	1968 年 6 月 7 日—7 月 31 日	55	19.89	1	0.09	48.7	58.7
	1972 年 4 月 24 日—7 月 31 日	99	96.04	1	0.42	55.9	68.3
	1973 年 4 月 1 日—7 月 31 日	122	208.25	1	0.92	83.2	95.0
	1981 年 4 月 7 日—5 月 28 日	52	16.14	2	0.33	59.2	74.3
	1981 年 6 月 1 日—7 月 31 日	61	58.24				
	1982 年 4 月 1 日—7 月 31 日	122	184.2	1	0.81	94.9	94.6
	1983 年 4 月 1 日—7 月 31 日	122	97.5	1	0.43	61.8	79.1
	1984 年 4 月 1 日—7 月 31 日	122	204.39	1	0.90	86.3	96.1
	1985 年 4 月 1 日—7 月 31 日	122	226.92	1	1.00	98.9	98.9
	1986 年 4 月 1 日—7 月 31 日	122	226.92	1	1.00	98.9	98.9
D3	1965 年 8 月 1 日—10 月 31 日	92	78.01	1	0.35	49.5	59.6
	1966 年 8 月 1—20 日	20	29.35	1	0.13	8.8	16.3
	1968 年 8 月 1 日—10 月 31 日	92	99.74	1	0.45	56.7	70.0
	1971 月 8 月 1 日—9 月 16 日	47	11.09	2	0.05	8.0	14.8
	1971 年 10 月 28—31 日	4	0.09				
	1972 年 8 月 1 日—10 月 31 日	92	122.2	1	0.55	61.1	78.3

续表

典型时段	干旱时期	持续时间/d	S/m	频率/次	W	水面积减少/%	水量减少/%
D_3	1980 年 8 月 1 日—10 月 31 日	92	50.09	1	0.22	30.9	46.8
	1981 年 8 月 1 日—10 月 31 日	92	162.08	1	0.72	70.4	88.4
	1982 月 8 月 1 日—10 月 31 日	92	87.31	1	0.39	53.8	63.9
	1984 年 8 月 1 日—10 月 31 日	92	216.5	1	0.97	84.5	95.7
	1985 年 8 月 1 日—10 月 31 日	92	223.56	1	1.00	98.9	98.9
	1986 年 8 月 1 日—10 月 31 日	92	223.56	1	1.00	98.9	98.9

关性。利用表 4.8 的结果作 W -水面积减少和 W -水量减少曲线（图 4.12），发现用分别用一次、二次线性方程分别拟合 W -水面积减少和 W -水量减少曲线均有很好的拟合度，R^2 都在 0.9 以上。因此，W 值的变化与生态状况密切相关。

将典型时段湿地生态状况的评价结果用水面积的减少表示，以此来评价白洋淀湿地典型时段的干旱，得到白洋淀湿地干旱评价的标准（表 4.9）。

表 4.9　　白洋淀湿地典型时段干旱评价标准

干旱等级	W			水面积减少/%		
	D_1	D_2	D_3	D_1	D_2	D_3
轻度干旱	0.01～0.22	0.06～0.30	0.05～0.26	10.1～32.6	40.1～55.1	8.0～31.0
中度干旱	0.22～0.48	0.30～0.57	0.26～0.52	32.6～55.1	55.1～70.1	31.0～54.0
重度干旱	0.48～0.73	0.57～0.84	0.52～0.78	55.1～77.6	70.1～85.1	54.0～77.0
特大干旱	0.73～1	0.84～1	0.78～1	77.6～100	85.1～100	77.0～100

注　本评价标准仅用于湿地干旱评价。

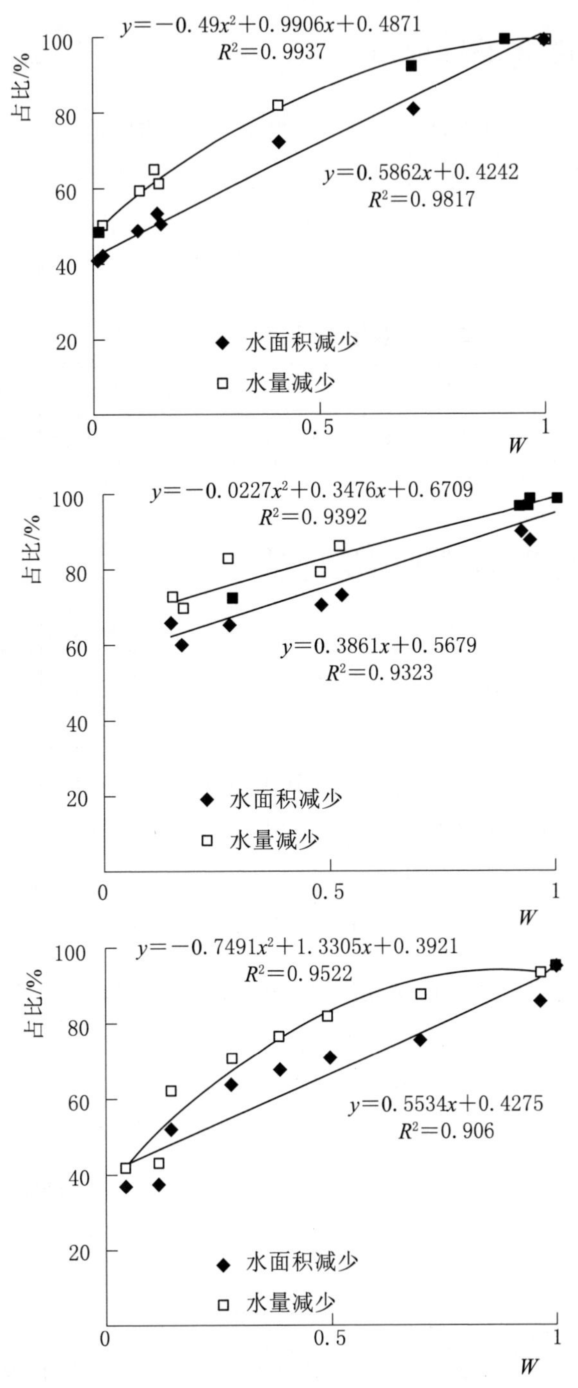

图 4.12　1950—1986 年白洋淀湿地干旱时段 W-水面积减少和 W-水量减少曲线

4.5.3 年尺度干旱评价

利用表4.8统计1950—1986年不同典型时段特大干旱发生的次数，结果为：$x_1=4$、$x_2=5$、$x_3=3$，则 $\lambda_1=0.333$、$\lambda_2=0.417$、$\lambda_3=0.25$，即可确定当年的干旱指数 W_y，并得到年尺度干旱评价标准（表4.10）。

表4.10　　白洋淀湿地年尺度干旱评价标准

年尺度干旱指数	轻度干旱	中度干旱	重度干旱	特大干旱
W_y	0.041～0.263	0.263～0.528	0.528～0.788	0.788～1

注　本评价标准仅用于湿地干旱评价。

4.5.4 湿地干旱评价方法比较

SPI与Z指数在我国应用较为成熟，所需资料较易获得，指标不涉及具体的干旱机理，时空适应性较强（Vicente-Serrano et al.，2005）。W指数具有一定的物理机制，即以湿地水量平衡为物理基础，考虑湿地水分亏缺、持续时间和强度。因而从理论上来说，W指数对于湿地干旱的定量评价具有更好效果。

取历史干淀年为评价年，利用白洋淀湿地（新安站）水位、降水数据计算评价年的W、SPI、Z指数，评价结果见表4.11。

表4.11　W指数与SPI、Z指数对白洋淀历史干淀年的评价结果

评价年	W指数	季度SPI指数	季度Z指数
1966	重旱-特旱-轻旱-轻旱	正常-轻旱-正常-轻旱	正常-中旱-正常-轻旱
1972	轻旱-中旱-重旱-特旱	正常-中旱-正常-正常	正常-中旱-轻旱-正常
1973	特旱-特旱-正常-正常	正常	正常
1984	特旱	重旱-正常-轻旱-轻旱	中旱-正常-中旱-轻旱
1985	特旱	正常-轻旱-正常-正常	正常-轻旱-正常-正常
1986	特旱	正常-正常-中旱-正常	正常-正常-中旱-正常

3种指数的评价结果出现较大偏差，而SPI和Z指数均未很好地识别出干淀年份的干旱，与实际情况相差较大；而基于历史水位的W指数评价结果则与实际较为符合。湿地生态水文过程较复杂，

其来水和排水过程多样化，降水只是湿地来水的一个方面，无法表现出湿地水分亏缺的状态。因此，只考虑降水而忽视湿地干旱机理的 SPI 和 Z 指数不适用于对湿地干旱的评价。

从表 4.12 可以看出，运用白洋淀湿地干旱指数（W 指数）对湿地干旱进行评价可以精确到干旱在一年中的出现时段和持续时间，并且能够看出干旱的发展趋势，如 1971 年 8 月—1972 年 3 月是轻度干旱，1972 年 4—7 月转变成中度干旱，8—10 月干旱持续加重，达到重度干旱程度，1972 年 11 月—1973 年 3 月湿地干旱进一步加重，变为特大干旱。因此，借助白洋淀湿地干旱指数可以看出干旱的发展规律，或从轻度干旱逐渐转变到特大干旱，或从特大干旱变为轻度干旱。此外，可以看出，20 世纪 60 年代多轻旱，80 年代多重旱，特别是 1984—1986 年连续干淀事件就是特大干旱。

表 4.12　W 指数对白洋淀湿地 1960—1986 年的干旱评价

干旱等级	轻度干旱	中度干旱	重度干旱	特大干旱
干旱时段	1963（1～2） 1966（3） 1967（1～2） 1969（1） 1971（3）～1972（1） 1980（3）～1981（2）	1965（3） 1968（3） 1972（2） 1983（1～2）	1966（1） 1972（3） 1981（3）～1982（1）	1966（2） 1973（1～2） 1984（2）～1986（3）

注　1. W 指数中（1）（2）（3）分别表示 D_1（11 月至次年 3 月）、D_2（4—7 月）、D_3（8—10 月）期，前一年的 11—12 月算入第二年的（1）期中。

2. 缺少 1975—1976 年的日水位数据，故没有给出该时段的评价结果。

第5章　白洋淀流域干旱演变规律及驱动机理

本章分析了白洋淀流域降水量、气温、实际蒸发量和地表径流等气象水文要素变化特征，以及土地利用和植被指数等下垫面条件和需水量的演变规律，识别了流域干旱驱动模式，在此基础上，分析了湿地降水、蒸发、入淀水量、水位和水面积等湿地水文变化特征，芦苇、菖蒲等典型湿地植物以及湿地生态系统对干旱的适应规律等，识别了湿地干旱驱动模式。

5.1　白洋淀流域干旱演变规律分析

5.1.1　主要气象水文要素演变规律

5.1.1.1　降水量

白洋淀流域年降水量在1990年以前变化并不明显，1960—1990年，年降水变化率仅为－0.39mm/10a，1990年以后，年降水量呈现出较为明显的减少趋势，1991—2013年，年降水变化率为－21.4mm/10a，1990年以后，多年平均降水量为506.7mm，相对于1990年以前的多年平均水平（537.6mm）减少了5.8%，其中汛期（6—9月）降水量减少了7.8%，以8月降水减少最为明显，其减幅高达25.5%（图5.1）。

图5.2为白洋淀流域降水变化趋势及显著性检验。从图5.2中可以看出，1960—2013年，流域大部分地区降水呈现出减少的态势，其中，大清河上游山区、中易水上游地区、清水河中下游地区以及白洋淀湿地以下地区，年降水量变化率相对较大，普遍高达－15mm/10a，部分地区超过－20mm/10a。白洋淀流域南部地

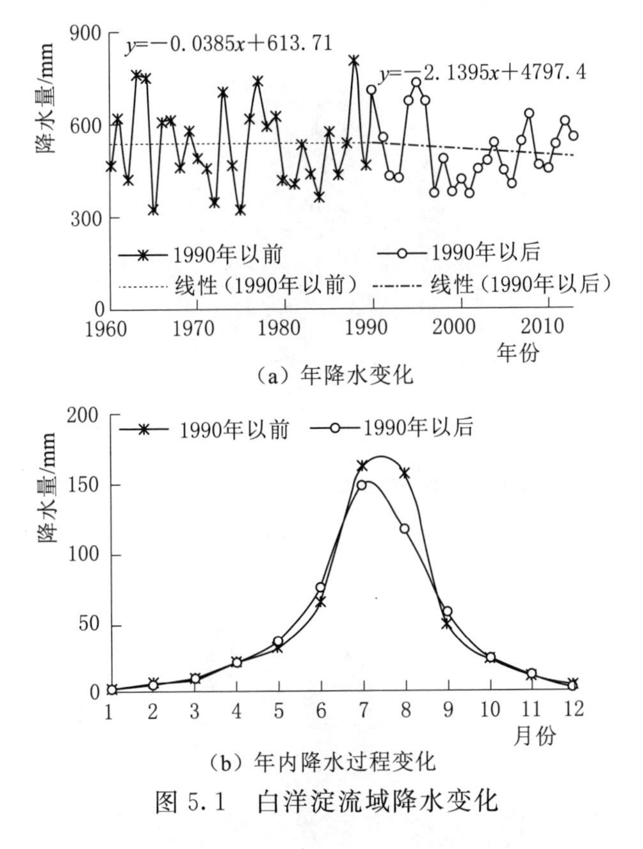

(a) 年降水变化

(b) 年内降水过程变化

图 5.1 白洋淀流域降水变化

区年降水量变化呈现出增加的态势，但趋势并不明显，仅为 5mm/10a 左右［图 5.2 (a)］。流域平原区年降水量变化的趋势普遍通过了 $\alpha=0.1$ 的显著性检验，大清河上游山区和唐河下游地区年降水量的减少趋势达到了 $\alpha=0.01$ 的显著水平［图 5.2 (b)］。

5.1.1.2 气温

1990 年以前，白洋淀流域年均气温变化呈现出略微减少的趋势，1960—1990 年年均气温变化率仅为−0.023℃/10a；但在 1990 年以后，流域温升幅度明显增加，1991—2013 年，年均气温变化率高达 0.20℃/10a，1990 年以后多年平均气温为 11.1℃，相比 1990 年以前增加了 0.76℃，其中，以冬季气温增加态势最为明显，1990 年以后，12 月、1 月和 2 月平均气温相对于 1990 年以前分别增加了 0.8℃、0.9℃和 2.3℃（图 5.3)。

从空间上，流域各地区气温均呈现出增加的态势，流域北部地

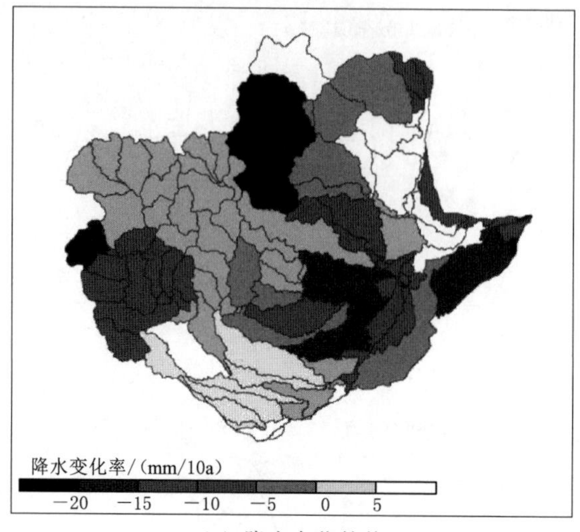

（a）降水变化趋势

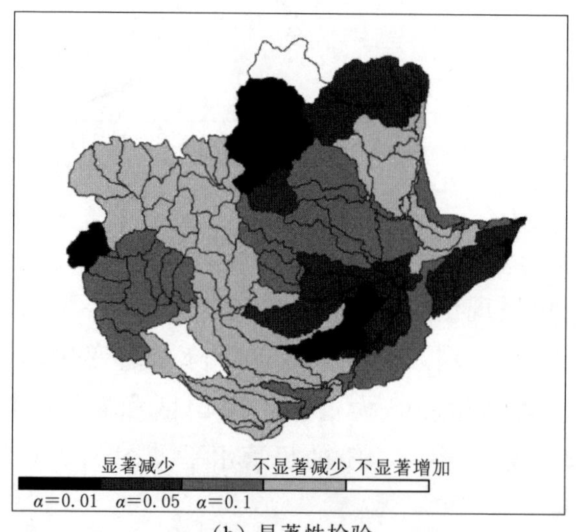

（b）显著性检验

图5.2　白洋淀流域降水变化趋势及显著性检验

区温升幅度大于南部，大部分地区1960—2013年气温变化率高达0.24℃/10a；南部山区温升幅度相对较小，大部分地区1960—2013年气温变化率小于0.22℃/10a。全流域各地区气温变化趋势均通过了显著性检验，除南部部分山区变化趋势达到了$\alpha=0.1$或$\alpha=0.05$显著水平外，其他地区气温的变化均达到了$\alpha=0.01$的显著水平（图5.4）。

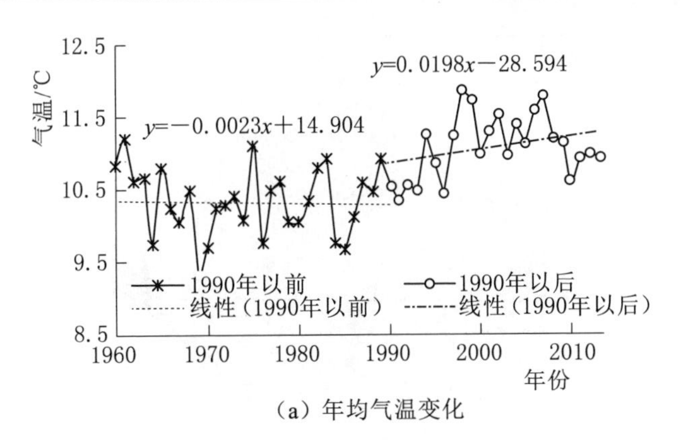

（a）年均气温变化

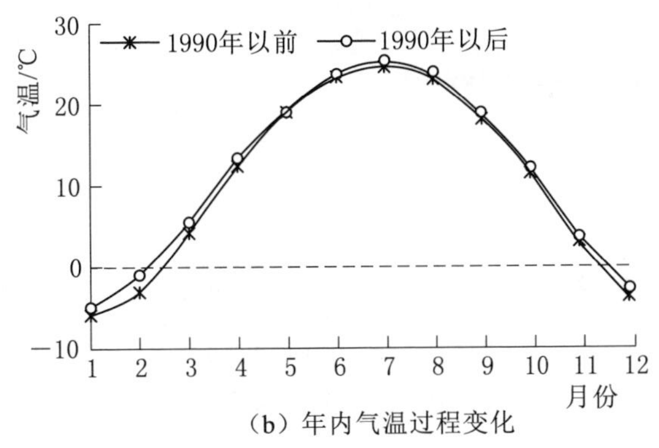

（b）年内气温过程变化

图 5.3 白洋淀流域气温变化

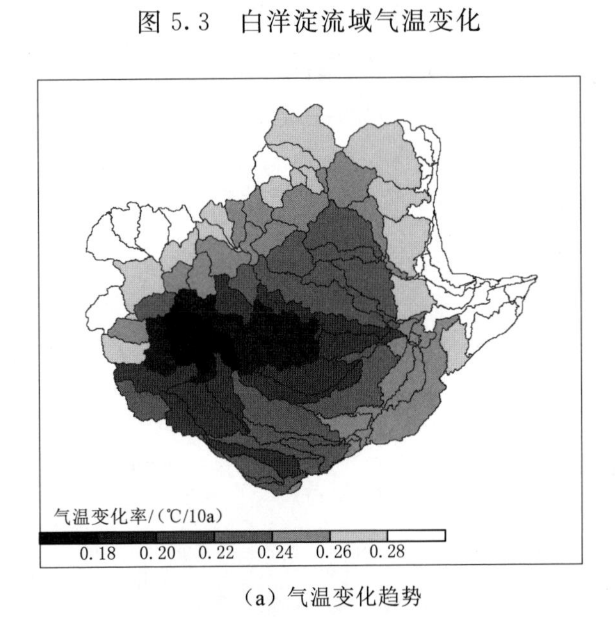

（a）气温变化趋势

图 5.4（一） 白洋淀流域气温变化趋势及显著性检验

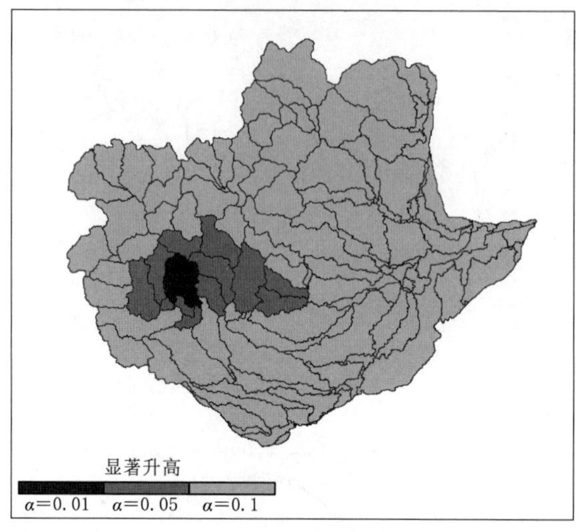

(b) 显著性检验

图 5.4(二) 白洋淀流域气温变化趋势及显著性检验

5.1.1.3 实际蒸发量

白洋淀流域各分区实际蒸发量源于 SWAT 模型模拟的水循环分项。1960—2013 年,流域实际蒸发量呈现出减小的趋势,其中,1990 年以前,全流域实际蒸发量变化率为-1.4mm/10a,在 1990 年以后,流域实际蒸发量减少速率增加,1991—2013 年实际蒸发量变化率为-9.0mm/10a。从年内过程变化来看,夏季实际蒸发量减少最为明显,尤其是 8 月,1990 年以后 8 月实际蒸发相比 1990 年以前减少了 13.5%(图 5.5)。

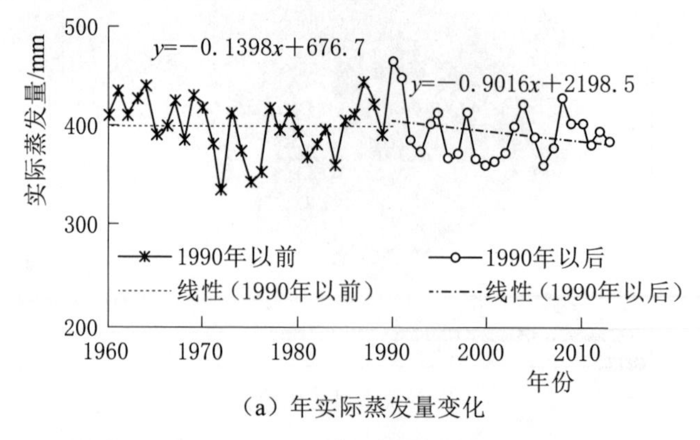

(a) 年实际蒸发量变化

图 5.5(一) 白洋淀流域实际蒸发量变化

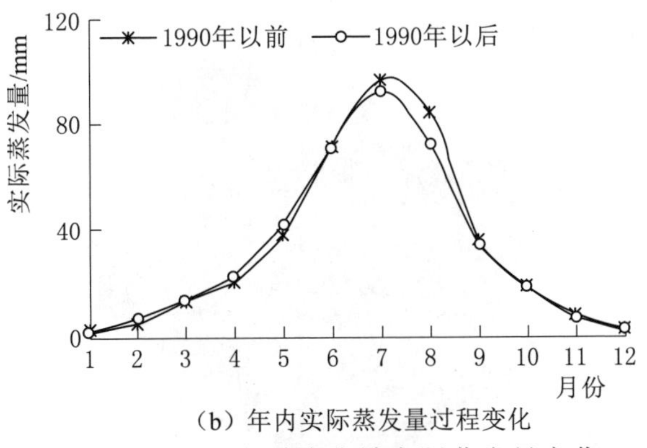

(b) 年内实际蒸发量过程变化

图 5.5（二） 白洋淀流域实际蒸发量变化

在空间上，除部分山区外，全流域各分区实际蒸发量普遍呈现出减少的态势，其中流域南部地区（如唐县、定州等）1960—2013年实际蒸发量减少幅度在10mm/10a以上。通过M-K趋势性检验可知，平原地区实际蒸发量减少趋势普遍达到了$\alpha=0.1$的显著水平，尤其是流域南部平原地区，减少趋势更为明显，大部分地区超过了$\alpha=0.05$的显著水平（图5.6）。

5.1.1.4 地表径流

白洋淀流域各分区地表径流深通过SWAT模型模拟得到。1960—2013年白洋淀流域地表径流深呈现出较为明显的减少态势，

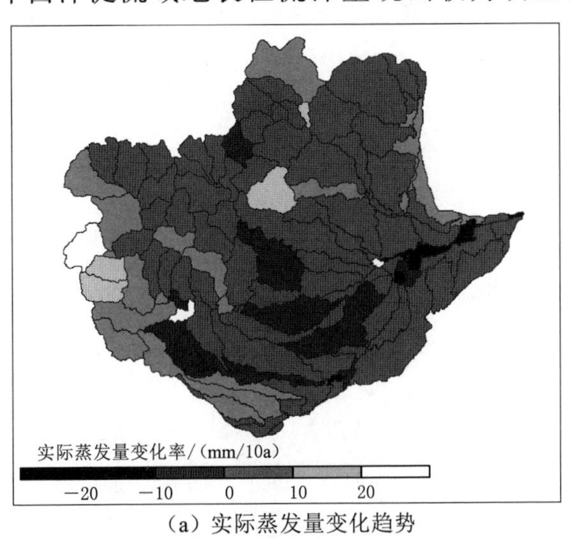

(a) 实际蒸发量变化趋势

图 5.6（一） 白洋淀流域实际蒸发量变化趋势及显著性检验

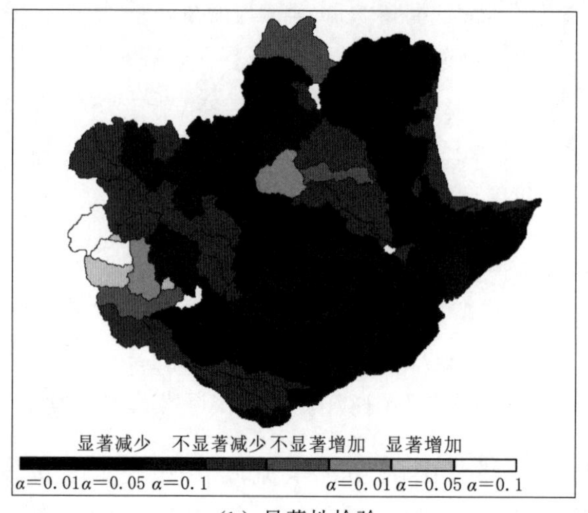

（b）显著性检验

图 5.6（二）　白洋淀流域实际蒸发量变化趋势及显著性检验

其中，1990 年以前和 1990 年以后，地表径流深变化率分别为 3.2mm/10a 和 4.6mm/10a。1991—2013 年多年平均年地表径流深为 19.1mm，相比 1990 年以前（26.1mm）减少了 26.8%，其中汛期地表径流深减少了 23.9%，尤其是 8 月，1990 年以后天然径流深减少了 40.7%（图 5.7）。

在空间上新城、容城、唐县、蠡县、寿县等地区地表径流深在 1960—2013 年变化率为 5mm/10a 左右，其他地区地表径流均有较为明显的减少态势，普遍都达到了 $\alpha=0.05$ 的显著水平，部分地区地表径流减少趋势更是达到了 $\alpha=0.01$ 的显著水平（图 5.8）。

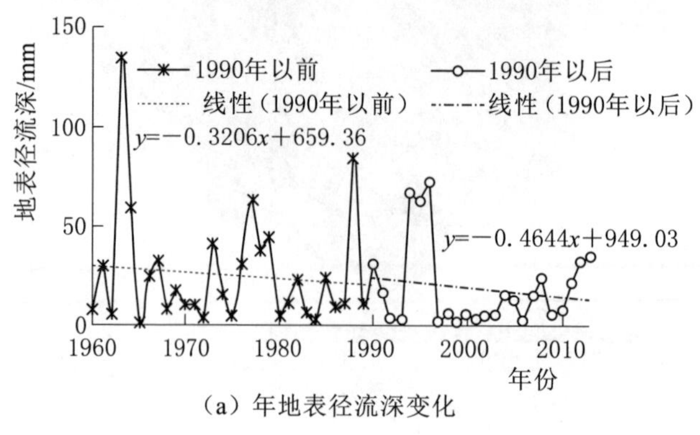

（a）年地表径流深变化

图 5.7（一）　白洋淀流域地表径流深变化

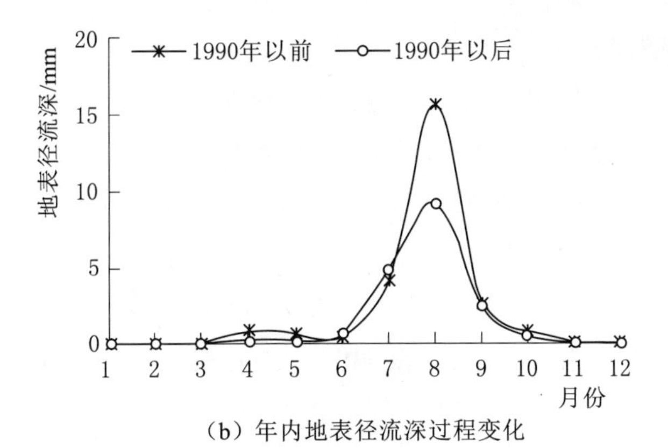

(b) 年内地表径流深过程变化

图 5.7 (二) 白洋淀流域地表径流深变化

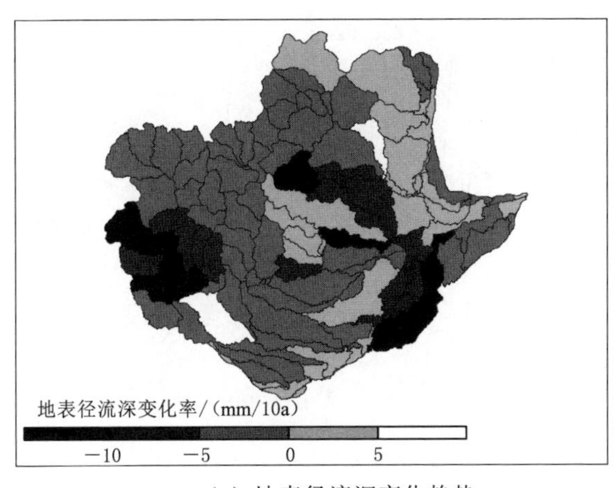

(a) 地表径流深变化趋势

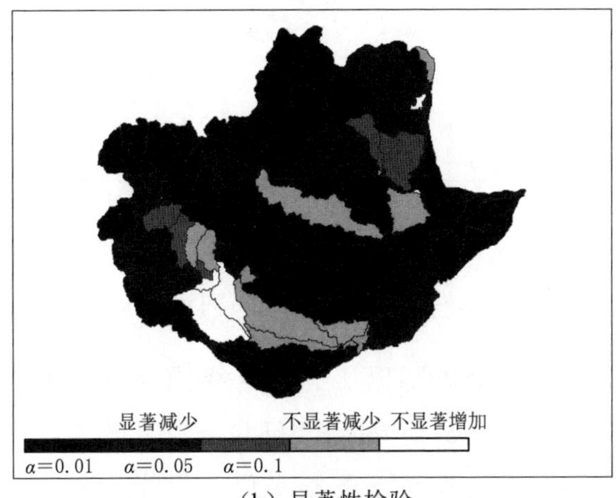

(b) 显著性检验

图 5.8 白洋淀流域地表径流深变化趋势及显著性检验

5.1.1.5 横向流

白洋淀流域各分区横向流通过 SWAT 模型模拟得到。1960—2013 年，横向流呈现出先增加后减少的态势，其中，1960—1990 年，横向流变化率为 1.27mm/10a，1991—2013 年，横向流变化率为 3.81mm/10a［见图 5.9（a)]；与 1990 年以前相比，多年平均横向流减少了 21.2%，其中，6—9 月横向流减少了 24.8%，尤其是 8 月，横向流由 12.3mm 降低至 7.1mm，减少了近一半［见图 5.9（b)]。

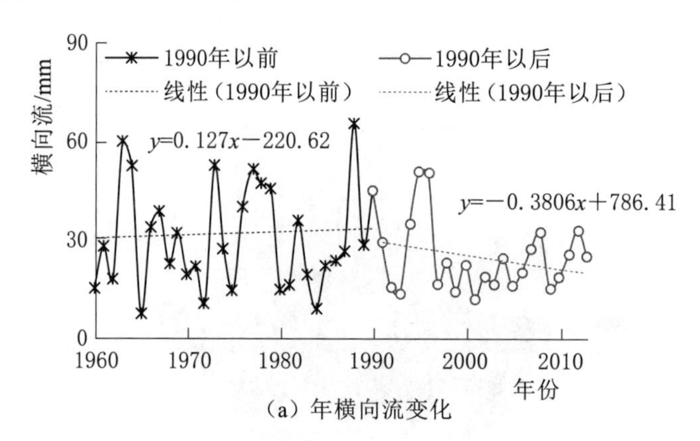

(a) 年横向流变化

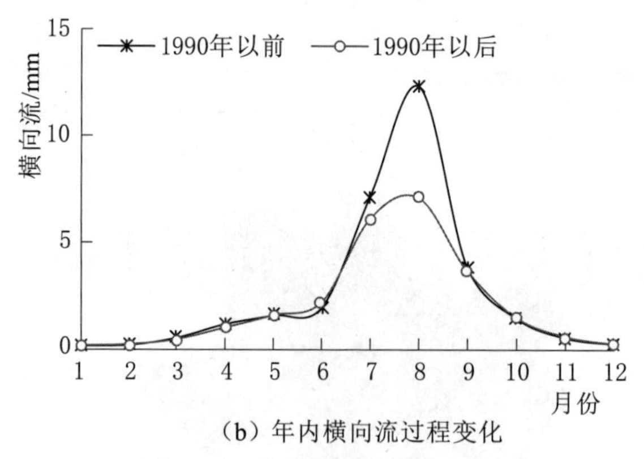

(b) 年内横向流过程变化

图 5.9 白洋淀流域横向流变化

图 5.10 为白洋淀流域 1960—2013 年横向流变化趋势及显著性检验。从变化率来看，近 50 年来横向流减少速率较快的地方主要位于保定西北部，如涞水、易县、涿州、阜平等地区，其变化率多在－5mm/10a 以下，尤其是易县、涿州等地区，变化率多在

－10mm/10a以下；白洋淀湿地入淀和出淀地区，横向流也存在减少的趋势［图5.10（a）］；从趋势的显著性来看，涞水、易县、涿州、阜平、饶阳、河间等地区，减少趋势达到了α＝0.05的显著水平；满城、灵寿等地区，增加的趋势达到了α＝0.05的显著水平。

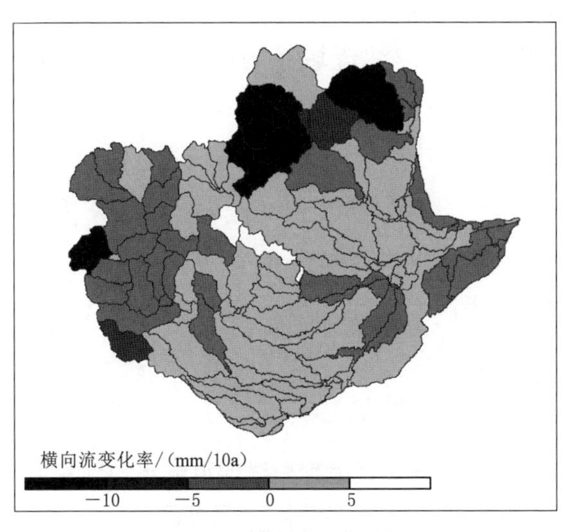

（a）横向流变化趋势

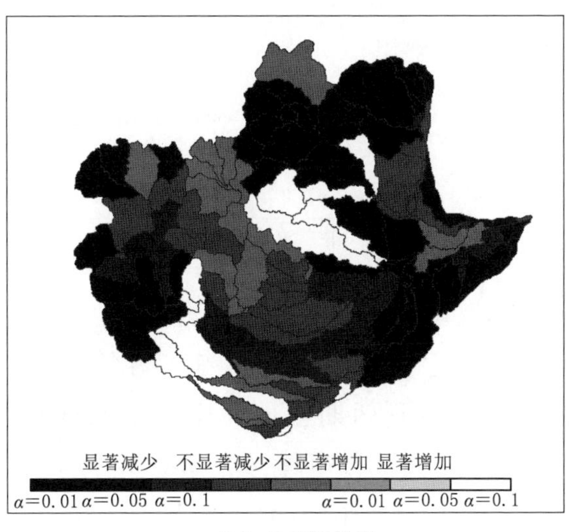

（b）显著性检验

图5.10　白洋淀流域1960—2013年横向流变化趋势及显著性检验

5.1.2　白洋淀流域下垫面条件演变规律

5.1.2.1　土地利用变化

本书通过对比 1980 年和 2000 年两期土地利用类型的总量变化，分析白洋淀流域土地利用总的变化态势及结构上的变化特征，见表 5.1。研究结果表明，白洋淀流域主要的土地利用类型为耕地和林草地，其中，耕地面积占比为 48.9%（1980 年）和 47.0%（2000 年）；林草地面积占比为 42.3%（1980 年）和 42.4%（2000 年），两者之和约占全流域面积 90%。1980—2000 年，白洋淀流域土地利用变化显著：耕地面积由 16970.8km^2 减少到 16329.6km^2，共计减少 641.2km^2，平均每年减少 32.1km^2；居工地面积由 2150.8km^2 增加到 2797.0km^2，共计减少 646.2km^2，平均每年增加 32.3km^2，林、草地及水域面积变化并不明显。

表 5.1　1980—2000 年不同时期白洋淀流域土地利用变化

时间	统计类型	耕地	林地	草地	水域	居工地	未利用地
1980 年	面积/km^2	16970.8	6803.1	7878.7	893.9	2150.8	19.5
	百分比/%	48.9	19.6	22.7	2.6	6.2	0.1
2000 年	面积/km^2	16329.6	6823.8	7863.5	882.9	2797.0	20.0
	百分比/%	47.0	19.7	22.7	2.5	8.1	0.1
1985—2000 年	变化总量/km^2	−641.2	20.7	−15.2	−11.0	646.2	0.5
	年变化量/km^2	−32.1	1.0	−0.8	−0.5	32.3	0.0

不同土地利用类型之间的转化可表征土地利用内在的变化过程，是各种类型之间竞争的表现。参考黄方等（2004）的研究方法，可通过式（5.1）得到两期土地利用类型的变化图，据此可以进一步得到土地利用类型转移矩阵（表 5.2）。

$$C_{i\times j}=10\times A_{i\times j}^{k}+A_{i\times j}^{k+1} \tag{5.1}$$

式中：$A_{i\times j}^{k}$ 和 $A_{i\times j}^{k+1}$ 分别为 k 期和 $k+1$ 期土地利用类型图；$C_{i\times j}$ 为土地利用变化图。

由表 5.2 可知，白洋淀流域土地利用的变化主要体现在耕地、

林地、草地、居工地之间的相互转化上：耕地转变为其他土地利用类型的面积为 703.6km^2，其中转为居工地的面积占 90%，此外 62.3km^2 的其他类型土地转为耕地；林地转变为其他土地利用类型的面积为 61.4km^2，其中，草地转为林地的面积占 67.9%；此外，有 82.2km^2 的其他类型土地转为林地，其中，耕地和草地转为林地的面积占比分别为 47.1%和 48.7%；草地转变为其他土地利用类型的面积为 66.2km^2，其中，林地转为草地的面积占 60.4%；此外，有 50.9km^2 的其他类型土地转为草地，其中，林地转为草地的面积占 81.9%。总的来看，白洋淀流域土地利用转化类型可归为草地增加、城市扩张、水域扩张和耕地开垦，4 类土地利用转化类型面积分别为 47.2km^2、646.4km^2、22.5km^2 和 62.3km^2，以城市扩张最为明显，其次为耕地开垦（图 5.11）。

表 5.2　　1980—2000 年各土地利用类型转移特征　　单位：km^2

1980 年	2000 年						
	耕地	林地	草地	水域	居工地	未利用地	总计
耕地	16267.1	38.7	8.5	22.5	633.4	0.5	16970.8
林地	16.7	6741.6	41.7	0.0	3.0	0.0	6803.1
草地	16.7	40.0	7812.5	0.0	9.5	0.0	7878.7
水域	28.7	3.5	0.7	860.4	0.5	0.0	893.9
居工地	0.2	0.0	0.0	0.0	2150.5	0.0	2150.8
未利用地	0.0	0.0	0.0	0.0	0.0	19.5	19.5

白洋淀流域内农业用水占 75%以上，因此，本节对流域内播种面积的变化进行补充分析。图 5.11 为白洋淀流域典型地区播种面积变化，由图 5.11 可知，2000 年以前，石家庄市、保定市和大同市的播种面积分别为 1146.2 万亩、1517.42 万亩和 389.76 万亩，2000 年以后，此 3 个地区播种面积的变化分别为 10.5%、−5.1%和 2.7%，即石家庄市、保定市和大同市的播种面积分别为 1517.4 万亩、1440.7 万亩和 400.3 万亩，石家庄市的播种面积有较大幅度增加，而保定市和大同市的播种面积变化不大。

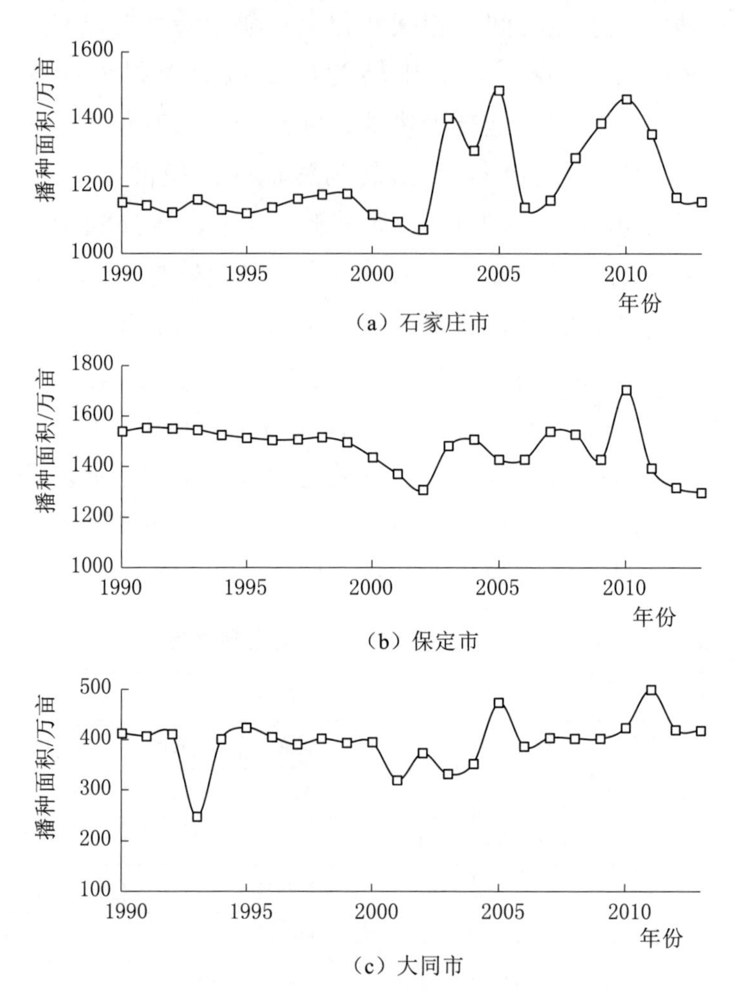

图5.11　白洋淀流域典型地区播种面积变化

由于缺乏1990年前各地不同粮食的播种面积，此处采用河北省小麦和玉米的播种面积来分析白洋淀流域典型作物播种面积的变化（图5.12）。从图5.12中可以看出，1990年以前，小麦和玉米的多年平均播种面积分别为2274万亩和1756万亩，1990年之后，小麦和玉米的多年平均播种面积分别为2507万亩和2481万亩，分别增长了10.2％和41.3％。

5.1.2.2　NDVI变化

本书选取GIMMS NDVI和MODIS NDVI两类数据进行白洋

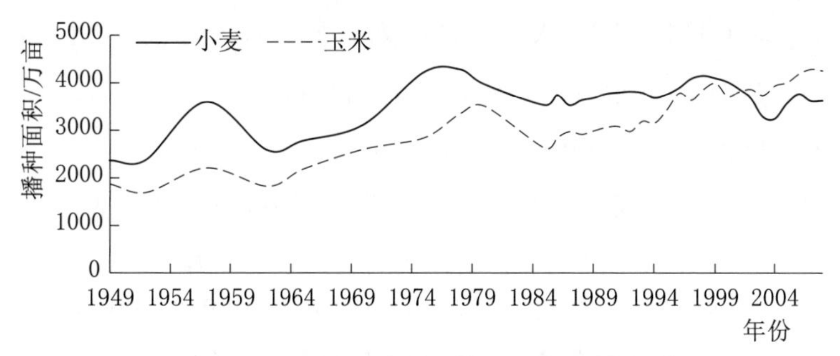

图 5.12 河北省历年小麦和玉米的播种面积

淀流域植被覆盖的时空变化分析。两类数据的来源及特征见表 5.3。通过投影转换、拼接、裁减和最大值合成得到白洋淀流域 1982—2006 年逐年 GIMMS NDVI 数据和 2001—2013 年逐年 MODIS NDVI 数据，并对 MODIS NDVI 数据进行重新采样，得到分辨率为 8km×8km 的 NDVI 图像。

表 5.3 NDVI 数据来源及特征

数据类型	时间跨度	分辨率	
		时间	空间
GIMMS	1981—2006 年	15 天	8km×8km
MODIS	2001—2013 年	3 个月	1km×1km

有关研究表明，通过一元线性回归模型对 GIMMS NDVI 和 MODIS NDVI 两类数据进行拟合的方式可延长数据系列（毛德华等，2012；许玉凤等，2015）。本书利用 GIMMS NDVI 和 MODIS NDVI 两类数据重合阶段（2001—2006 年）数据，建立各栅格一元线性回归模型，结合 2007—2013 年 MODIS NDVI 数据，拟合得到 2007—2013 年 GIMMS NDVI 数据，从而对原始 GIMMS NDVI 数据进行延长。其中，一元线性回归模型的形式为

$$G_i = a + bM_i + \varepsilon_i \tag{5.2}$$

$$b = \frac{\sum_{i=1}^{n}(G_i - \overline{M})(G_i - \overline{G})}{\sum_{i=1}^{n}(M_i - \overline{M})}, \quad a = \overline{G} - b\overline{M} \tag{5.3}$$

式中：G_i 为 GIMMS NDVI 数据系列；M_i 为 MODIS NDVI 数据；ε_i 为随机误差；a 和 b 为参数；$\overline{G}$ 和 $\overline{M}$ 分别为 2001—2006 年 GIMMS NDVI 和 MODIS NDVI 序列的平均值。

由式（5.2）和式（5.3）可得到白洋淀流域 1981—2013 年 NDVI 年际变化过程，如图 5.13 所示。从图 5.13 中可看出，白洋淀流域 NDVI 呈现出波动上升的趋势，1981—2013 年，NDVI 变化率为 0.009/10a，即白洋淀流域植被覆盖整体呈增长趋势。从年际变化来看，20 世纪 80 年代总体变化呈上升趋势；进入 20 世纪 90 年代后存在较大幅度的下降，到 1996 年达到最低值；至 90 年代中后期呈现出“先增后减”的态势，随后波动上升。为了反映 1981—2013 年白洋淀流域 NDVI 变化的空间特征，对各栅格 NDVI 变化的趋势性进行分析，并通过 M－K 检验判断其变化趋势的显著性，结果表明：白洋淀流域山区植被指数均呈现出增加的态势，其中磁河、潴龙河上游地区植被指数增加趋势通过了 $\alpha=0.05$ 或 $\alpha=0.01$ 的显著水平；平原区与山区交界处植被指数呈现出显著减少的趋势。相关结果与土地利用变化分析结果存在差异，主要是因为土地利用数据和 NDVI 数据系列长度不同。

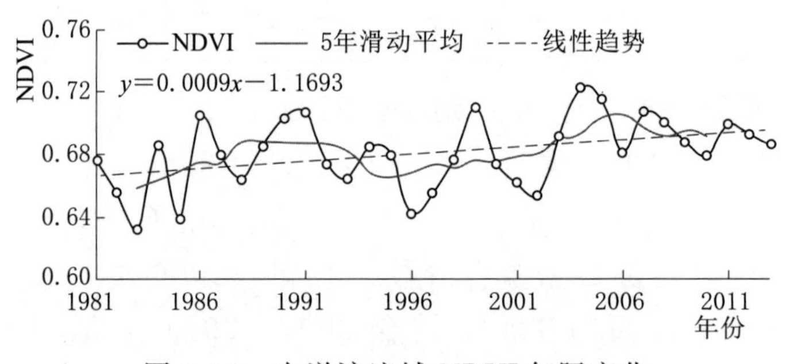

图 5.13　白洋淀流域 NDVI 年际变化

5.1.3　白洋淀流域需水演变规律

根据前文分析可知，白洋淀流域耕地和林草地是主导的土地利用类型，其面积占全流域的 90%。因此，对于白洋淀流域需水演变规律分析主要以平原区典型农作物生长过程中的需水和山区林草地生态需水为研究对象。

5.1.3.1 平原区农作物生长需水

1960—2013 年，平原区典型农作物冬小麦和夏玉米生育期内需水量呈现出先减小后增加的趋势。1990 年以前，农作物需水量变化率为－7.8mm/10a，而在 1991—2013 年，则以 10.9mm/10a 的速率增加。1960—1990 年和 1991—2013 年，平原区农作物多年平均需水量分别为 409.0mm 和 427.7mm［图 5.14（a）］，1990 年以后，平原区典型农作物需水加 4.6%；需水年内过程仅在 4—5 月有较为明显的差别［图 5.14（b）］。结合前文分析可知，播种面积的增加在一定程度上会增加农作物需水量。

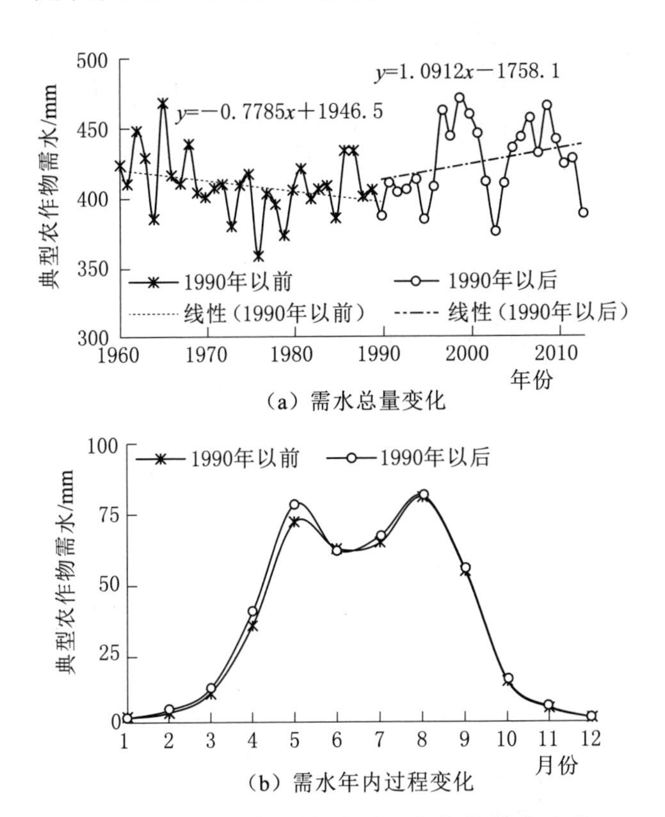

（a）需水总量变化

（b）需水年内过程变化

图 5.14 白洋淀流域平原区农作物需水变化

从白洋淀流域平原地区典型农作物冬小麦和夏玉米生育期内需水量变化趋势性的空间分布情况来看，农作物需水量普遍呈现出增加的态势，其中，1960—2013 年白洋淀湿地以下地区农作物需水量变化增加速率能达到15mm/10a，蠡县、安国、雄县等地农作物需水量变化增加速率达到10mm/10a。平原区绝大部分地区农作物需水量的变化趋势通过显著性检验。

5.1.3.2　山区林草地生态需水

白洋淀流域山区林草地生态需水量变化特征与平原区农作物生长需水量基本一致，均是以1990年为节点，呈现出先减少后增加的特点。其中，1960—1990年，山区林草地生态需水量变化率为－1.9mm/10a，而在1991—2013年为1.8mm/10a，其增加或减少的速率明显低于平原区农作物生长需水量；两个时段内山区林草地生态需水量多年平均值也没有明显的变化，分别为91.2mm和94.1mm；1990年以后山区林草地生态需水量相对于1990年以前仅增加了3.2%［图5.15（a）］。

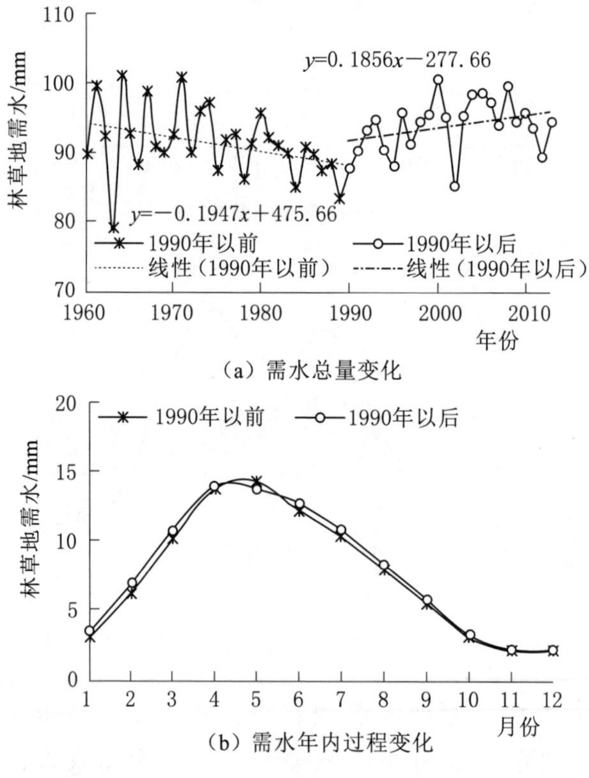

图5.15　白洋淀流域山区林草地需水变化

从白洋淀山区林草地生态需水量变化趋势来看，流域山区林草地生态需水量的增加或减少幅度并不大，1960—2013年林草地生态需水量变化率不超过±2mm/10a，可以认为基本没有明显变化。趋势性检验的结果亦表明流域山区大部分生态需水量呈现不明显的增加或者减少态势，仅在流域上游地区有较大面积的子流域呈现出显著的减少态势。

5.2 白洋淀流域干旱驱动模式识别

利用前文中白洋淀流域气象水文要素时间序列，用M－K检验法对白洋淀流域年降水量和气温进行突变性检验，两者分别取$\alpha=0.05$的显著水平。从图5.16中可以看出，降水和气温分别在1990年前后发生了突变。

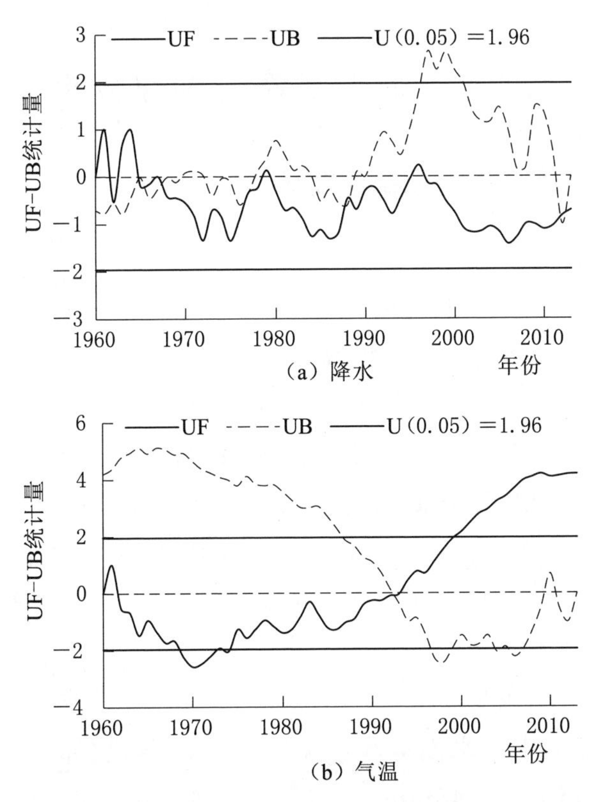

图5.16 白洋淀流域降水和气温突变性检验（M－K检验法）

利用白洋淀流域供需水分析结果，结合 M-K 检验法对白洋淀流域缺水系列的突变性进行识别，其结果如图 5.17 所示。从图 5.17 中可以看出，白洋淀流域缺水量变化在 1990 年左右发生突变，可以认为：1990 年以后，白洋淀流域受气候变化和人类活动的共同影响。

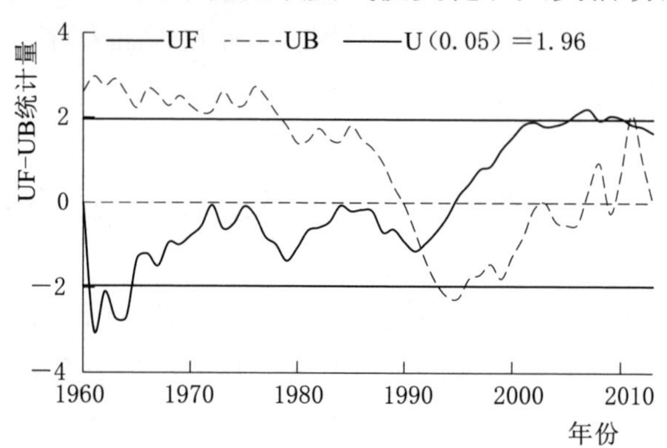

图 5.17　白洋淀流域缺水系列突变性检验

5.3　湿地干旱演变规律分析

5.3.1　湿地水文特征演变规律

5.3.1.1　年降水

白洋淀湿地多年平均降水量约为 518mm。由图 5.18 可以看出，降水年际波动较大，大致呈现出一年高、一年低的趋势；1955—2011 年，湿地区年降水呈下降趋势，这从 10 年的平均年降水可以看出，尤其是 2000 年以后，降水量大大降低。同时，从图 5.18 中可以看出几个低降水量时期，分别是 1968—1972 年、1978—1984 年、1999—2011 年，这 3 个时期的降水平均值分别为 393mm、434mm、432mm，比多年平均降水分别少 24.12%、16.2%、16.53%。

5.3.1.2　年水面蒸发

白洋淀湿地由于水面低浅、宽阔，水面蒸发量较大，多年平均年水面蒸发量约为 1645mm，远远高于降水量。由图 5.19 可以看

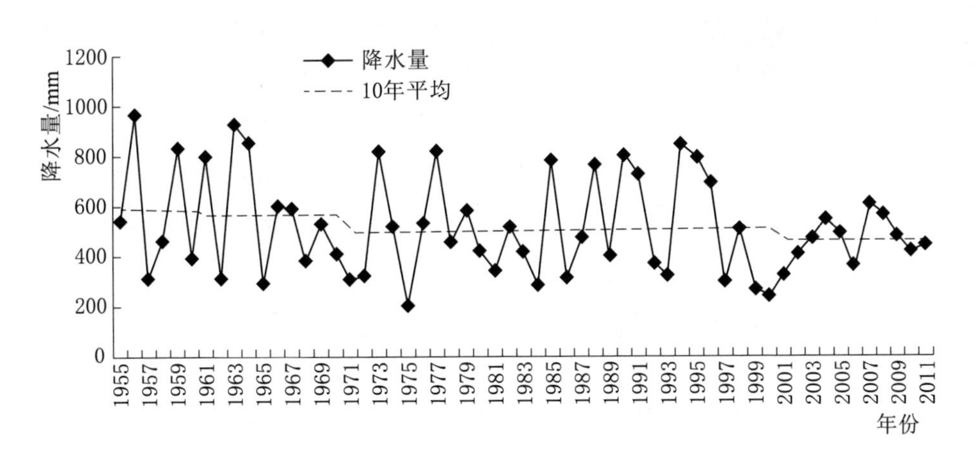

图 5.18 1955—2011 年白洋淀湿地年降水量

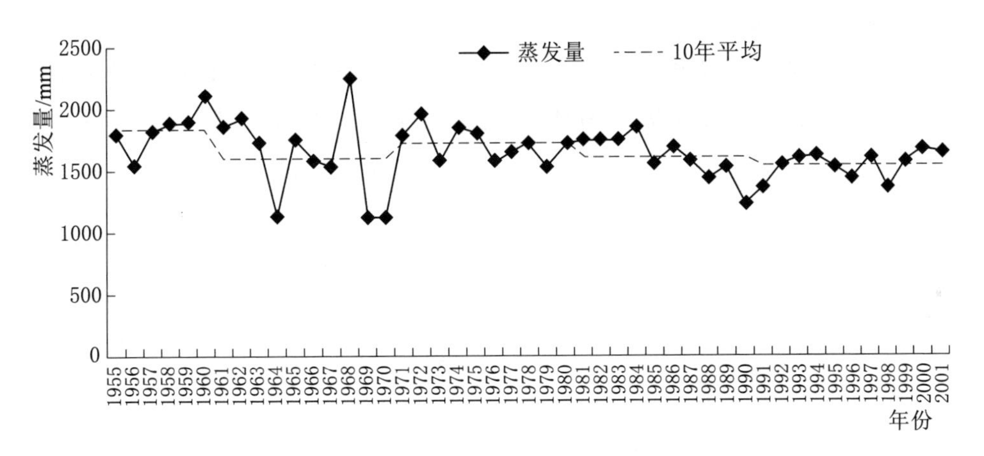

图 5.19 白洋淀湿地 1955—2001 年年水面蒸发量

出，湿地多年来的水面蒸发量波动不是很大，年代际蒸发量表现出：20 世纪 50—90 年代，水面蒸发量大致呈降低趋势；干旱年份的水面蒸发量基本上在年代际平均蒸发量之上。

5.3.1.3 年入淀水量

白洋淀湿地入淀径流主要来自山区及大清河南支水系；自 1970 年白沟引河开挖通水后，北支水系也有一部分汇入白洋淀。大体可以看出，20 世纪 50 年代到 60 年代中期，白洋淀的入淀水量较为充沛，相应的出淀水量也大，但入淀水量年际变化较大。60 年代中期以后，入淀水量开始呈下降趋势，年际变化也减小。1980—1988年，入淀水量基本为零，这一阶段发生了严重的干淀事件；1984—1988年白洋淀连续4年干涸，造成了严重的生态危机和损失。至此之后，白洋淀入淀水量一直维持在一个较低值，年际波动更小，多次面临干淀威胁，生态环境十分脆弱，不得不依靠调水来维持湿地的基本生态。

入淀水量大致可以分为3个时期：大约1965年以前，入淀水量相对较多；1966—1980年入淀水量有所减少，但毕竟平均每年有约10亿 m^3 水量；从20世纪80年代到2010年，湿地入淀水量持续偏低，大约平均每年只有2亿 m^3 水量（图5.20）。湿地在1984—1988年出现了持续时间最长的干淀，以及近几年来湿地维持在较低水位，大约在7m以下（淀底高程大部分在5.50～6.50m），但这些年间降水变化并不特别大，因此入淀水量是湿地维持的最主要补给水源。白洋淀湿地历年补水量见表5.14。

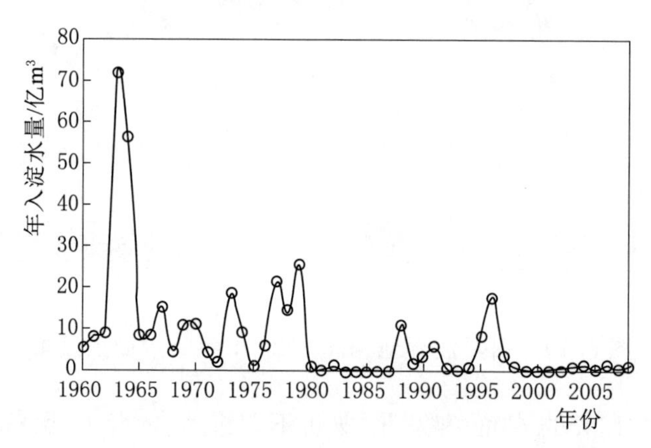

图5.20　白洋淀湿地1960—2010年年入淀水量

表5.4　　白洋淀湿地历年补水量（王朝华等，2011）

时间	补水来源	放水量/万 m^3	入淀水量/万 m^3	损失系数/%
1981年	安各庄水库	2234	1218	45
1983年	安各庄水库	2501	1400	44
	西大洋水库	6298	1961	69

续表

时间	补水来源	放水量/万 m^3	入淀水量/万 m^3	损失系数/%
1984 年	王快水库	4475	1431	68
	西大洋水库	3116	1219	61
小 计		18624	7229	61
1992 年	王快水库	4514	2709	40
	西大洋水库	3010	1621	46
	安各庄水库	3413	1880	45
1997 年	安各庄水库	7800	5765	26
小 计		18737	11975	36
2000 年	王快水库	7500	4060	46
2001 年	安各庄水库	5087	2164	57
	王快水库	10079	4513	55
2002 年	王快水库	5914	3104	48
	西大洋水库	5015	3501	30
2003 年	西大洋水库	3873	1974	49
	王快水库	23497	11634	50
2004 年	岳城水库	39000	15900	59
2006—2007 年	黄河	43000	10500	75
2007—2008 年	黄河	72100	15600	39
小 计		215065	72950	66
合 计		252426	92154	63

5.3.1.4 年出淀水量

湿地蒸散发量也呈下降趋势，但比降水年际波动小［图 5.21 (a)］。多年平均蒸散发量为 1106mm，其中 20 世纪 60 年代、70 年代、80 年代、90 年代以及 21 世纪 10 年代平均蒸散发量分别为 1135mm、1102mm、1120mm、1084mm 和 975mm。多年平均蒸散发量是降水的 2 倍多，这样一种状况加剧了湿地水资源的亏缺。

湿地出淀水量与入淀水量趋势基本一致，也可以分为 3 个时期：1965 年以前、1966—1980 年以及 1981 年以后，只是在 2000

年以后，湿地基本没有出淀水量，出、入淀水量基本一致，这是因为白洋淀湿地是浅碟式湖泊，其对洪水的调节能力有限，主要起缓洪滞沥作用；而当有大洪水时（如1963年），需要扒开湿地周围的堤坝分洪。大洪水时扒堤分洪。

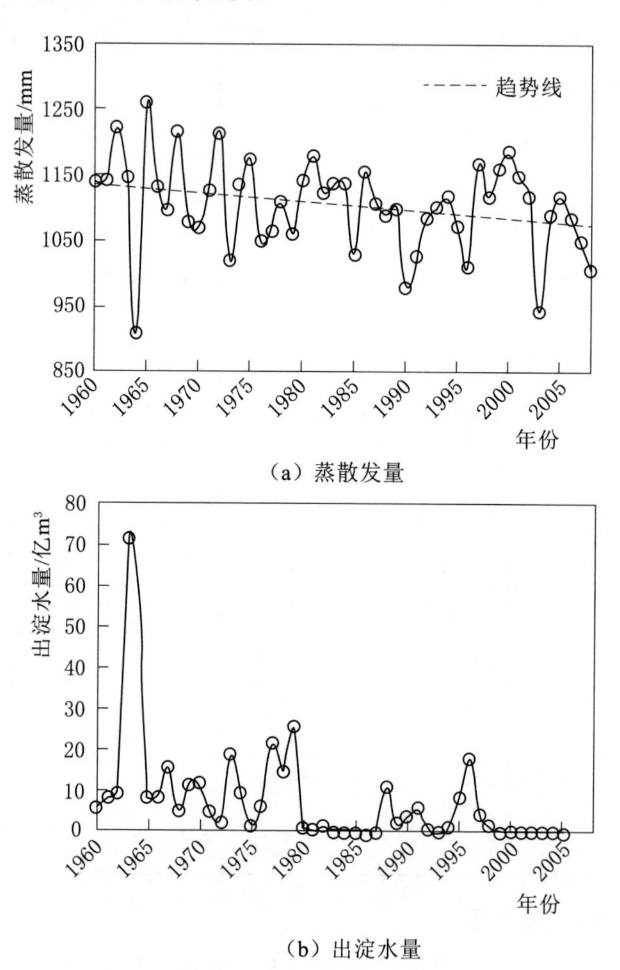

（a）蒸散发量

（b）出淀水量

图5.21 白洋淀湿地蒸散发、出淀水量演变特征

5.3.1.5 年水位及水面积

白洋淀湿地多年水位波动较大，最高水位和最低水位的变化趋势较为一致，总体呈下降趋势，多年平均水位约为7.65m，多年最高和最低平均水位分别为8.47m和6.96m。白洋淀湿地干淀的临界水位为6.50m，1984—1986年，湿地水位为5.5m，全年干涸。

最低水位低于6.50m的年份有1965年、1966年、1968年、1972年、1973年、1975年、1976年、1981—1988年、1994年、2000—2004年、2006—2008年，在这些年份中，白洋淀湿地几乎都发生过干旱事件，尤其是近几年，湿地水位常常在临界附近，多年面临干旱的威胁，依赖调水来维持湿地的最低生态水位已经成为常态。

对比不同年代的平均水位可知，其水位的高低基本与干淀持续天数的大小成反比（图5.22），即年代平均水位越低，其干淀持续天数就越长。对照图5.22可以看出，白洋淀水位的年代际变化呈现先降低，后增大的趋势，而最低点出现在20世纪80年代，此间发生了持续3年的干淀事件。20世纪60年代以前白洋淀的水位在8.00m以上，水量非常充沛，干旱事件发生较少；70年代以后，湿地水位基本都在8.00m以下，水量骤减，干旱发生的频率增大。

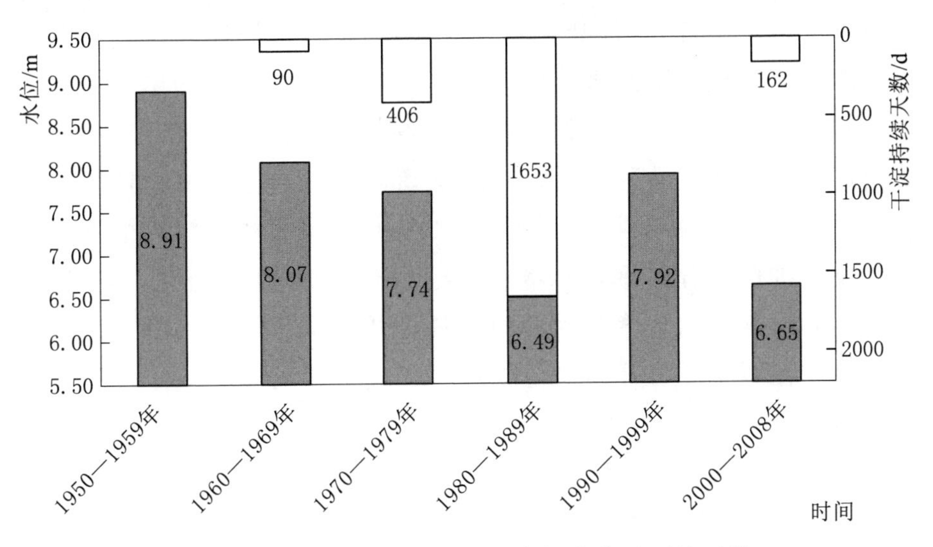

图5.22 白洋淀湿地不同年代年水位及干淀天数

5.3.2 湿地植被对干旱的适应规律

5.3.2.1 研究方法

在野外难以获得理想水分梯度，对典型植物的干旱研究也难以进行，因此在室内通过控制土壤水分梯度的盆栽实验方法进行研究。典型植物选择白洋淀湿地的优势种芦苇和香蒲。

1. 实验布设

实验所用种植容器为 88cm×67cm×63cm（长×宽×高）的白色塑料箱，共 25 个。塑料箱中装满土壤，土壤厚度约 30cm，土壤容重平均为 1.1g/cm^3。实验设置 4 种干旱情景，即轻度干旱、中度干旱、重度干旱和特大干旱：①轻度干旱，淹水 10cm；②中度干旱，土壤含水量（质量含水量）为 30%～40%（土壤水饱和）；③重度干旱，土壤含水量为 20%～30%；④特大干旱，土壤含水量为 10%～20%。另外设置一个对照实验，水分处理为淹水 30cm。其中对照和轻度干旱情景 3 个重复，中度干旱、重度干旱和特大干旱情景各 6 个重复。为了了解干旱后芦苇和香蒲的恢复情况，在实验进行约 2 个月后对中度干旱（W2）、重度干旱（W3）和特大干旱（W4）进行补水实验，观察补水后芦苇和香蒲的恢复情况（补水实验从当年 7 月 30 日开始）。补水实验是将干旱情景恢复到对照情景的水分处理，即淹水 30cm。

实验所用芦苇、香蒲是从白洋淀湿地购买高度为 15～25cm 的幼苗，经室内适应性种植后，筛选保留高度、地径基本一致的植物苗，最终每个实验塑料箱芦苇保留 4 株，香蒲 2 株。然后根据实验情景设置进行水分处理，每 3～4 天测量一次土壤含水量，对低于对应实验情景平均土壤含水量的塑料箱及时进行补水，最终达到其上限值，在当年 6 月开始对植物进行相应指标观测。

2. 指标选择

指标主要从形态学和生理学方面选择，其中，形态学指标包括株高、叶长、叶宽、气孔导度、植物地上生物量等，生理学指标包括净光合速率、蒸腾速率等。上述指标每周测量一次，其中，气孔导度、净光合速率、蒸腾速率采用 LI－6400XT 光合作用仪测量。在此基础上，计算叶面积、水分利用效率、相对含水量等指标。

5.3.2.2　典型植物对干旱的适应

1. 形态适应

（1）芦苇。

1）株高。不同干旱情景下芦苇株高的变化见图 5.23（a）。从

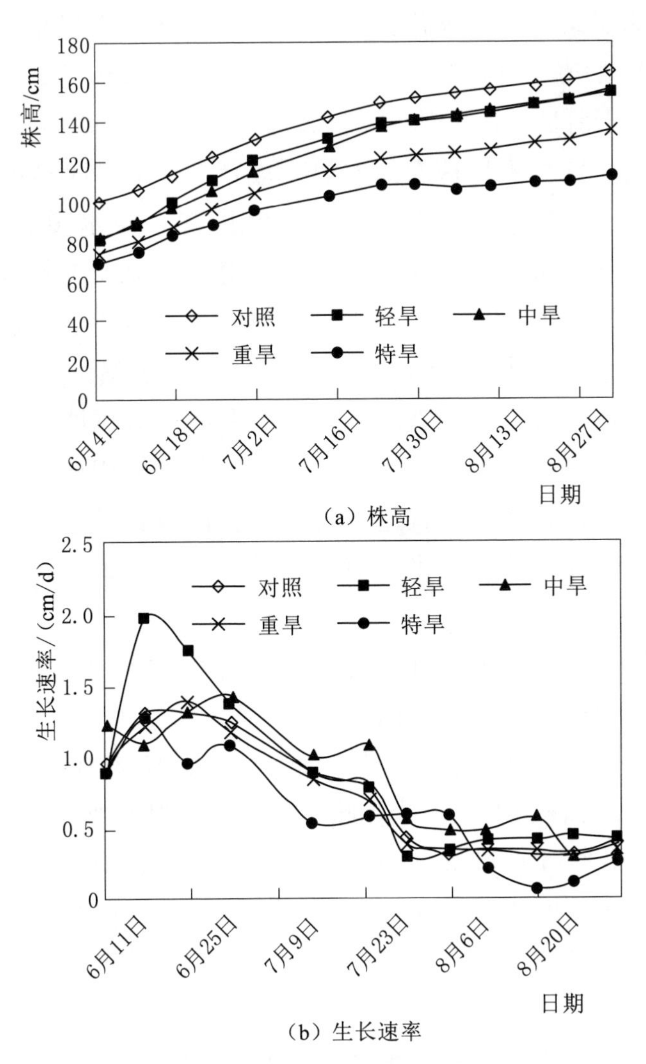

(a) 株高

(b) 生长速率

图 5.23　不同干旱情景下芦苇株高和生长速率变化

图 5.23 (a) 中可以看出，不同干旱情景下芦苇株高随时间变化有较大差异，其中对照组芦苇的株高最大。在 6 月 4 日，轻旱、中旱、重旱、特旱的芦苇株高分别是对照组的 82.0%、81.6%、73.3%和 69.0%。随着实验时间推进，对照组株高一直保持最大；轻旱和中旱处理的芦苇株高变化趋势较为一致且接近，略低于对照组芦苇株高；重旱处理的芦苇株高较轻旱和中旱处理低，但依然呈上升趋势；特旱组芦苇株高最小，7 月 30 日基本停止生长。到实验

结束时，对照组芦苇株高最大，达到 165.5cm，而轻旱、中旱、重旱、特旱组的芦苇株高依次为 154.3cm、155.0cm、135.9cm 及 113.5cm，分别是对照组的 93.2%、94.0%、82.1%和 68.6%。

将每前后两次测量株高的差值作成芦苇生长速率变化曲线［见图 5.23（b)］。在实验时段内，芦苇生长速率变化基本呈先增大、后减小的趋势，最大生长速率大致在 6 月初到 7 月初期间，各实验处理生长速率平均在 1cm/d 以上；大约在 8 月初，各实验处理生长趋于稳定，维持在 0.3cm/d 的生长速率。对照组的生长速率曲线较为平滑，而经过干旱处理的生长速率曲线基本围绕着对照组曲线波动；中旱和重旱处理芦苇生长速率曲线与对照组较为接近，只有特旱组芦苇生长速率曲线普遍低于对照组曲线，其总体生长速率约为 0.5cm/d。综合上述，当土壤含水量低于 20%时，芦苇生长受到抑制。

2）叶面积。生长期内，芦苇叶面积先增加、后减少（图 5.24)。在 6 月 4 日，芦苇叶面积表现为：对照＞轻旱＞中旱＞重旱＞特旱，干旱处理的芦苇叶面积依次是对照组的 92.4%、76.3%、71.1%和 61.6%，表明干旱对芦苇叶片造成了一定影响。在 7 月以后，各实验处理叶面积变化基本稳定，但对照、轻旱、中旱和重旱情景下叶面积变化较缓，而特旱处理变化较大。

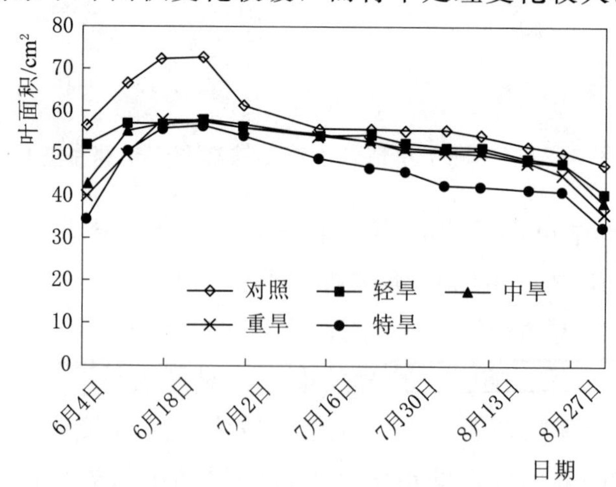

图 5.24 芦苇叶面积变化

3）生物量。芦苇生物量（鲜重、干重）在实验结束后测定，各组平均生物量见图 5.25（a）。可以看出，对照和轻旱处理的芦苇鲜重较大，各干旱处理的鲜重相差较大，干重变化较小；但不论是干重还是鲜重，随着干旱程度加强，其生物量都减少。轻旱、中旱、重旱和特旱处理鲜重分别是对照组的 98.64%、87.32%、76.92%和 63.71%，干重分别是对照组的 91.14%、84.29%、75.51%和 69.12%，这表明轻旱处理时，植物生物量受影响较小，但在特旱时生物量减少约 4 成。

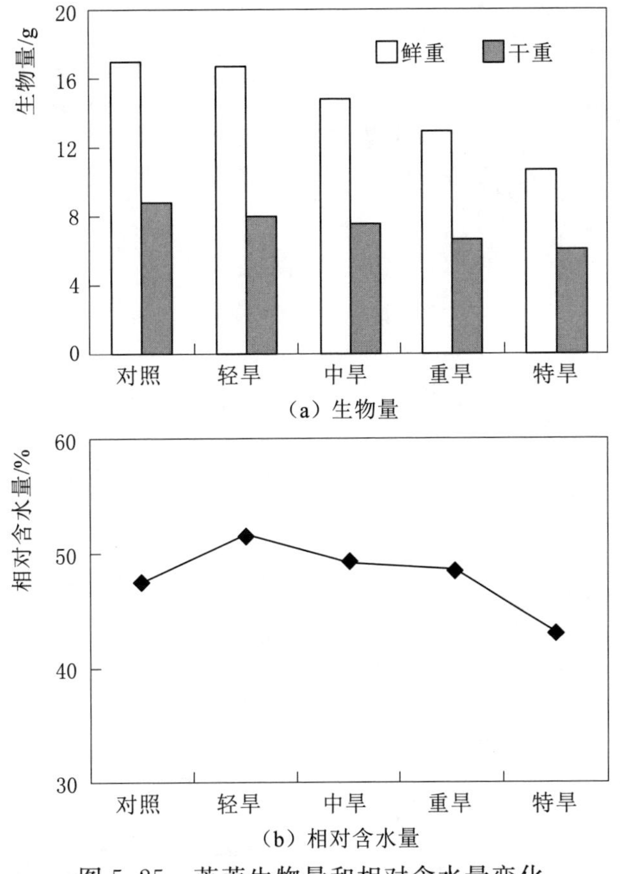

（a）生物量

（b）相对含水量

图 5.25 芦苇生物量和相对含水量变化

总体上芦苇的相对含水量随着干旱加剧而不断下降，其中相对含水量最大的是轻旱处理，达到 51.66%，各实验处理相对含水量大小为：轻旱＞中旱＞重旱＞对照组＞特旱［图 5.25（b）］。对照组芦苇生物量累积较大，因此相对含水量反而较其他干旱处理小，同时也表明一定程度的干旱可能会提高芦苇的水分利用效率。而对于特旱处理，芦苇的相对含水量最小。

（2）香蒲。

1）株高。总体上香蒲在前期生长较快，后期生长较慢，甚至停止生长［图5.26（a）］。7月16日以前，对照组香蒲株高一直高于轻旱处理；7月16日以后，两条曲线基本重合，表明轻旱条件对香蒲的株高影响不是很大。同时，对照、轻旱和重旱处理的香蒲在

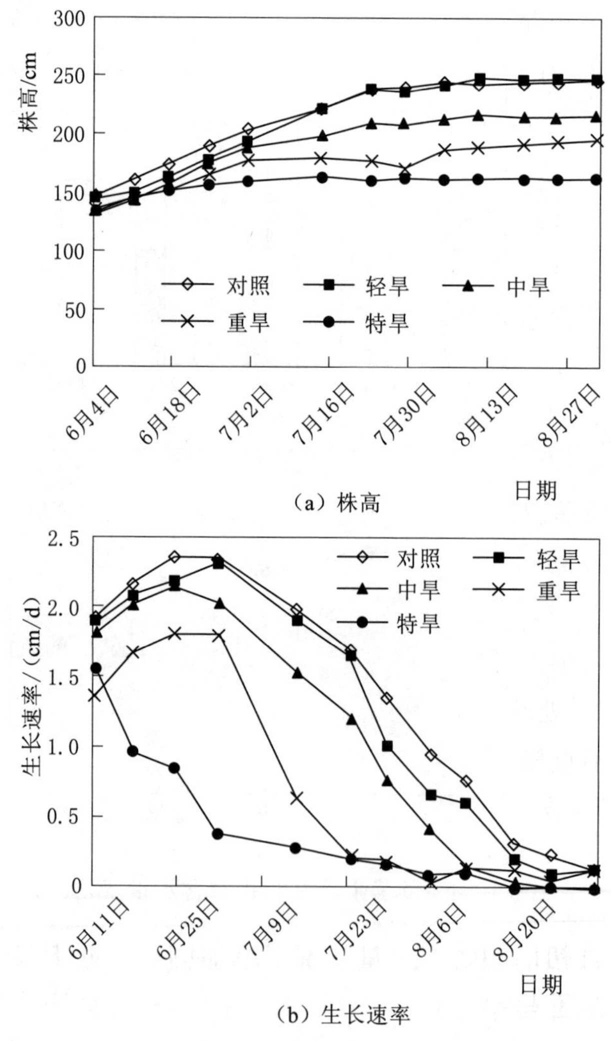

（a）株高

（b）生长速率

图5.26　香蒲株高和生长速率变化图

7 月 23 日生长变稳定，重旱、特旱处理在 7 月初生长就达到稳定，株高维持在 1.6m 的高度。在 6 月 4 日时，香蒲在轻旱、中旱、重旱及特旱处理下，株高分别为对照组的 98.3%、92.7%、92.0%及 90.6%，差异较小，表明在短期内干旱对香蒲株高的影响并没有很大；而到实验结束时，轻旱、中旱、重旱及特旱处理株高分别为对照组的 100%、87.4%、71.8%及 62.0%。

图 5.26（b）显示了实验期间香蒲生长速率变化，整体上其生长速率大致呈先增大后减小趋势。轻旱处理的生长速率与对照组较为接近，中旱香蒲生长速率曲线与对照组相差较大；重旱处理香蒲生长速率从 6 月 25 日开始显著下降，在 7 月 16 日以后维持在 0.2～0.1cm/d；特旱处理香蒲生长速率曲线一直呈下降趋势。在 6 月 4 日时干旱处理的香蒲生长速率依次为对照组的 98.5%、94.4%、70.4%及 80.4%，这表明在初期干旱对香蒲的生长速率影响并不大。综合上述，香蒲对干旱的耐受性较芦苇弱，其在重旱情景下，即土壤含水量低于 30%时，生长受到明显抑制。

2）生物量。总体上香蒲的鲜重比芦苇大，并且香蒲含水量较大，水分占其总重量的 85%左右（图 5.27）。轻旱处理下香蒲鲜重、干重与对照组相差较小；香蒲干重变幅较小，变化范围在 17～37g 之间。轻旱、中旱、重旱和特旱处理的鲜重分别是对照组的 92.22%、71.33%、65.21%和 27.27%，干重分别是对照组的 92.75%、49.71%、51.26%和 25.31%。

对照和轻旱处理的香蒲相对含水量较为接近，分别为 79.81%和 79.70%；中旱处理的香蒲相对含水量最大，达到 85.93%，随后又开始下降，但重旱、特旱处理时相对含水量均高于对照和轻旱处理。

2. 生理适应

(1) 芦苇。

1）净光合速率。在实验时段内，对照、轻旱处理的芦苇净光合速率在 7 月初以前基本一致，都呈上升趋势，在 7 月以后，对照处理的芦苇还呈现上升趋势，但轻旱处理却基本稳定［图 5.28（a）］。中旱和重旱处理芦苇净光合速率较为接近，在 8 月 13

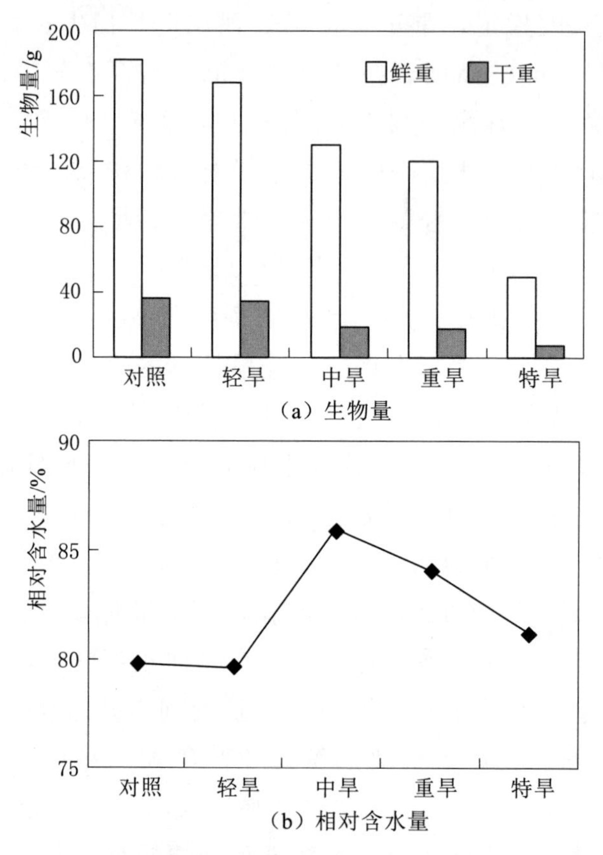

图 5.27　香蒲生物量和相对含水量变化

日以后净光合速率开始下降。而特旱处理芦苇净光合速率在 7 月初开始出现大幅下降，最后降到 6.325μmol/(m^2·s)，较实验刚开始时下降了 56.77%，可见特旱情景下芦苇光合作用受到较大影响。

2) 蒸腾速率。实验时段内芦苇蒸腾速率变化幅度较小，对照组芦苇蒸腾速率增长较缓，变幅在 5.66～6.62mmol/(m^2·s) 之间［图 5.28 (b)］。各干旱处理下芦苇蒸腾速率与对照组有较大差异，轻旱和中旱处理的芦苇蒸腾速率较为接近。在 7 月末，中旱处理的芦苇蒸腾速率开始下降；重旱和特旱处理下芦苇蒸腾速率从 6 月末就开始下降，7 月中旬以后下降幅度逐渐增大，分别下降了 18.5%和 32.15%。与实验结束时对照组芦苇的蒸腾速率相比，重旱和特旱处理为对照组的 61.31%和 50.32%。

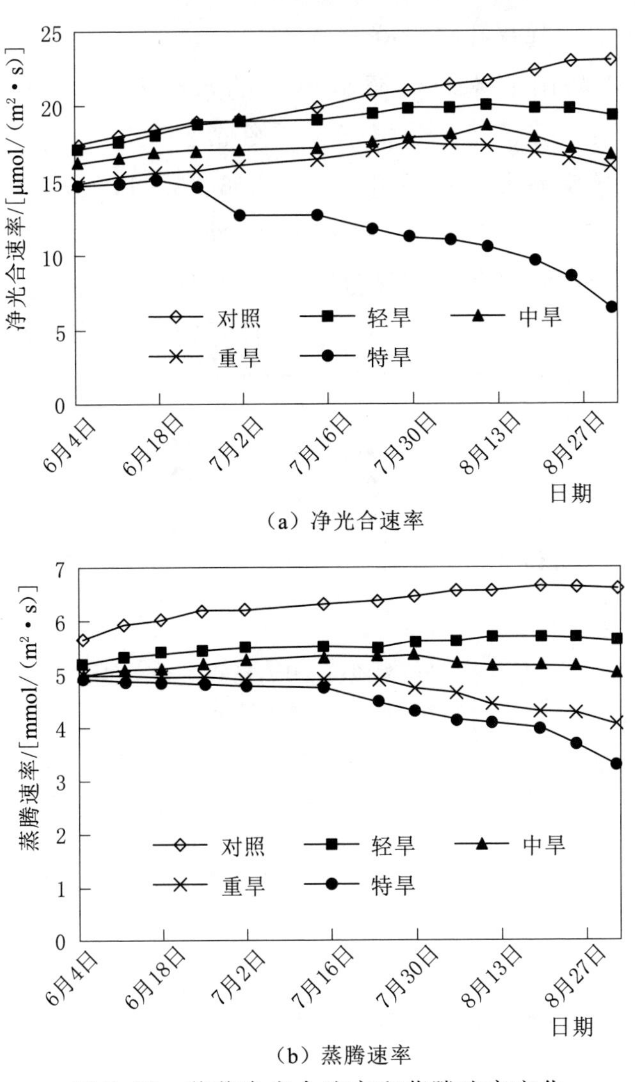

(a) 净光合速率

(b) 蒸腾速率

图 5.28 芦苇净光合速率和蒸腾速率变化

3) 气孔导度。芦苇的气孔导度变化幅度不是很大[图 5.29 (a)]，对照组的气孔导度呈平缓上升趋势；轻旱、重旱处理气孔导度变化趋势相近，在实验初期气孔导度呈上升趋势，8 月初开始下降；重旱和特旱处理芦苇气孔导度从 7 月初开始就呈下降趋势，特旱处理下降幅度较大。到实验结束时，对照组气孔导度较实验开始时上升了 17.14%，而各干旱处理分别变化了 5.29%、4.59%、－5.78%和－24.92%，这表明重度干旱对芦苇气孔导度影响较大，特别是在特旱情景下，其气孔导度降至0.4872～0.3658mol/(m^2·s)。

4）水分利用效率。对照组芦苇的水分利用效率在3.071～3.491μmol/mmol之间，变幅不大［图5.29（b)］。轻旱处理的芦苇水分利用效率略大于对照组，在3.256～3.411μmol/mmol之间；中旱处理芦苇水分利用效率较轻旱处理低，变幅在3.220～3.325μmol/mmol之间；重旱处理芦苇水分利用效率呈上升趋势，从7月初开始增幅逐渐变大，7月23日开始水分利用效率大大高于

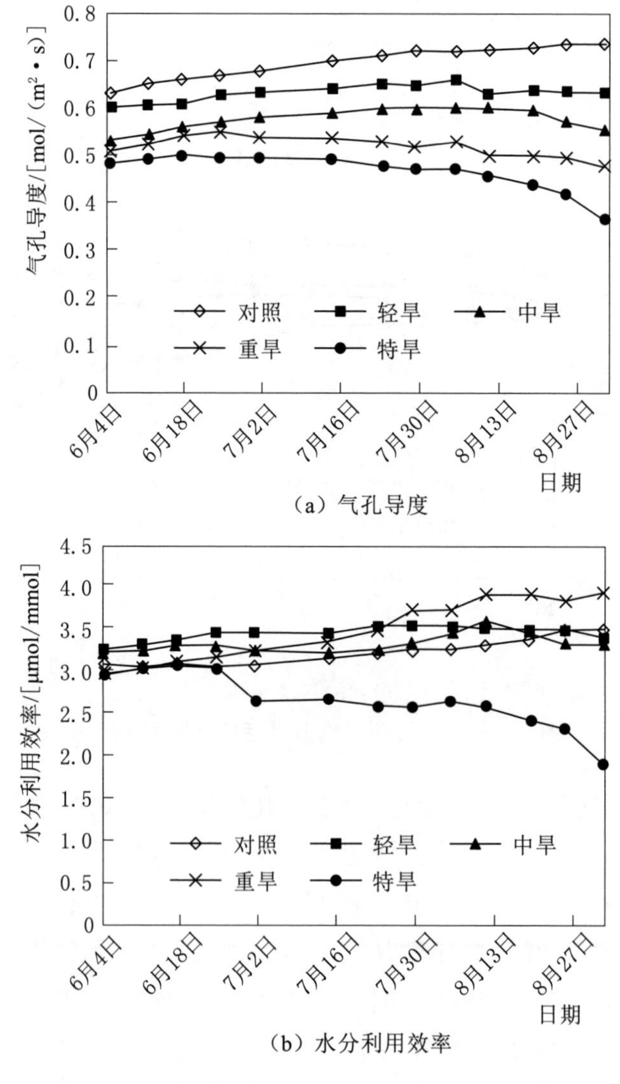

(a) 气孔导度

(b) 水分利用效率

图5.29　芦苇气孔导度、水分利用效率变化

其他组；特旱处理芦苇水分利用效率在6月末开始减小，与其他组差异逐渐增大。实验结束时，各组芦苇水分利用效率的变化分别为13.68%、4.75%、3.26%、31.36%和−36.29%，特旱处理的水分利用效率大幅度减小。

（2）香蒲。

1）净光合速率。随着时间推移，香蒲净光合速率呈上升趋势，尤其在对照、轻旱和中旱情景中，表现为：对照>轻旱>中旱，中旱处理香蒲净光合速率上升趋势不如前两组明显［图5.30（a）］。重旱

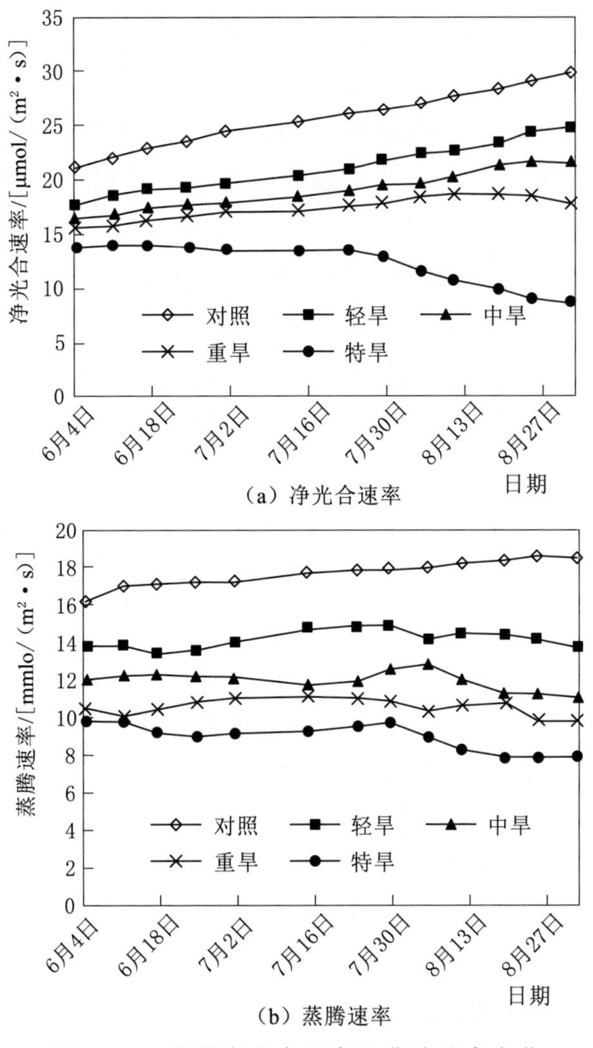

（a）净光合速率

（b）蒸腾速率

图5.30　香蒲净光合速率和蒸腾速率变化

处理香蒲净光合速率变化幅度较小，在15.5～17.8μmol/(m^2·s)之间。特旱处理香蒲净光合速率在7月初以前基本维持在13.9～14.0μmol/(m^2·s)之间，随后开始下降，到7月末，下降速度增大，实验结束时净光合速率仅为8.7μmol/(m^2·s)。可见，在特旱情景下，香蒲光合作用受很大影响。

2）蒸腾速率。总体上香蒲的蒸腾速率变幅较小［图5.30（b)］。对照组香蒲蒸腾速率远大于各干旱处理，其变化范围在16.2～18.4mmol/(m^2·s)之间。各干旱处理香蒲蒸腾速率在后期均有所下降。在6月4日，轻旱、中旱、重旱和特旱处理下香蒲蒸腾速率分别为对照组的85.44%、73.78%、64.25%和61.04%，实验结束时，各干旱组香蒲蒸腾速率分别为对照组的75.01%、60.31%、53.70%和43.02%。可见，随着时间推移，蒸腾速率受干旱胁迫效应要远远大于初期。

3）气孔导度。对照组香蒲气孔导度呈上升趋势，变化范围为0.66～0.96mol/(m^2·s)［图5.31（a)］。各干旱情景下香蒲气孔导度较小，其变幅都比较小；重旱和特旱处理香蒲在实验后期都呈下降趋势。在6月4日，香蒲在各干旱处理下气孔导度分别为对照组的80.93%、72.68%、69.88%和68.12%；实验结束时，各干旱香蒲组气孔导度分别为对照组的68.94%、57.45%、42.64%和36.75%。

4）水分利用效率。在实验初期，香蒲水分利用效率相差不是很大，各处理均在1.28～1.49μmol/mmol之间变化，并且水分利用效率的大小关系为：重旱＞特旱＞中旱＞对照＞轻旱［图5.31（b)］。从7月底开始，各组出现明显差异，表现为对照组依然维持在前期水平，轻旱、中旱和重旱处理水分利用效率开始增大，大体呈现：中旱＞重旱＞轻旱＞对照；特旱情景下香蒲水分利用效率不增反减，与实验初期相比减少了21.76%。可见，在干旱胁迫下，香蒲水分利用效率最高发生在中旱处理，特旱情景下香蒲水分利用效率反而大幅度减小。

综上所述，芦苇在特旱条件下各项指标都表现出下降趋势，因此认为其适应干旱的阈值是在重旱情景，即土壤含水量不低于

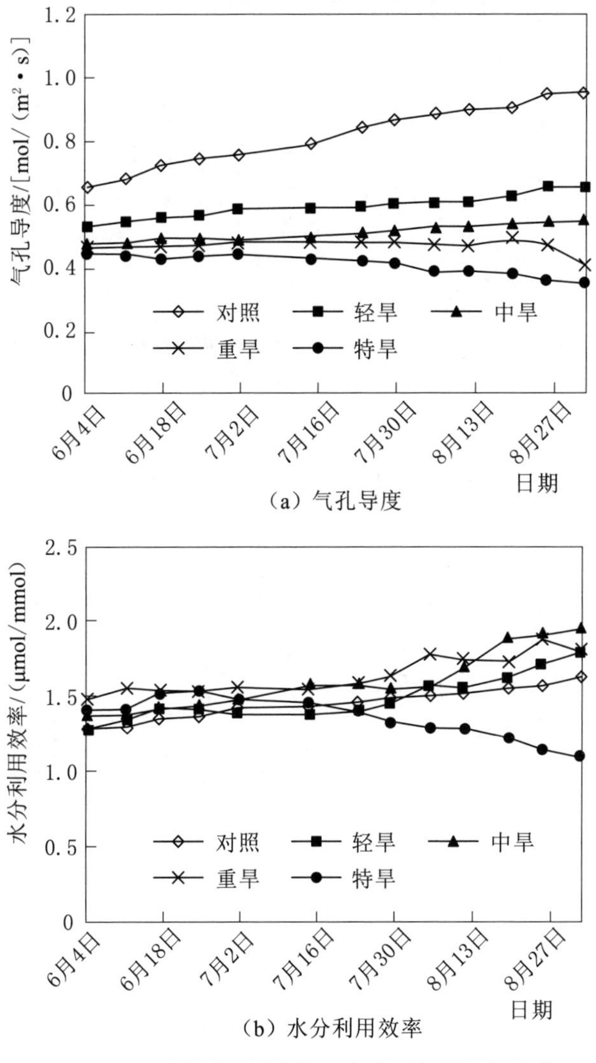

(a) 气孔导度

(b) 水分利用效率

图 5.31 香蒲气孔导度、水分利用效率变化

20%；对于香蒲，在轻旱、中旱情景下其生长虽然受到了一定影响，但变化趋势基本与对照组相似，而在重旱、特旱情景下，各指标表现出下降趋势，因此认为香蒲对干旱的适应阈值为中旱，即相应土壤含水量不低于 30%。

5.3.2.3 不同干旱情景下典型湿地植物的恢复能力

1. 形态恢复能力

(1) 芦苇。对中旱、重旱、特旱 3 种情景下的芦苇进行补水实验（淹水30cm），可以看出，各指标均有不同程度回升（图5.32）。

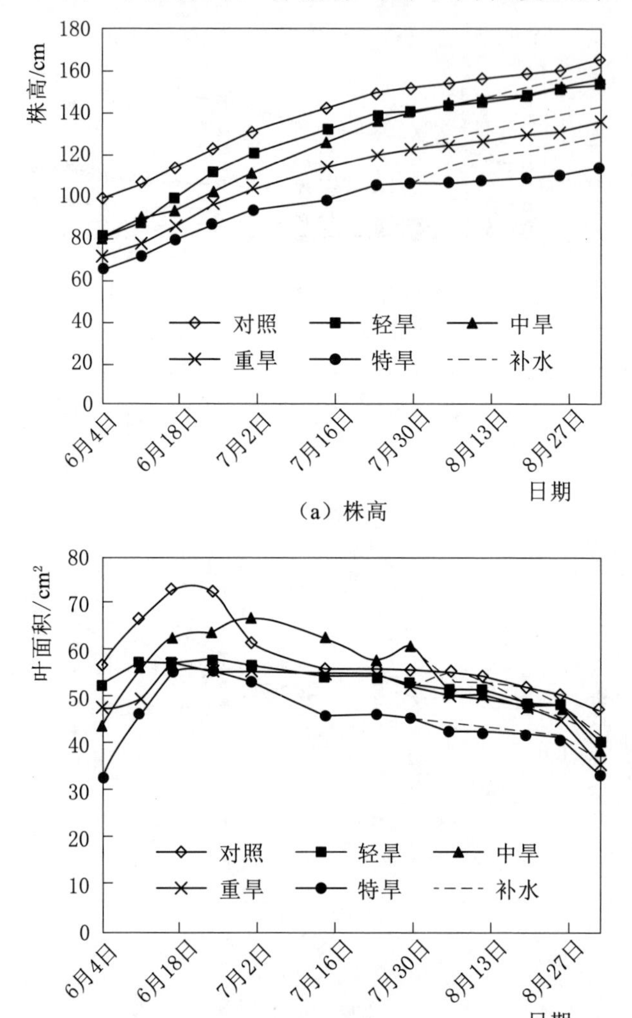

（a）株高

（b）叶面积

图5.32 补水后芦苇的株高和叶面积变化

在7月30日进行补水后，芦苇株高较原处理有一定的增加，但增幅不大；与未补水的中旱组芦苇相比，株高增加了4.07%。重旱和特旱情景下芦苇株高增幅均大于中旱处理，分别为5.69%和14.00%，但实验结束时株高均小于中旱情景。补水虽然使芦苇株高有所增加，但远达不到对照情景下的株高值。对于叶面积来说，补水后各干旱情景芦苇叶面积有所增加，但增幅较小，分别为

7.33%、17.26%和11.11%。因为随着干旱时间的延长和芦苇快速生长期的结束，叶面积总体呈下降趋势，因此，补水后叶面积变化不是很大。

实验结束后，补水组的芦苇生物量（鲜重、干重）均有不同程度增加［图5.33（a）］，中旱、重旱和特旱处理的芦苇补水后鲜重分别增加了7.01%、1.48%和1.75%，干重分别增加了1.08%、7%和1.14%。总体上补水后生物量增加不大，但中旱处理的芦苇鲜重增加最大，这可能与中旱的水分利用效率较高有关。补水后中旱处理的芦苇相对含水量最高，达到约53%；重旱补水后的芦苇相对含水量有减小，而特旱处理的芦苇相对含水量均有增加。

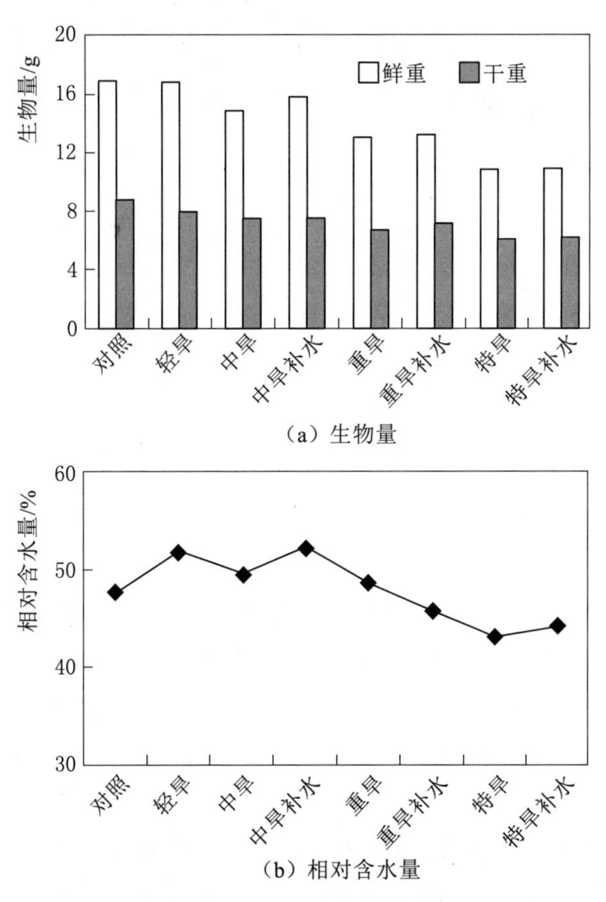

图5.33　补水后芦苇的生物量和相对含水量变化

综上所述，不同干旱胁迫程度下芦苇的恢复能力不同，补水能较好恢复中旱、重旱情景下芦苇生长能力；而在特旱情景下，干旱严重影响了芦苇生长，致使芦苇光合系统和其他细胞器官受损较为严重，故恢复能力也有所降低。可见，芦苇的恢复能力仅在一定干旱程度内起作用，超过一定阈值其恢复能力下降，甚至丧失。

（2）香蒲。与芦苇一样，补水后，各干旱情景香蒲株高虽有一定增长，但都未达到对照、轻旱情景水平（图 5.34）。在实验结束时，中旱、重旱和特旱处理香蒲较未补水处理分别增长了 3.94％、1.94％和 12.45％，特旱情景补水后增幅较大。

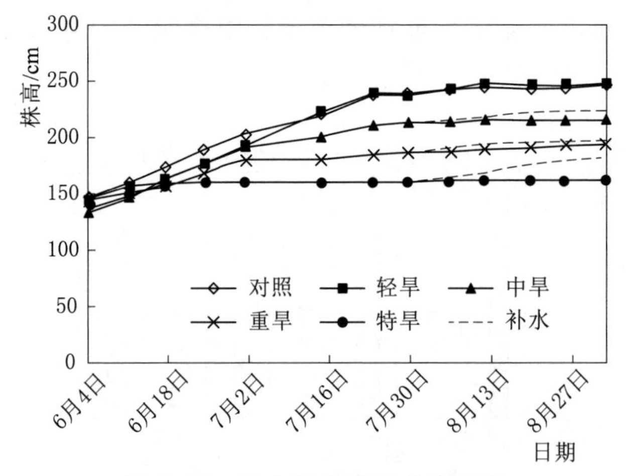

图 5.34　补水后香蒲的株高变化

补水使得各干旱情景的香蒲生物量（鲜重、干重）均较未补水时高［图 5.35（a)］，香蒲在中旱、重旱和特旱情景下补水比未补水香蒲鲜重分别增加了 16.67％、8.59％和 28.39％，干重分别增加了 51.56％、14.74％和 16.92％，中旱情景下香蒲干重增幅最大，特旱情景下香蒲鲜重增幅最大。由于香蒲含水量远高于芦苇，在特旱条件下，补水香蒲主要增加的是水分而不是干物质；中旱情景下香蒲干重增幅最大说明补水后香蒲生长得到较大恢复，干物质累积量增加。图 5.35（b）显示了补水后香蒲的相对含水量变化。对照、轻旱处理香蒲相对含水量较其他干旱处理小，补水后，中旱和重旱处理香蒲相对含水量略有减小，仅特旱处理香蒲相对含水量

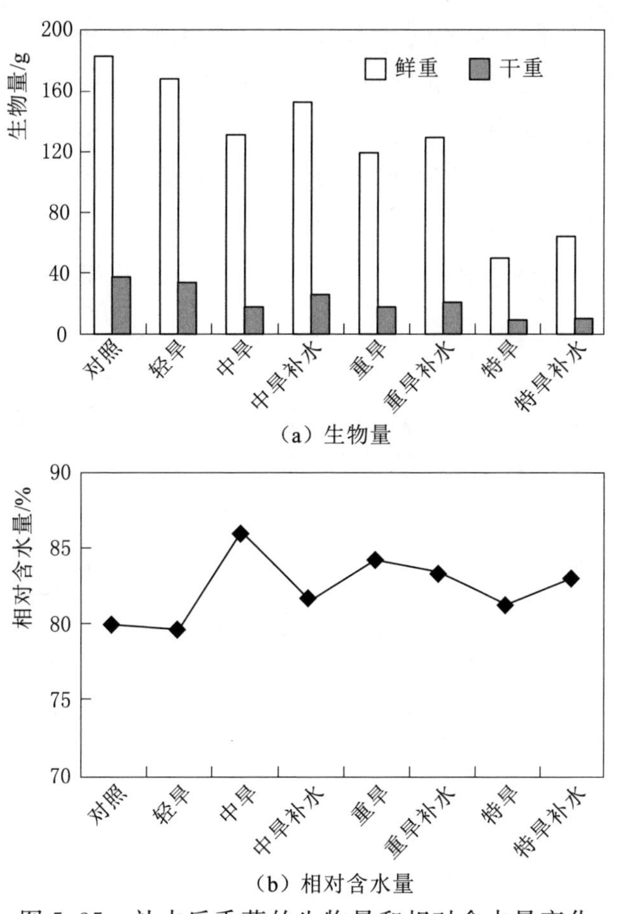

图 5.35　补水后香蒲的生物量和相对含水量变化

增加。在特旱情景下，补水前后干重绝对值变化不大，而鲜重有较大增加，因此认为特旱情景下补水，香蒲主要增加的是水分而不是生物量。

2. 生理恢复能力

(1) 芦苇。7 月 30 日补水后，中旱、重旱和特旱处理芦苇净光合速率均有回升［图 5.36 (a)］，但均未达到对照组水平。可以看出，重旱情景下芦苇的净光合速率恢复程度与中旱情景的恢复程度较为接近；而特旱情景下芦苇净光合速率虽有回升，但仍然维持在一个较低水平，较补水前，中旱、重旱和特旱处理芦苇净光合速率增长了 11.81％、18.27％和 13.38％，重旱情景下芦苇净光合速率的增幅最大。对于气孔导度来说，由于气孔导度增幅不明显［图

5.36 (b)]，不能恢复到对照组水平，但在实验结束时，中旱、重旱和特旱情景下的气孔导度分别达到了轻旱、中旱、重旱水平。较补水前，各干旱组气孔导度分别增长了 5.63%、1.14%和 2.19%。

补水后的芦苇的蒸腾速率也发生了较大变化 [图 5.36 (c)]，增长趋势与净光合速率一致。在实验结束时，中旱、重旱和特旱情景下的蒸腾速率分别超过了轻旱、中旱、重旱水平。对于水分利用

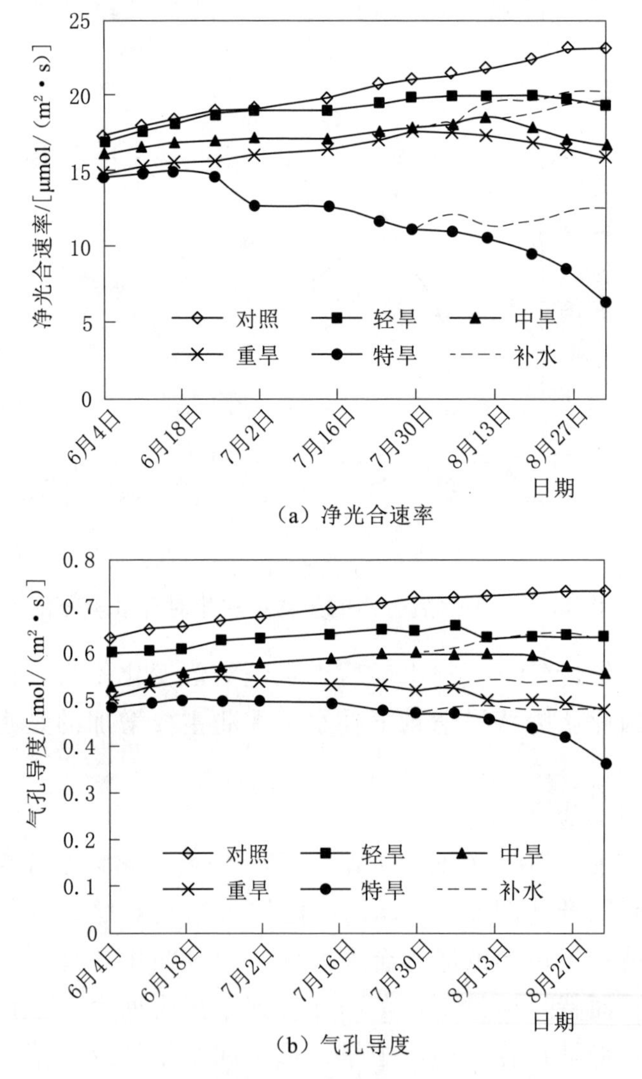

(a) 净光合速率

(b) 气孔导度

图 5.36 (一)　补水后芦苇的净光合速率、气孔导度、蒸腾速率和水分利用效率变化

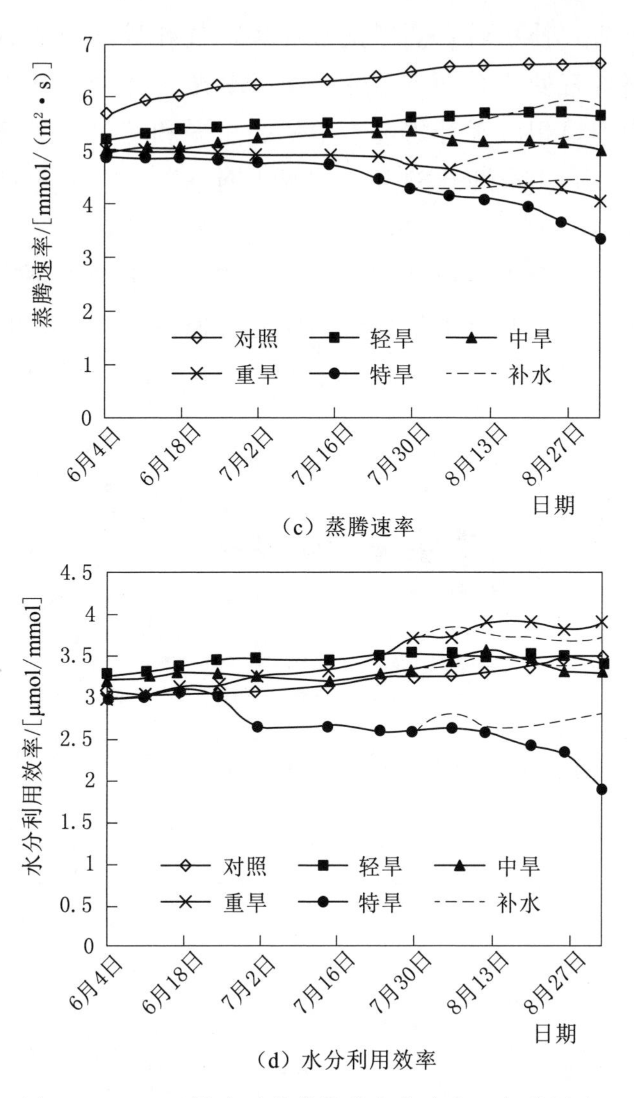

图 5.36（二） 补水后芦苇的净光合速率、气孔导度、蒸腾速率和水分利用效率变化

效率来说，各干旱情景差异较大。在补水后，中旱水分利用效率较未补水芦苇基本不变［图 5.36（d)］，而重旱处理时水分利用效率较未补水芦苇下降；而特旱处理芦苇水分利用效率则较未补水芦苇上升，说明特旱条件对芦苇的生长和光合作用的抑制程度较大。从图 5.36（d)上还可以看出，不管是在补水前，还是在补水后，重旱的水分利用效率最高。

（2）香蒲。补水后香蒲净光合速率、气孔导度、蒸腾速率和水分利用效率均有变化（图5.37）。香蒲净光合速率在补水后比不补水的有所增加，相较于补水前，中旱、重旱和特旱组香蒲分别增长了25.08%、7.61%和1.34%，增幅不断下降。对于气孔导度，各干旱组补水后分别增长了33.66%、17.32%和1.91%，也呈下降趋势，说明香蒲净光合速率和气孔导度均在中旱情景下有最大恢复能力，在实验结束时，中旱情景的净光合速率、气孔导度都达到了

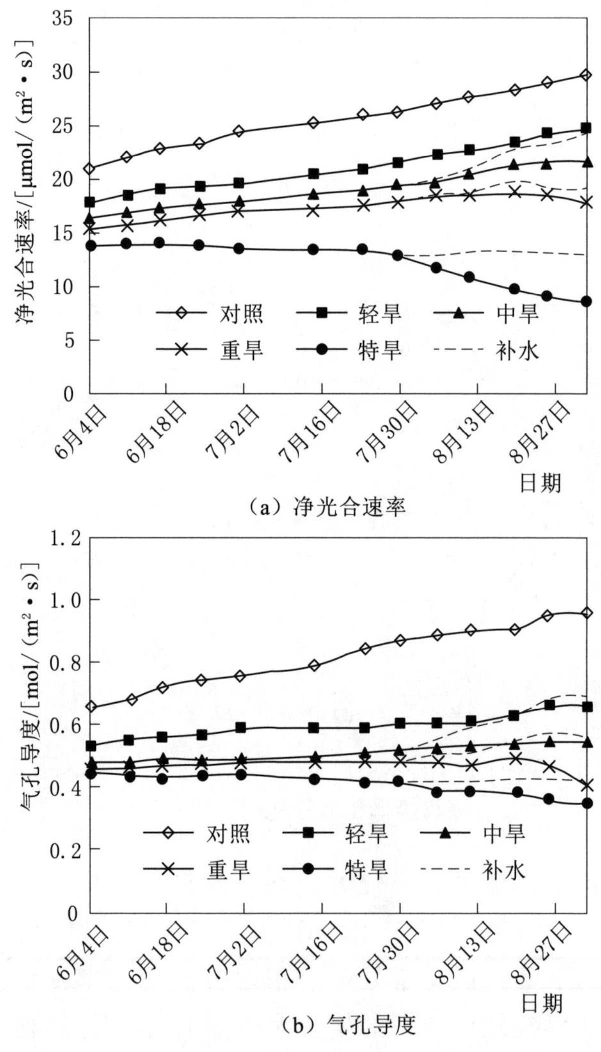

（a）净光合速率

（b）气孔导度

图5.37（一）　补水后香蒲的净光合速率、气孔导度、蒸腾速率和水分利用效率变化

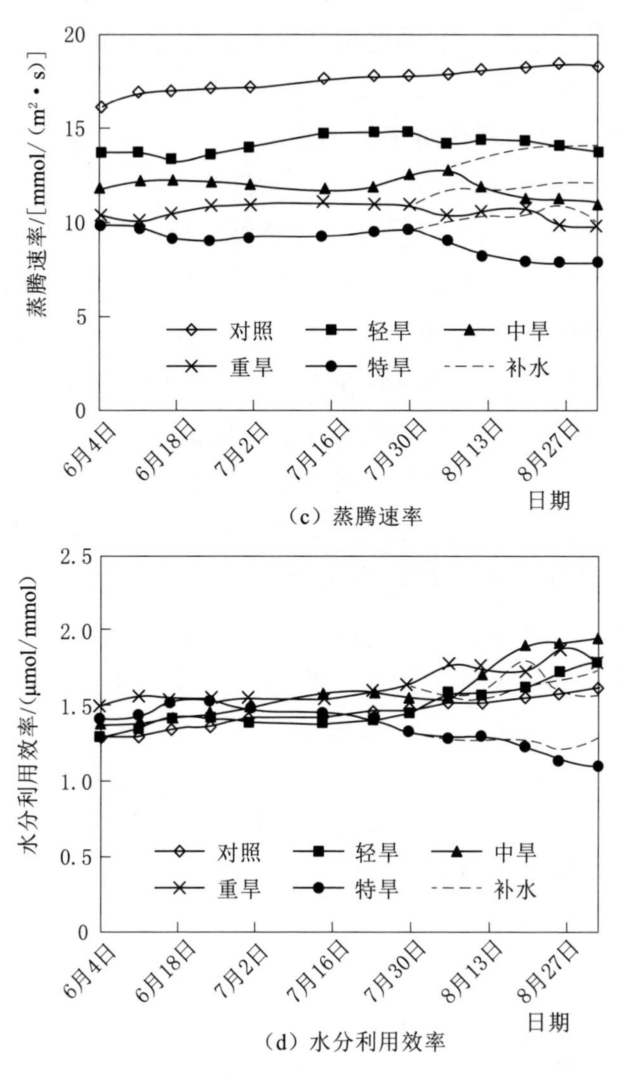

(c) 蒸腾速率

(d) 水分利用效率

图 5.37（二） 补水后香蒲的净光合速率、气孔导度、蒸腾速率和水分利用效率变化

轻旱处理的水平。

在生长后期，中旱、重旱和特旱处理香蒲蒸腾速率都是下降的，补水后，蒸腾速率开始回升，较补水前分别增长了 12.10%、11.65%和 4.17%。在补水实验结束时，中旱、重旱和特旱处理香蒲蒸腾速率分别达到轻旱、中旱、重旱处理的水平。补水后，中旱处理香蒲水分利用效率均开始下降，但重旱处理在实验结束时表现

出上升。轻旱、中旱、重旱处理在补水后较未补水前，香蒲水分利用效率分别变化了－11.31％、－12.69％和17.36％。

5.3.2.4　湿地植物群落对干旱的适应

1. 湿地植物群落特征

白洋淀湿地范围内（千里堤所围的区域）由于受人为干扰大，沟道与种植芦苇的台地交错分布。在没有水面包围的台地已开垦种植农作物（如藻苲淀）；而有水面包围的台地大部分还是芦苇地，只有极少部分被开垦种植杨树和农作物。除此之外，湿地范围内还存在较大面积水域，里面生长大量水生植被。

在对白洋淀湿地芦苇田和水生植被调查后，发现共有植物66种，隶属于35科52属。其中，禾本科所占比例最大，有10种；其次是眼子菜科和水鳖科，有5种；而泽泻科、苋科等则只有1种。优势种包括芦苇、菖蒲、莲、紫背浮萍、金鱼藻等。本书调查的水生植被，与李峰等（2008）的调查结果相似。对于水生植被，与20世纪90年代相比（田玉梅等，1995），莼菜、延药睡莲等植物未被发现，竹叶眼子菜、轮叶黑藻等植物的优势地位消失，而芡实、菱等植物野生很少，基本为人工种植。需要说明的是，由于人类活动，在部分芦苇田里修建了道路及附属设施，本书未对该区域植物进行调查。

根据群落命名原则，即以各群落中的优势种作为该群落的名称，处于同一层的优势种用“＋”连接，不同层的优势种用“－”连接（宫兆宁等，2007），白洋淀湿地植被可以分为芦苇群落（湿生）、葎草群落、红蓼群落等共计19个主要群落类型（表5.5）。白洋淀湿地典型植物群落见附图4。

（1）芦苇群落（湿生）：广泛分布于湿地，生长于芦苇田，优势种为芦苇，高度能达到3.4m，光芦苇的盖度通常能达到80％以上。主要伴生植物包括盒子草、野大豆、萝藦等缠绕植物，以及处于群落结构下层的狗尾草、犁头草、马鞭草等一年生草本植物，该群落总盖度能达到90％以上。在某些地势较高、芦苇盖度较低的苇田里，还伴生有苋科、藜科、黄花蒿等草本植物。该群落单位面积

干重为751～1870g/m²。

（2）葎草群落：该群落主要分布于地势较高的苇田边缘，并且芦苇密度很低的地段。葎草是缠绕性植物，并且生命力强，群落盖度通常能达到100%。由于葎草的绝对优势，其伴生的芦苇高度为1～2m，并伴生有大狼把草、鬼针草等草本植物，伴生植物的高度决定了该群落的整体高度。单位面积生物量为325～528g/m²。

（3）红蓼群落：分布于地势较低的苇田边缘，优势种红蓼高度通常为1～2m，群落盖度达到80%以上，与水蓼、芦苇、鬼针草等伴生。在该群落里，芦苇密度也较低、高度通常为1～2m。单位面积生物量为286～503g/m²。

表5.5　白洋淀湿地典型群落特征

群落名称	优势种	主要伴生植物	单位面积干重/(g/m²)
芦苇群落（湿生）	芦苇	狗尾草、盒子草、野大豆、萝藦、犁头草、马鞭草	751～1870
葎草群落	葎草	大狼把草、鬼针草、芦苇	325～528
红蓼群落	红蓼	水蓼、芦苇、鬼针草	286～503
加拿大杨群落	加拿大杨	狗尾草、葎草、犁头草、鬼针草	—
荆三棱群落	荆三棱	藨草、密穗砖子苗、稗	72～294
芦苇群落（水生）	芦苇	香蒲、紫背浮萍、金鱼藻、篦齿眼子菜	664～1716
香蒲群落	香蒲	槐叶萍、水鳖、篦齿眼子菜、金鱼藻、芦苇	316～482
莲群落	莲	槐叶萍、水鳖、金鱼藻	152～294
荇菜群落	荇菜	菱、水鳖、紫背浮萍、菹草	85～175
槐叶萍＋紫背浮萍群落	槐叶萍、紫背浮萍	水鳖、莲	12～69
水鳖群落	水鳖	紫背浮萍、莲、金鱼藻	88～231
菹草群落	菹草	菱、光叶眼子菜	140～292
篦齿眼子菜群落	篦齿眼子菜	狐尾藻、金鱼藻、狸藻	578～882
竹叶眼子菜群落	竹叶眼子菜	罗氏轮叶黑藻	103～373

续表

群落名称	优势种	主要伴生植物	单位面积干重/(g/m^2)
小茨藻群落	小茨藻	金鱼藻、香蒲	133～495
狐尾藻群落	狐尾藻	篦齿眼子菜、微齿眼子菜	92～170
芡实+菱群落	芡实、菱	金鱼藻、水鳖、槐叶萍	205
罗氏轮叶黑藻群落	罗氏轮叶黑藻	槐叶萍、微齿眼子菜	364～590
金鱼藻群落	金鱼藻	芦苇、莲、香蒲、篦齿眼子菜、紫背浮萍、水鳖	206～585

(4) 加拿大杨群落：分布于养鱼（虾、蟹）池堤坝、湿地千里堤及部分苇田内，是人工种植的经济林，起到防止堤坝崩塌的作用。群落优势种加拿大杨高度能达到 20m 以上，盖度 70%～80%，伴生植物处于群落下层，主要有狗尾草、葎草、犁头草、鬼针草等草本植物。该群落生物量收割不容易，故未测量单位面积生物量。

(5) 荆三棱群落：该群落是典型的湿生群落，主要分布于水岸边，群落主要为莎草科植物，盖度为 10%～40%，主要伴生植物未藨草、密穗砖子苗、稗等植物。各植物种高度基本一致，群落高度为 30～70cm，单位面积生物量为 72～294g/m^2。

(6) 芦苇群落（水生）：该群落大部分分布在水深小于 1.0m 以下水域，优势种芦苇高度通常能达到 2m 左右。该群落芦苇密度比湿生的大，最大能达到约 40 棵/m^2。在某些区域与香蒲伴生。紫背浮萍、槐叶萍、水鳖等伴生浮水植物处于群落结构中间层，而下层则是金鱼藻、篦齿眼子菜、轮式黑藻等沉水植物，群落盖度为 80%左右。单位面积生物量为 664～1716g/m^2。

(7) 香蒲群落：优势种香蒲在 1.2m 以下水深都有分布，但在湿地内大部分位于水深 0.5～1.2m 区域。香蒲通常高约 2m，密度约为 6 棵/m^2。伴生浮水植物槐叶萍、紫背浮萍、水鳖等构成群落的中间层，而篦齿眼子菜、金鱼藻等沉水植物则位于群落下层，群落盖度为 80%左右。单位面积生物量为 316～482g/m^2。

(8) 莲群落：该群落大部分为人工种植，分布在水深 0.5～

1.0m 区域，群落盖度通常达到 90%以上。群落结构也可以分为 3 层：上层为优势种莲，中间层为伴生浮水植物槐叶苹、紫背浮萍等，而下层为金鱼藻等沉水植物。单位面积生物量为 152～294g/m^2。

(9) 荇菜群落：该群落在湿地内分布范围较小，通常生长在水深 0.5～1.5m 的航道两侧区域，伴生有紫背浮萍及少量的水鳖和菱，而群落下层伴生菹草等沉水植物。单位面积生物量为 85～175g/m^2。

(10) 槐叶苹＋紫背浮萍群落：该群落主要分布在水质较差的区域，如村落周围。其伴生植物主要有水鳖、莲等浮水植物，在某些区域也伴生有金鱼藻等沉水植物。单位面积生物量为 12～69g/m^2。

(11) 水鳖群落：该群落在湿地内也较常见，对水质要求不高。伴生植物主要为槐叶苹、紫背浮萍、莲等，某些区域也伴生有金鱼藻等沉水植物。单位面积生物量为 88～231g/m^2。

(12) 菹草群落：该群落主要分布在湿地水质较好、水深 0.5～1.5m 的主要航道两边。群落结构较简单，有时伴生有菱、光叶眼子菜等植物。单位面积生物量为 140～292g/m^2。

(13) 篦齿眼子菜群落：该群落分布范围较广，但总面积较小，主要分布在水深 0.8～1.5m 的区域。群落结构也较简单，主要伴生植物为金鱼藻，有时也伴生狐尾藻和狸藻，单位面积生物量为 578～882g/m^2。

(14) 竹叶眼子菜群落：该群落也主要分布在水质较好、水深 0.8～1.5m 的区域，分布面积和范围都较小。群落结构也较简单，其伴生植物主要为罗氏轮叶黑藻。单位面积生物量为 103～373g/m^2。

(15) 小茨藻群落：该群落主要分布在水深 0.5～1.2m 的区域，分布面积和范围也较小。其伴生植物主要为金鱼藻，有时也伴生有香蒲、芦苇等挺水植物。单位面积生物量为 133～495g/m^2。

(16) 狐尾藻群落：该群落分布范围很小，濒临消失的状态，主要生长在水深1m左右的区域，其伴生植物主要为篦齿眼子菜、微齿眼子菜等沉水植物。单位面积生物量为92～170g/m^2。

（17）芡实＋菱群落：该群落在野生状态下基本没有分布，主要为人工种植。其伴生植物主要为金鱼藻、水鳖、槐叶萍等。单位面积生物量为205g/m^2。

（18）罗氏轮叶黑藻群落：该群落主要生长在水深0.8.1.5m的区域，群落结构较简单，主要伴生植物为微齿眼子菜，有时也伴生有槐叶萍、紫背浮萍等植物。单位面积生物量为364～590g/m^2。

（19）金鱼藻群落：该群落分布面积、分布范围都较广，对水质要求也较低，生长水深为0.5～1.5m。群落结构较复杂，某些区域构成上、中、下3层结构：上层为芦苇、香蒲等挺水植物，中间层为水鳖、紫背浮萍、槐叶萍等浮水植物，而下层也伴生有眼子菜科等沉水植物。单位面积生物量为206～585g/m^2。

在以上群落中，芦苇湿生群落、芦苇水生群落、香蒲群落、莲群落、槐叶萍＋紫背浮萍群落、金鱼藻群落是优势群落。单位面积生物量最大的是芦苇湿生群落，平均为1311g/m^2，而最小的是槐叶萍＋紫背浮萍群落，平均只有41 g/m^2。研究中水生植被的调查主要是坐船进行的，而在调查时，湿地水位在7.0m以下，因而湿地水深不超过2.0m（主航道水深超过2.0m，但在主航道，基本没有水生植被），因此文中说明的某些群落的生长水深范围可能与实际情况有一定差异。

2. 湿地植被演替分析

对于湿地来说，植被根据其对水分的适应和需求，可以分为水生植被、湿生植被、中生植被和旱生植被。对于以水分逐渐减少为驱动力的情况，其演替过程为：水生植被→湿生植被→中生植被→旱生植被。因此对湿地植被演替过程的分析，有助于揭示干旱对湿地植被的影响。白洋淀湿地植被演替过程见图5.38。从水生植被如眼子菜、金鱼藻、轮藻、莲、浮萍、香蒲、水生芦苇演替到湿生植被如荆三棱、藨草、薹草、水蓼、红蓼、湿生芦苇，最后变为农田植被。需要说明的是，白洋淀湿地由于受人类活动干扰很大，对于没有大量水包围的苇田，最后会被开垦为农田，这与其他湿地的演替有所区别。

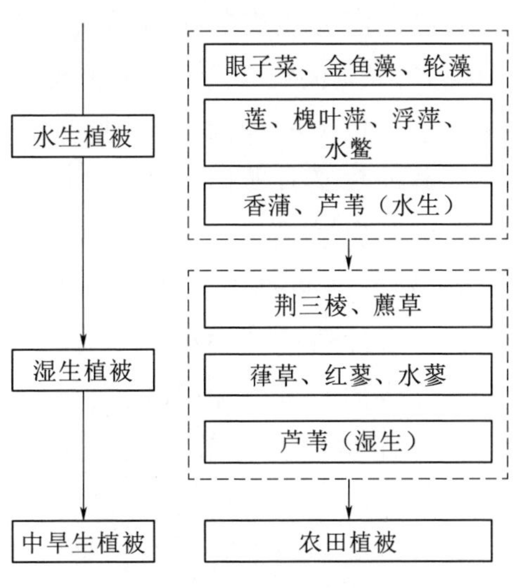

图 5.38 白洋淀湿地群落演替过程

与 20 世纪 90 年代相比，由于湿地水面面积的缩小，藻苲淀的水生植被已消失，全部变成了农田植被（田玉梅等，1995）；而对于湿地北部的烧车淀，则从原来的以光叶眼子菜、莲、荇菜为优势群落，演变为现在的以芦苇、香蒲、篦齿眼子菜、金鱼藻为优势群落；原来湿地内的优势群落竹叶眼子菜群落、菹草群落、罗氏轮叶黑藻群落优势性降低，如在湿地北部，很难见到竹叶子菜群落和菹草群落。这样的植被变化表明，湿地的沉水植物优势群落在向挺水植物优势群落转变，这与李峰等（2008）研究结果相似。造成这一结果的原因是干旱使得湿地不光水量减少，水质也变差。由于水量减少，水深下降，需要满足一定水深的沉水植物减少，再加上水质的影响，某些沉水植物就可能消失。如在湿地范围内，北部的水质较差，而南部相对较好，而在相近水深的两个区域，眼子菜群落分布有较大差异。

5.3.3 湿地生态系统对干旱的适应规律

5.3.3.1 生物多样性

白洋淀属于浅水性湖泊，水生生物资源丰富，生物种类繁多。1970—2010 年，由于水源补给不足，干淀频繁，对湿地生物多样性造成了较大影响。20 世纪 80 年代中期、90 年代后期以及 2000 年以后，白洋淀连续干淀，湿地生境破碎甚至部分消失，加之水污染严重，湿地生物多样性急剧减少（刘春兰等，2007）。

从对白洋淀鱼类的调查情况（图5.39）来看，鱼类种数大致呈下降趋势，20世纪50年代鱼类种类最为丰富；1976年湿地出现了干淀现象，鱼类的种数下降到了35种；随着干淀后湿地水位的恢复，鱼类种数又有所回升，1980年达到了37种；此后，由于80年代发生了历史上最为严重的干淀事件，到1991年，鱼类种数也下降到24种，是调查中鱼类种数最少的一年。1984—1988年连续3年的干淀事件致使鱼类种群结构发生变化，种数大量减少，而后重新蓄水也难以使鱼类种数恢复到以前水平。因此，2002年、2007年虽然调查的鱼类种数有所回升，但较1980年水平下降了11%和27%。

虽然鱼类种数下降还与污染等因素有关，但水位的下降和水面积减小这一因素对其的影响不可忽视。干旱引起的水位下降使其栖息地面积急剧减小。对于鱼类来说，所需水深至少为1.0m，适宜水深为2.3m，白洋淀底高程大都在5.50～6.50m之间，相应的水位应为7.50～8.50m。显然干旱时期内的水位无法达到其适宜生态水位，这也是干淀为何会导致鱼类种类急剧减小的原因。

对于其他水生生物，如浮游生物和底栖无脊椎动物等，种类和数量也有所下降（表5.6）。以藻类为例，20世纪60—90年代初，藻类种类减少了15.5%，数量增加了181.4倍，是湖泊富营养化的标志。其他生物如原生动物、轮虫、枝角类和桡足类，其种类也呈下降趋势。

表5.6　　白洋淀湿地水生动物种数变化

类别	1958年		1975年		1993年	
	种类	数量/(个/L)	种类	数量/(个/L)	种类	数量/(个/L)
藻类	129属	7.5×10^4	—	130.2×10^4	109属	1367.6×10^4
原生动物	38属	3227	24属	2104	76	14123
轮虫	60	12.9	49	15887	24	2850
枝角类	39	0.7	23	5.4	33	150
桡足类	23	8	7	123.6	17	235.7

由图 5.39 可以看出，与鱼类种数不同的是，白洋淀湿地植物种数并没有呈下降趋势，反而有增长趋势，且种数变化不大。由于湿地建群种和优势种是芦苇群落，其生物量大、分布广，对白洋淀湿地的功能起控制作用；而芦苇生态幅较广，在干旱或干淀情况下，相较于其他物种（特别是水生动物），应对干旱的能力较强，种群得以保存。因此，相对于水生动物来说，湿地植物种对干旱较为不敏感，其生物多样性减少程度较小。

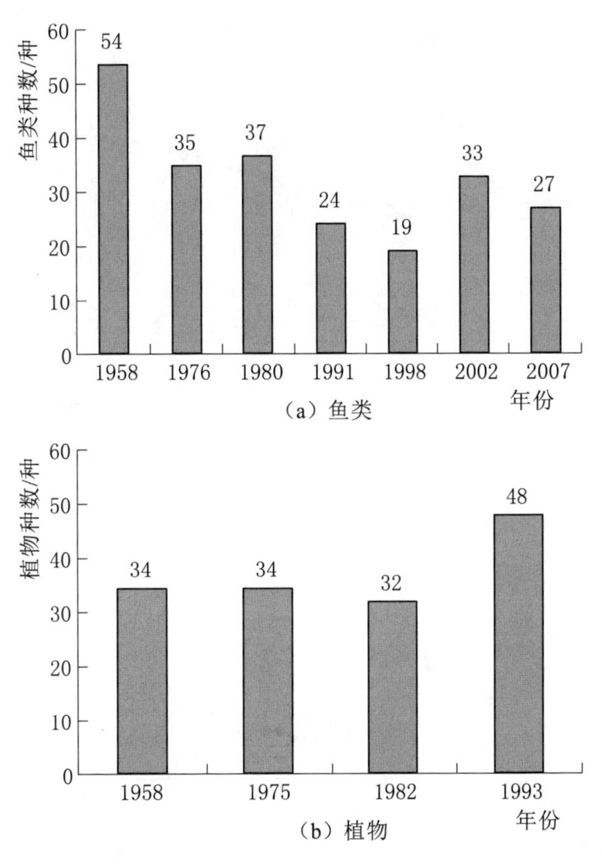

图 5.39 白洋淀不同时段调查时间鱼类和植物物种数量

5.3.3.2 生物量

以芦苇和鱼虾、贝类生物量为例（图 5.40 和图 5.41），芦苇生物量有两个高产时段，分别是 1960—1962 年和 1983—1985 年，产量均在 40000t 以上。相应地，芦苇面积的高值区分别为 1958—

1962年和1993年，均达到了80km²以上。可以看出，芦苇面积和产量都是从1963年开始急剧下降的，此后一直维持在一个较低水平，并缓慢上升。1978—1982年人工种植了大量芦苇，此时芦苇产量开始大幅度攀升；到1985年以后，产量急剧下降，此后一直维持在一个较低水平。可见，1984—1986年的干淀事件导致芦苇产量下降，因为干旱不仅导致湿地水位的持续下降，也会使土壤含水量下降，超出芦苇的耐受范围。

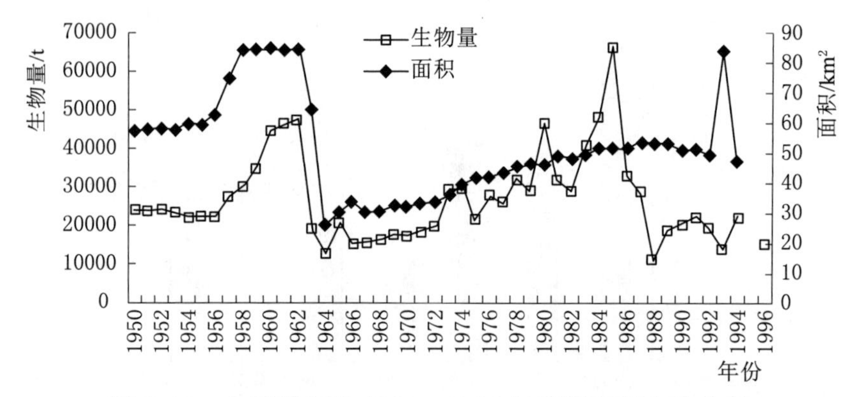

图5.40　白洋淀湿地1950—1996年芦苇面积和生物量

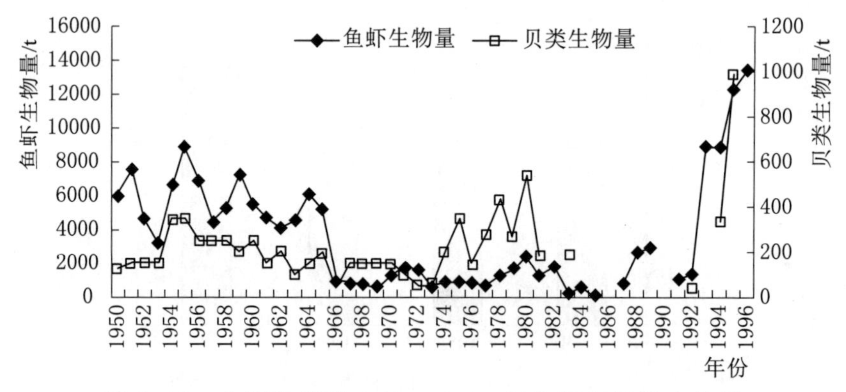

图5.41　白洋淀湿地1950—1996年鱼虾和贝类生物量

从图5.41可以看出，鱼虾和贝类生物量波动较大，1965年以后，鱼虾生物量开始下降，此后一直维持在较低水平，直到1992年开始恢复。可以看到，虽然1965—1992年鱼虾生物量不高，但其最低点都出现在干淀年份，如1973年、1976年、1982—1988年。20世纪60年代鱼虾生物量比50年代下降了37%，70年代比

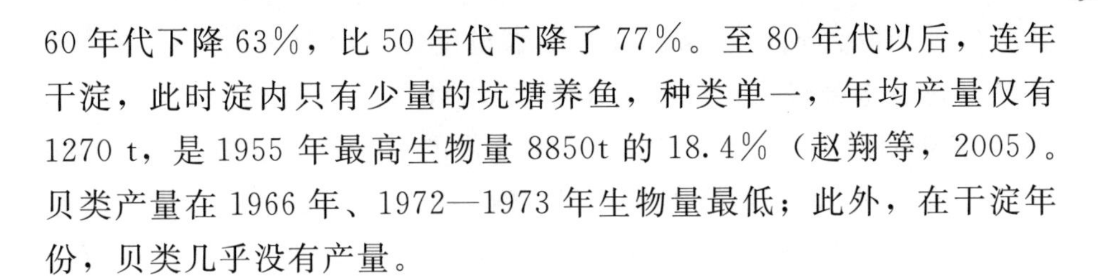

60年代下降63%，比50年代下降了77%。至80年代以后，连年干淀，此时淀内只有少量的坑塘养鱼，种类单一，年均产量仅有1270 t，是1955年最高生物量8850t的18.4%（赵翔等，2005）。贝类产量在1966年、1972—1973年生物量最低；此外，在干淀年份，贝类几乎没有产量。

5.4　湿地干旱驱动模式识别

采用1960—2008年湿地入淀水量时间序列，按照M－K法对其进行了突变性检验，取$\alpha=0.05$的显著水平，突变点是1971年（图5.42）。而其他研究者计算出湿地上游山区突变点为1980年（胡珊珊等，2012）。这可能是由于文献中的研究区基本无水库，主要受土地利用/覆被变化对径流的影响，而本书中的入淀水量除了受上游山区影响，特别还受6个大型水库（安各庄水库、西大洋水库、王快水库、横山岭水库、龙门水库及口头水库）及其他中小型水库的影响。相关资料表明，为了治理流域水患，湿地上游在20世纪50年代末开始修建水库，以上六大水库建成后由于设计标准过低，又进行了续建，最终在20世纪70年代初完成。这一时间点与本书中的突变点接近。

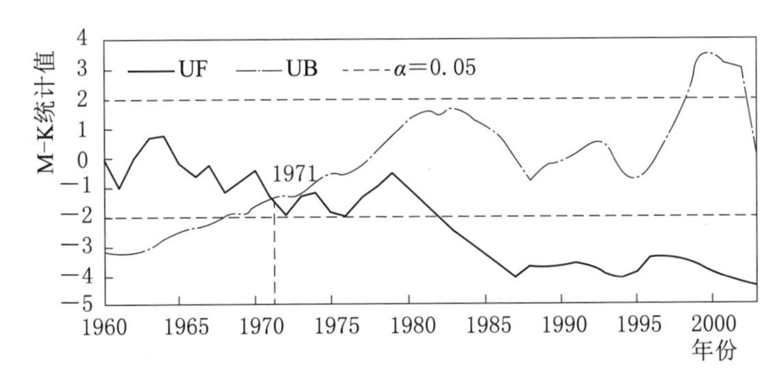

图5.42　入淀水量M－K突变性检验

Mitsch等（2007）提出了用湿地入流量（降水、地下水入流和地表水入流）和出流量（蒸散发、地下水出流和地表水出流）表示

其水量平衡的公式，用以分析湿地水量变化。研究区由于社会经济发展，地下水被过度开采利用，地下水埋深不断增加，从20世纪70年代初期的大约4m，到80—90年代的近10m，再到2007年的21m左右，使得湿地补给地下水（白德斌等，2007；吕晨旭等，2010）。因此白洋淀湿地入流就只有降水和地表水。在突变点前，湿地区降水与入淀流量比例为9.6∶1，而突变点后，伴随降水量和入淀水量减少，降水成了主要的补给水源，并且与入淀流量比例变为31.8∶1。湿地补给水源结构的变化势必会造成湿地蓄水量减少。

第6章　白洋淀流域干旱还原特征

本章构建了白洋淀流域干旱还原理论模型，设置不同干旱情景，定量分析了气候变化和人类活动对白洋淀流域蓝水、绿水、农业、生态需水演变的影响；在不同干旱还原情景供需水模拟的基础上，评价白洋淀流域干旱持续时间、频次、强度和面积等特征的变化。对于白洋淀湿地，则基于入淀水量，定量还原了气候变化和人类活动的影响。

6.1　干旱还原情景设置

白洋淀流域干旱特征变化受气候变化和人类活动双重影响，由第5章可知，气候变化和下垫面条件的变化，改变了流域水循环过程，从而对流域蓝水和绿水的时空分布格局造成影响，进一步改变了供水过程。此外，对于农业种植区和林草地，一方面，气候变化会改变农作物和林草地需水的时间节律；另一方面，人类活动的影响会改变作物和林草的空间分布特征，两者综合作用会改变农业种植区和林草地需水特征；再者，社会经济和人口的发展也会对居民生活需水和工业需水造成影响。因此，本章分别剥离气候变化和人类活动对白洋淀流域供需水的影响，设置两种还原情景：①仅受气候变化的影响，将人类活动影响还原至1990年以前，在此情景下，模拟流域供需水过程，评价干旱特征，即将人类活动对干旱特征的影响进行还原；②仅受人类活动的影响，将气候变化影响还原至1990年以前，在此情景下，模拟流域供需水过程，评价干旱特征，将气候变化对干旱特征的影响还原。各情景下气候条件和下垫面条件的输入如图6.1所示。

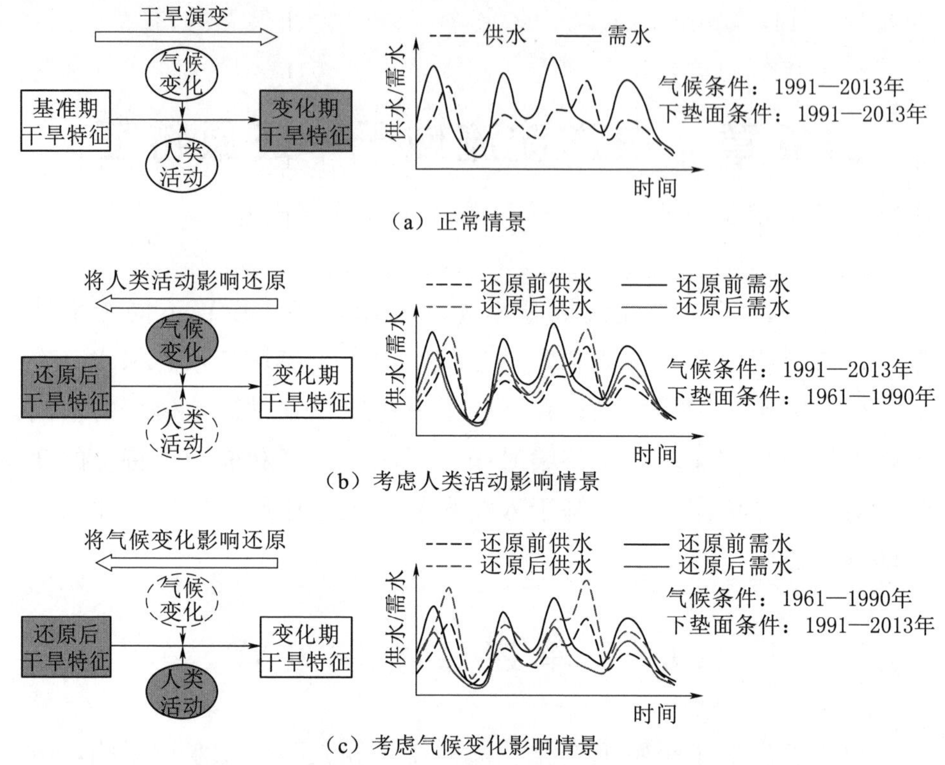

（a）正常情景

（b）考虑人类活动影响情景

（c）考虑气候变化影响情景

图6.1　各情景下气候条件和下垫面条件的输入

6.2　白洋淀流域水资源及需水演变归因分析

6.2.1　水资源演变归因分析

根据白洋淀流域天然期的SWAT模型参数和1990年之后的气象资料，模拟还原得到影响期1991—2013年的关键水循环要素过程。以天然期（1960—1990年）的水循环要素值作为基准值，根据影响期（1991—2013年）的水循环要素值、相应时期通过模型模拟还原的水循环要素值，定量分析气候变化和人类活动对蓝水和绿水的影响程度。

6.2.1.1　蓝水演变归因分析

表6.1为变化环境下气候变化和人类活动对白洋淀流域蓝水变化影响的分析结果。从表6.1中可以看出，变化期蓝水相对于基准

期减少了14.55mm（23.8%），其中气候变化和人类活动对白洋淀流域蓝水减少的贡献量分别为9.11mm和5.44mm，贡献率分别为62.6%和37.4%，气候变化是白洋淀流域蓝水减小的主要驱动因素。变化较大的月份为8月，气候变化和人类活动对白洋淀流域蓝水减小的贡献量分别为9.92mm和1.94mm（图6.2）。从空间上

表6.1 变化环境下气候变化和人类活动对白洋淀流域蓝水变化影响的分析结果

研究时段	Q_0/mm	Q_e/mm	ΔQ/mm	气候变化		人类活动	
				ΔQ_C/mm	θ_C/%	ΔQ_H/mm	θ_H/%
天然期	61.07						
变化期	46.52	51.96	−14.55	−9.11	62.6	−5.44	37.4

注 Q_0为各阶段年均蓝水量；Q_e为变化期模型模拟还原的蓝水量；ΔQ为蓝水变化总量；ΔQ_C和ΔQ_H分别为气候变化和人类活动变化对蓝水的影响量；θ_C和θ_H分别为气候变化和人类活动对蓝水影响的贡献率。

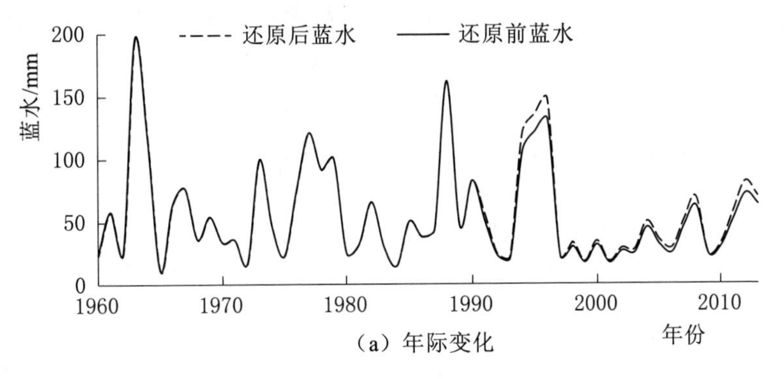

（a）年际变化

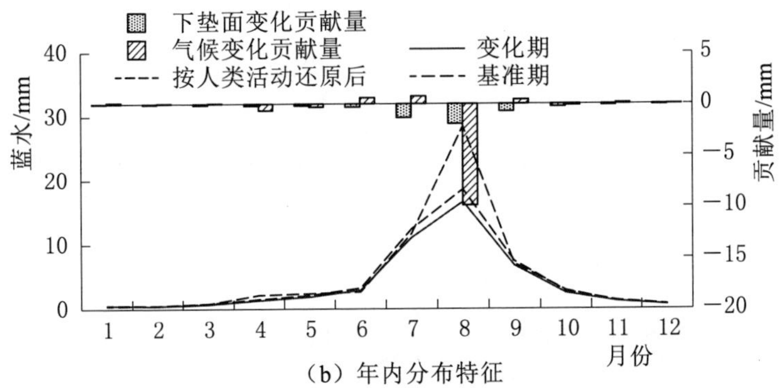

（b）年内分布特征

图6.2 不同时期蓝水年际变化和年内分布特征

看，气候变化对蓝水影响较为明显的地区主要位于潴龙河上游和大清河上游，气候变化对蓝水减少的贡献量普遍在15mm以上，其他地区变化相对较小，其影响量在－5～5mm之间；人类活动对蓝水影响较小，绝大部分地区贡献量在－5～5mm之间。

6.2.1.2　绿水演变归因分析

表6.2为变化环境下气候变化和人类活动对白洋淀流域绿水变化影响的分析结果。从表6.2中可以看出，变化期绿水相对于基准期减少了10.06mm（2.5%），其中气候变化和人类活动对白洋淀流域蓝水减小的贡献量分别为6.77mm和3.28mm，贡献率分别为67.3%和32.7%，气候变化是白洋淀流域绿水减小的主要驱动因素。变化较大的月份为8月，气候变化对白洋淀流域绿水减小的贡献量为10.8mm，但人类活动的贡献量仅为－0.6mm（见图6.3）。从空间上看，绿水变化幅度较大的地方主要位于山区，大部分地区减少或增加的幅度在10mm以上，其中，人类活动对绿水的减小的贡献量普遍在－10～10mm以内，而气候变化对绿水的影响明显强于人类活动，主要是因为该地区降水减少，导致可转为绿水的蓝水量有所降低；而部分上游山区植被的恢复使得单位面积蒸散发量有所增加。

表6.2　变化环境下气候变化和人类活动对白洋淀流域绿水变化影响的分析结果

研究时段	Q_0/mm	Q_e/mm	ΔQ/mm	气候变化		人类活动	
				ΔQ_C/mm	θ_C/%	ΔQ_H/mm	θ_L/%
天然期	400.76						
变化期	390.70	393.99	－10.06	－6.77	67.3	－3.28	32.7

注　Q_0为各阶段年均绿水量；Q_e为变化期模型模拟还原的绿水量；ΔQ为绿水变化总量；ΔQ_C和ΔQ_H分别为气候变化和人类活动变化对绿水的影响量；θ_C和θ_H分别为气候变化和人类活动对绿水影响的贡献率。

6.2.2　农业和生态需水演变归因识别

6.2.2.1　平原区农作物生长需水演变归因识别

表6.3为变化环境下气候变化和人类活动对白洋淀流域平原区

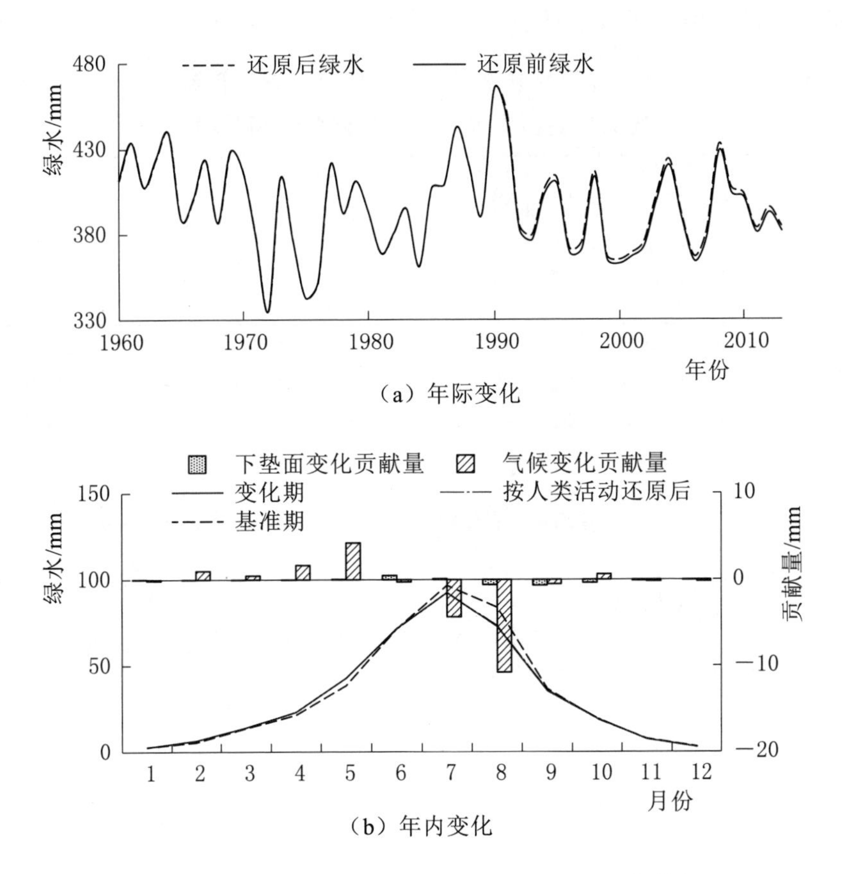

图 6.3　不同时期绿水年际变化和年内分布特征

典型农作物（冬小麦和夏玉米）需水影响的分析结果。从表 6.3 中可以看出，变化期典型农作物需水相对于基准期增加了 18.7mm（4.6%），其中气候变化和人类活动对白洋淀流域典型农作物需水变化的贡献量分别为－21.9mm 和 40.6mm，气候变化的影响主要是因为蒸发能力的降低；虽然变化期内耕地面积有所减少，但播种面积有所增加，在两者综合作用下，人类活动的变化最终是导致农业需水增加。变化较大的月份为 4 月和 5 月，需水分别增加 5.2mm 和 6.5mm，其中，人类活动影响的贡献量分别为 3.8mm 和 7.6mm，气候变化影响的贡献量分别为 1.3mm 和－1.05mm（见图 6.4）。从空间上看，气候变化对大部分平原区农作物需水减少的贡献量在 15mm 以上，人类活动对大部分平原区农作物需水增加的贡献量在 50mm 以上。

表 6.3　变化环境下气候变化和人类活动对白洋淀流域还原后典型农作物需水影响的分析结果

研究时段	WD_0/mm	WD_e/mm	ΔWD/mm	气候变化		人类活动	
				ΔWD_C/mm	θ_C/%	ΔWD_H/mm	θ_L/%
天然期	409.0						
变化期	427.7	387.1	18.7	−21.9	−116.9	40.6	216.9

注　WD_0 为各阶段年均农作物生长需水；WD_e 为变化期模型模拟还原的农作物生长需水；ΔWD 为农作物生长需水变化总量；ΔWD_C 和 ΔWD_H 分别为气候变化和人类活动对农作物生长需水的影响量；θ_C 和 θ_H 分别为气候变化和人类活动对农作物生长需水影响的贡献率。

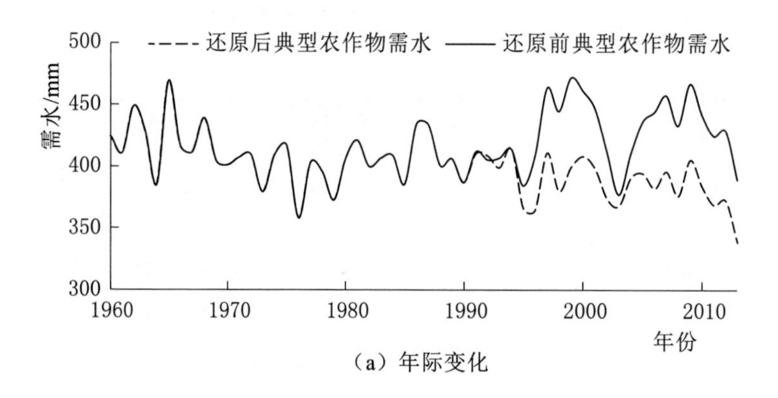

（a）年际变化

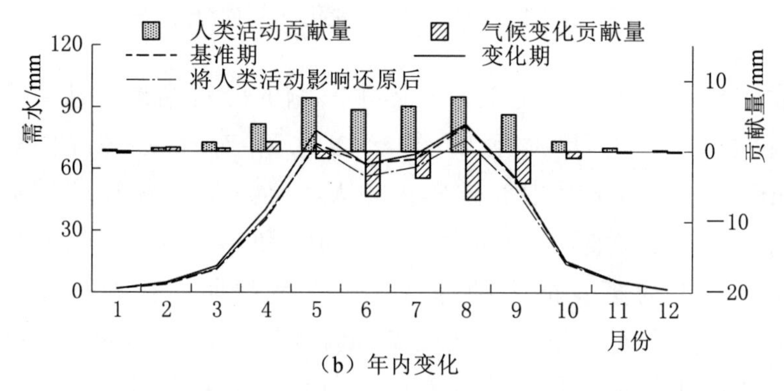

（b）年内变化

图 6.4　不同时期平原区典型农作物需水年际变化和年内分布特征

6.2.2.2　山区林草地生态需水演变归因识别

表 6.4 为变化环境下气候变化和人类活动对白洋淀流域山区林草地需水影响的分析结果。从中可以看出，山区平均林草地需水在

变化期和基准期差别不大，变化期林草地需水相对于基准期仅减少1mm（见图6.5），空间上差别也不显著，仅在±3mm之间，但气候变化对林草地需水的影响较人类活动影响明显。

表6.4 变化环境下气候变化和人类活动对白洋淀流域山区林草地需水影响的分析结果

研究时段	WD_0/mm	WD_e/mm	ΔWD/mm	气候变化		人类活动	
				ΔWD_C/mm	θ_C/%	ΔWD_H/mm	θ_L/%
天然期	79.41						
变化期	78.45	76.87	−0.96	−2.53	265.16	1.58	−165.16

注 WD_0 为各阶段年均林草地生态需水；WD_e 为变化期模型模拟还原的林草地生态需水；ΔWD 为林草地生态需水变化总量；ΔWD_C 和 ΔWD_L 分别为气候变化和人类活动对林草地生态需水的影响量；θ_C 和 θ_L 分别为气候变化和人类活动对林草地生态需水影响的贡献率。

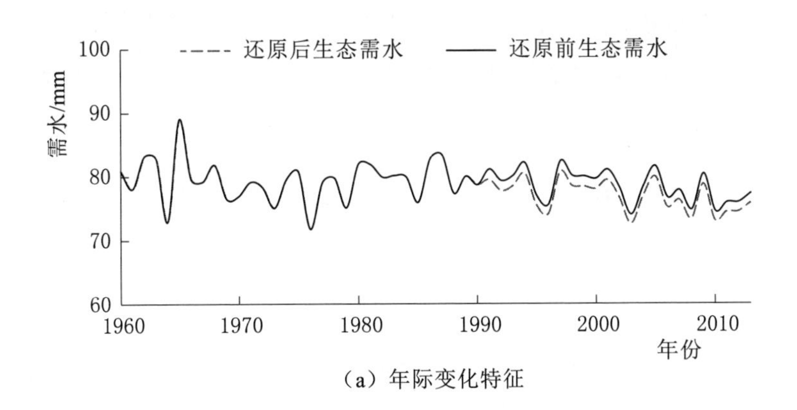

（a）年际变化特征

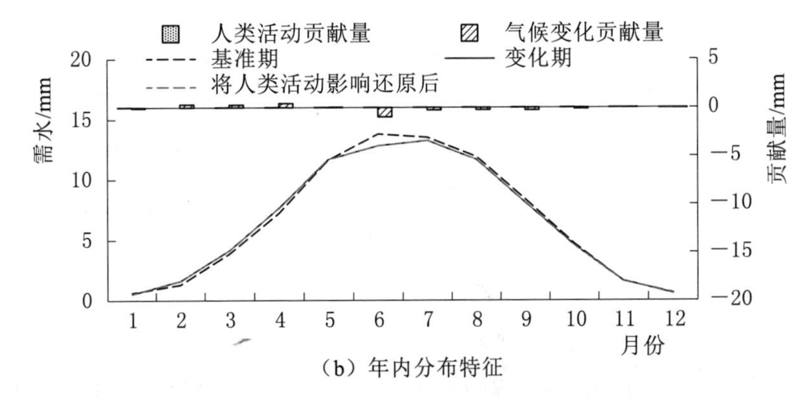

（b）年内分布特征

图6.5 不同时期山区林草地需水年际变化和年内分布特征

6.3　白洋淀流域干旱特征还原

6.3.1　白洋淀流域干旱持续时间还原

将人类活动影响还原后白洋淀流域干旱持续时间空间分布特征见附图 5（a），从附图 5（a）中可以看出，全流域干旱持续时间空间差异性较小，干旱持续时间普遍在 1～2 月/次，其面积占全流域面积的 87.0%；干旱持续时间在 2 月/次以上的区域仅占流域面积的 12.9%，约为还原前的 1/5。将气候变化影响还原后的干旱持续时间空间分布特征见附图 5（b），石家庄地区仍是长历时干旱的高发地区。整体而言，将气候变化影响还原后的干旱持续时间长于将人类活动影响还原后的结果。全流域干旱持续时间在 1～2 月/次的区域占全流域面积的 35.9%，持续时间在 2 月/次以上的区域占流域面积的 63.7%，前者约为还原前的 4/5，后者约为还原前的 1.2 倍（见图 6.6）。

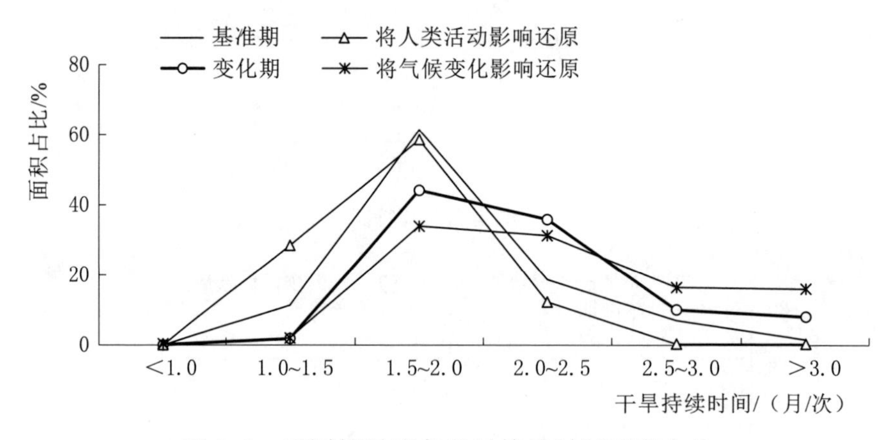

图 6.6　不同情景下各干旱持续时间面积占比

对不同情景下各子流域干旱持续时间进行统计，得到如图 6.7 所示的不同情景下白洋淀流域干旱持续时间箱线图。从图 6.7 中可看出，在气候变化和人类活动的影响下，白洋淀流域干旱持续时间整体呈现出增加的趋势，其中，人类活动导致干旱持续时间大幅增

加，气候变化导致干旱持续时间略微减少。以25%、50%和75%分位数的干旱持续时间为例，将人类活动影响还原后，25%、50%和75%分位数所对应的干旱持续时间分别为1.4月/次、1.6月/次和1.8月/次，相对于还原前变化了−22.2%、−23.8%和−28.0%；将气候变化影响还原后，25%、50%和75%分位数所对应的干旱持续时间分别为1.9月/次、2.2月/次和2.8月/次，相对于还原前增加了5.6%、4.8%和12.0%（见表6.5）。

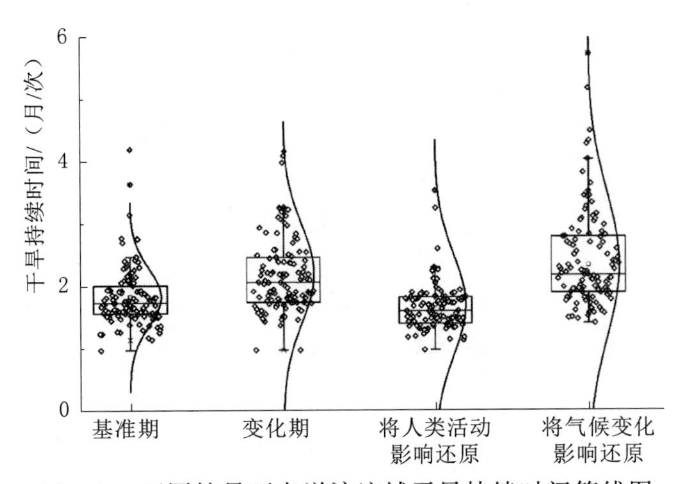

图6.7 不同情景下白洋淀流域干旱持续时间箱线图

表6.5 不同情景下白洋淀流域干旱持续时间特征值

分位数	干旱持续时间/（月/次）			
	基准期	变化期	将人类活动影响还原后	将气候变化影响还原后
25%	1.6	1.8	1.4	1.9
50%	1.8	2.1	1.6	2.2
75%	2.0	2.5	1.8	2.8

6.3.2 白洋淀流域干旱频次还原

将人类活动影响还原后白洋淀流域干旱频次空间分布特征见附图6（a）。还原后保定以北的地区仍为干旱频发区，其干旱频次普遍在10次/10a以上。全流域干旱频次在10次/10a以上的区域约占流域面积的43.6%，约为还原前的1/2，其中，干旱频次在14

次/10a以上的区域仅占流域面积的1.1%，远小于还原前的水平（24.3%）。附图6（b）为将气候变化影响还原后的干旱频次空间分布图，易县、曲阳等地区仍为干旱高频区，其干旱频次在14次/10a以上。全流域干旱频次在10次/10a以上的区域约占流域面积的88.9%，略小于还原前的水平（95.4%），其中，干旱频次在14次/10a以上的区域仅占流域面积的25%，与还原前的水平基本一致（24.3%）（见图6.8）。

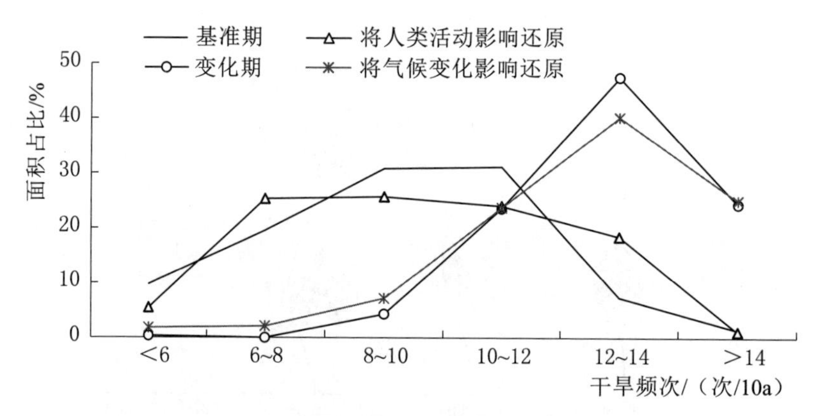

图6.8 不同情景下各干旱频次面积占比

对不同情景下各子流域干旱频次进行统计，得到如图6.12所示的白洋淀流域干旱频次箱线图。从图6.12中可看出，人类活动

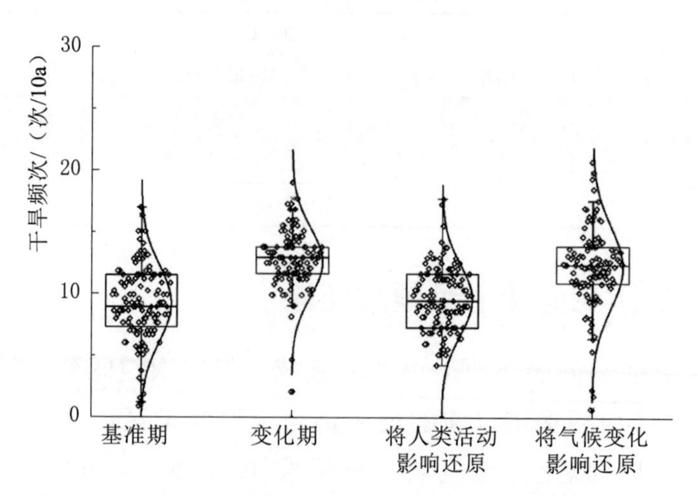

图6.9 不同情景下白洋淀流域干旱频次箱线图

和气候变化均导致白洋淀流域干旱频次有所增加，其中，人类活动对干旱频次增加的贡献量远大于气候变化。以25%、50%和75%分位数的干旱频次为例，将人类活动影响还原后，25%、50%和75%分位数所对应的干旱频次分别为7.4次/10a、9.6次/10a和11.7次/10a，相对于还原前变化了－36.8%、－26.2%和－15.8%；将气候变化影响还原后，25%、50%和75%分位数所对应的干旱频次分别为11.0次/10a、12.5次/10a和14.0次/10a，相对于还原前变化了－6.0%、－3.9%和＋0.7%（见表6.6）。

表6.6　不同情景下白洋淀流域干旱频次特征值

分位数	干旱频次/(次/10a)			
	基准期	变化期	将人类活动还原后	将气候变化还原后
25%	7.4	11.7	7.4	11.0
50%	9.0	13.0	9.6	12.5
75%	11.6	13.9	11.7	14.0

6.3.3 白洋淀流域干旱强度还原

将人类活动和气候变化影响还原后白洋淀流域干旱强度空间分布特征见附图7。两者存在较为明显的空间差异性，对于将人类活动影响还原后的结果，干旱强度的空间分布特征呈现出“中间高，周边低”特点，即保定地区干旱强度普遍较高，上游山区和流域北部地区干旱强度相对较低；对于将气候变化影响还原后的结果，则是呈现出“中间低，周边高”的特点，即保定地区干旱强度相对较低，但上游山区和白洋淀湿地以下地区干旱强度则相对较高。从不同干旱强度的面积占比来看，将人类活动和气候变化影响还原后，白洋淀流域干旱强度在－1.4以下的地区面积分别占全流域面积的45.3%和70.0%，相对于还原前分别减少了46.1%和16.8%（见图6.10）。

对不同情景下各子流域干旱强度进行统计，得到如图6.11所示的白洋淀流域干旱强度箱线图。从图6.11中可看出，人类活动

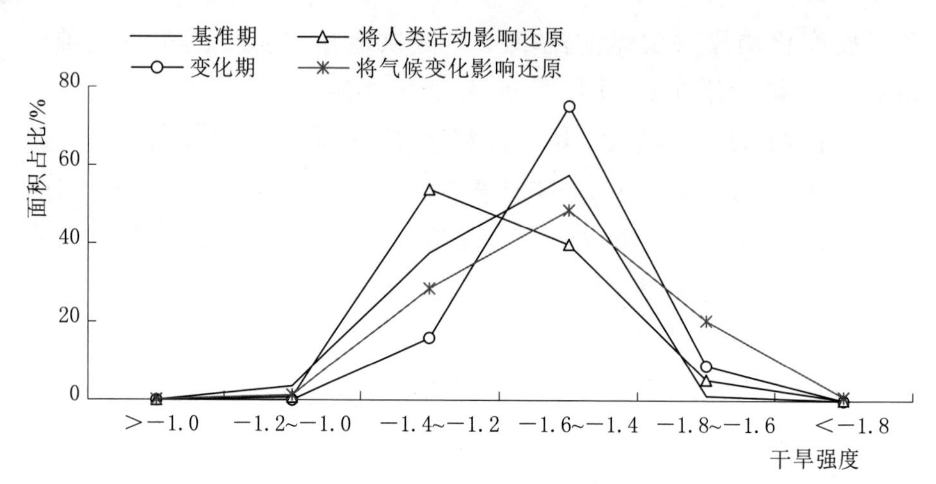

图6.10 不同情景下各干旱强度面积占比

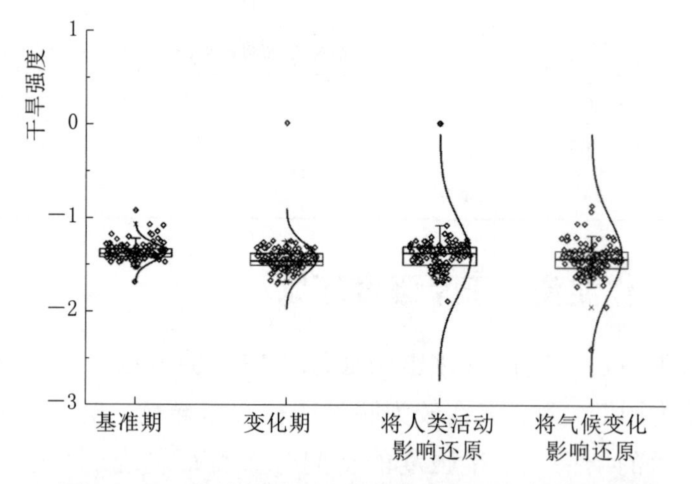

图6.11 不同情景下白洋淀流域干旱强度箱线图

和气候变化均导致白洋淀流域干旱强度有所加剧，其中，人类活动对强度加剧的贡献量大于气候变化的影响。以25%、50%和75%分位数的干旱强度为例，将人类活动影响还原后，25%、50%和75%分位数所对应的干旱强度分别为−1.52、−1.39和−1.33，其绝对值相对于还原前减少了0.7%、6.1%和5.0%；将气候变化影响还原后，25%、50%和75%分位数所对应的干旱强度分别为−1.54、−1.45和−1.37，相对于还原前变化了−0.65%、−2.0%和−2.1%（见表6.7）。

表 6.7 不同情景下白洋淀流域干旱强度特征值

分位数	干旱强度			
	基准期	变化期	将人类活动还原后	将气候变化还原后
25%	−1.44	−1.53	−1.52	−1.54
50%	−1.40	−1.48	−1.39	−1.45
75%	−1.36	−1.40	−1.33	−1.37

6.3.4 白洋淀流域干笼罩面积还原

将气候变化和人类活动影响还原后，得到白洋淀流域各等级干旱多年平均干旱面积（见图 6.12）。其中，人类活动对流域干旱面积的影响远大于气候变化，主要是流域内典型农作物冬小麦和夏玉米播种面积增加较为明显，导致农业需水有较大幅度的增加。将人类活动影响还原后，多年平均干旱面积减少 31.3%，其中，轻旱、中旱、重旱和特旱面积分别减少了 17.4%、32.9%、47.0% 和 61.2%。将气候变化还原后，多年平均干旱面积与还原前差别不大，其变化幅度在−2%～2%之间。

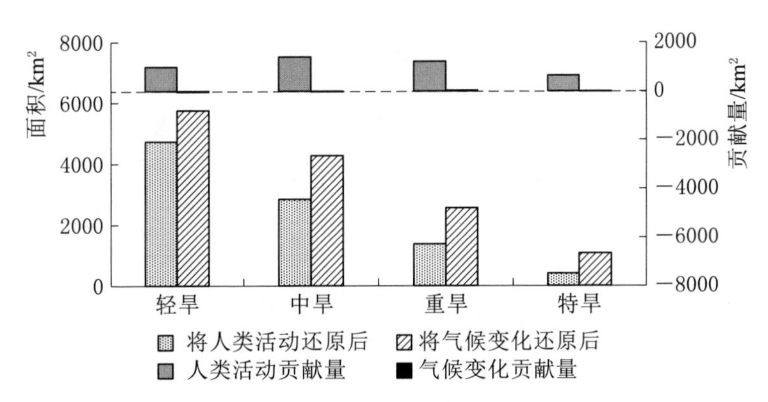

图 6.12 将人类活动和气候变化还原后，白洋淀流域各等级干旱多年平均干旱面积

白洋淀流域所属的华北平原地区本身就是干旱频发区，因此，本节重点分析不同情景下白洋淀流域中等及以上干旱面积的统计分布特征（图 6.13）。将人类活动影响还原后得到的概率分布曲线与

基准期基本一致，将气候变化影响还原后得到的概率密度曲线与变化期相比差别不大。由此可知，人类活动是导致流域干旱面积变化的主要因素。由图6.13可得到不同重现期下的干旱所对应的中等及以上干旱面积，将人类活动影响还原后，10年一遇、20年一遇、50年一遇和100年一遇干旱所对应的中等及以上干旱面积分别为1.30万km^2、1.39万km^2、1.50万km^2和1.57万km^2，相对于还原前减少30%左右；将气候变化影响还原后，10年一遇、20年一遇、50年一遇和100年一遇干旱所对应的中等及以上干旱面积分别为1.82万km^2、1.97万km^2、2.14万km^2和2.25万km^2，与还原前差别不大，减少幅度不超过2%（见表6.8）。

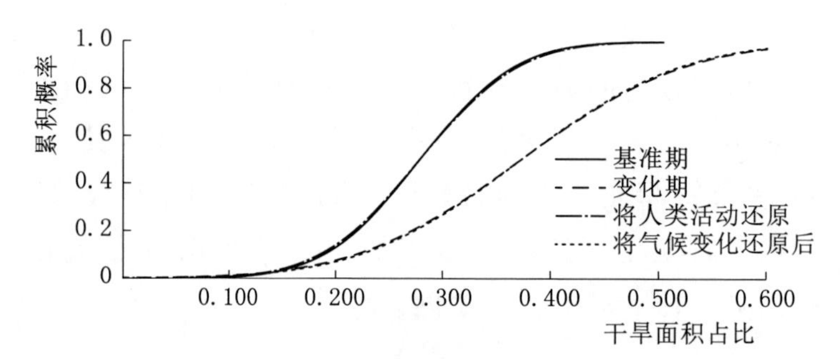

图6.13 不同情景下白洋淀流域中等及以上干旱面积的统计分布特征

表6.8 白洋淀流域不同重现期下的干旱所对应的干旱面积

重现期	中等及以上干旱面积/万km^2			
	基准期	变化期	将人类活动还原	将气候变化还原后
10年一遇	1.29	1.84	1.30	1.82
20年一遇	1.38	1.99	1.39	1.97
50年一遇	1.48	2.16	1.50	2.14
100年一遇	1.54	2.28	1.57	2.25

第7章 基于生态模型的湿地干旱还原特征

本章针对湿地干旱特点，结合水动力学模型，根据湿地水生植被面积较大的特点构建具有湿地特点水动力学模型，并对模型进行了验证分析。在此基础上，引入生态脆弱性概念，结合构建的水动力学模型对干旱情景下的白洋淀湿地脆弱性就行评价，分析其脆弱性特征，识别其在干旱情景下的生态保护阈值。

7.1 湿地入淀水量演变归因分析

7.1.1 气候变化和人类活动对入淀水量影响

利用式（2.22）～式（2.29）计算了气候变化及人类活动分别对入淀水量的影响（表7.1）。在研究时段内，平均入淀水量在影响期较基准期减少了41.65mm（约12.99亿m^3），而气候变化和人类活动造成的天然径流量变化分别为－10.44mm、－31.21mm。因此，气候变化和人类活动对入淀水量的影响率分别为25.1%和74.9%。有研究表明，在白洋淀湿地上游山区，气候变化和人类活动对径流变化的贡献率大约为40%和60%（胡珊珊等，2012）。由于研究区在山区，且位于水库上游，人类活动主要为土地利用变化。

表7.1 气候变化和人类活动对入淀水量影响

参数	ΔQ_T /mm	ΔQ_C /mm	ΔP_L /mm	ΔP /mm	ΔPET /mm	β	γ	P_C /%	P_L /%
数值	−41.65	−10.44	−31.21	−47.83	−14.55	0.24	−0.08	25.1	74.9

7.1.2　人工取用水对入淀水量影响

人类活动对入淀水量影响 ΔQ_L 为负值时，表示人类活动减少了入淀水量，其为正值时，表明存在大量外调水情况，但本书研究时段没有外调水。人工取用水包括了工农业及城镇生活用水、水利工程蓄水。随着社会经济的发展，人工取用水量会增加，作为 ΔQ_L 一部分的 ΔQ_A 为正值，也表示减少了入淀水量，为了与 ΔQ_L 一致，ΔQ_A 取负值。即在减少入淀水量情况下，ΔQ_A 为负，否则为正值。

从表7.2中可以看出，人工取用水量及蒸渗影响对入淀水量变化的影响分别为17.4%和57.5%，这表明人工取用水是湿地入淀水量减少的最主要因素，在如此强烈的影响下，想要通过流域内调节以保证入淀水量将变得很困难，特别是在枯水年份。有资料表明，白洋淀湿地从20世纪90年代开始，基本无天然入淀水量，而从2004年开始，要靠跨流域调水来满足（程朝立等，2011）。

表7.2　人工取用水对入淀水量影响

参数	ΔQ_T/mm	ΔQ_C/mm	ΔQ_L/mm	ΔS/mm	P_A/%	P_E/%
数值	−41.65	−31.21	−23.96	−7.25	57.5	17.4

7.2　湿地生态模型构建与验证

为了科学识别干旱对湿地流场的影响，需要精度较高的水动力学模型模拟该过程。针对白洋淀湿地实际情况，要求模型能对湿地复杂地形、水生植物进行较好的处理，并采用精度较高的数值求解方法。

（1）地形。白洋淀湿地总体上呈浅碟形，由大大小小的多个相连的淀泊组成。在20世纪60年代后，由于大力提倡栽种芦苇，湿地内开垦了大片的芦苇田，其高程在8.00m左右，这使得湿地沟壑纵横，水体破碎化，仅通过小河道连接，地形起伏变化复杂。在2000年以后，湿地内围垦养殖逐渐增多，自由水面面积进一步减少，因此模型应当能较好地处理湿地复杂的地形以及破碎的自由水面。

另外，在湿地干旱的模拟过程中，必然伴随着湿地水位的波动，使得湿地水面边界也在不断变化，这也需要模型对地形有较高精度的表达，同时也要求精度较高计算方法，能在固定网格下实现水面边界动态模拟，防止计算失稳。

(2) 水生植物。湿地特点之一便是有较高的生物多样性。在白洋淀湿地内，有以芦苇、香蒲为优势种的挺水植物，以水鳖、浮萍等为代表的浮水植物，以篦齿眼子菜、金鱼藻、菹草等为代表的沉水植物，这些植物的大面积分布，影响了糙率这一重要水力学参数，从而影响了湿地流场模拟结果。

综合以上两方面模拟需求，本书将采用三角形网格对研究区进行空间剖分，并采用基于水位-体积关系的斜三角形模型处理复杂地形，使地形具有二阶精度，并采用底坡近似法，以保证模型具有和谐性；针对水生植物密布的特点，采用等效糙率系数模拟植物对水流的影响；在数值求解方面，基于能够有效捕捉激波的 Godunov 型有限体积法，采用 HLLC 近似黎曼求解格式，并结合斜率限制器，使模拟结果避免在间断处出现非物理解，保证结果具有较高精度。

7.2.1 控制方程

对于三维 N-S 方程，如果采用 Boussinesq 近似、Boussinesq 假定、静水压强假定及刚盖假定，忽略运动要素在沿垂直方向运动时基本不变的参数，沿水深方向积分并取平均，便可以得到二维浅水动力方程。结合湿地特点，考虑到地形的起伏变化、水生植被较多等特点，将方程写成守恒向量形式，并采用具有和谐形式的近似底坡（Song et al.，2011），控制方程如下：

$$\frac{\partial \boldsymbol{U}}{\partial t}+\frac{\partial \boldsymbol{F}_x}{\partial x}+\frac{\partial \boldsymbol{F}_y}{\partial y}=\frac{\partial \boldsymbol{G}_x}{\partial x}+\frac{\partial \boldsymbol{G}_y}{\partial y}+\boldsymbol{S} \tag{7.1}$$

其中

$$\boldsymbol{U}=\begin{bmatrix} h \\ hu \\ hv \end{bmatrix},\boldsymbol{F}_x=\begin{bmatrix} hu \\ hu^2+\dfrac{1}{2}g(h^2-b^2) \\ huv \end{bmatrix},\boldsymbol{F}_y=\begin{bmatrix} hv \\ huv \\ hv^2+\dfrac{1}{2}g(h^2-b^2) \end{bmatrix}$$

$$\boldsymbol{G}_x=\begin{bmatrix}0\\ \varepsilon h\dfrac{\partial u}{\partial x}\\ \varepsilon h\dfrac{\partial v}{\partial x}\end{bmatrix},\boldsymbol{G}_y=\begin{bmatrix}0\\ \varepsilon h\dfrac{\partial u}{\partial y}\\ \varepsilon h\dfrac{\partial v}{\partial y}\end{bmatrix},\boldsymbol{S}=\begin{bmatrix}0\\ g(h+b)S_{bx}-ghS_{fx}+fhv+c_w\dfrac{\rho_a}{\rho}w^2\sin\alpha\\ g(h+b)S_{by}-ghS_{fy}-fhu+c_w\dfrac{\rho_a}{\rho}w^2\cos\alpha\end{bmatrix}$$

式中：$\boldsymbol{F}_x$、$\boldsymbol{F}_y$ 分别为 x、y 方向对流项向量，$\boldsymbol{G}_x$、$\boldsymbol{G}_y$ 为 x、y 方向扩散项向量；$\boldsymbol{S}$ 为广义源项向量；同时，将方程左边第一项 $\dfrac{\partial \boldsymbol{U}}{\partial t}$ 定义为时间项；h 为水深，m；u、v 分别为 x、y 方向速度分量，m/s；ε 为紊流黏滞系数，m^2/s；g 为重力加速度，m/s^2；f 为柯氏力常数，$f=2\omega\sin\phi$；ω 为地球自转速度，取值为 7.27×10^5 rad/s；ϕ 为纬度；c_w 为风阻力系数（风应力拖拽系数），为 $0.001\times(1.1+0.0536w)$；w 为水面上 10m 处的平均风速，m/s；ρ_a 为空气密度，取值为 $1.23kg/m^3$；ρ 为水的密度，取值为 $1\times10^3kg/m^3$；α 为风向与 y 轴的夹角；n 为水底糙率；S_{bx}、S_{by} 分别为 x、y 方向底坡（河床）斜率。

$$S_{bx}=-\frac{\partial b}{\partial x},\quad S_{by}=-\frac{\partial b}{\partial y} \tag{7.2}$$

S_{fx}、S_{fy} 分别表示 x、y 方向摩擦阻力，主要由水流参数与下垫面情况共同影响。

$$S_{fx}=n^2h^{-\frac{4}{3}}u\sqrt{u^2+v^2},S_{fy}=n^2h^{-\frac{4}{3}}v\sqrt{u^2+v^2} \tag{7.3}$$

$$\varepsilon=\alpha k v_t h \tag{7.4}$$

$$v_t=\sqrt{gn^2h^{-\frac{1}{3}}(u^2+v^2)} \tag{7.5}$$

其中：α 一般取 0.2，k 为卡门系数，取 0.4。接下来讨论模型谢才系数取值。

（1）有植物水域。考虑到湿地中植被大面积分布，可以分为挺水植物、沉水植物和浮水植物。生长在水中植物会对水流运动产生影响，因此，在模拟过程中，将水流曼宁系数与水中植被阻力整合，形成等效曼宁系数。本书忽略淹水植物的阻力影响，并只对芦苇进行计算，于是非淹水植物谢才系数为

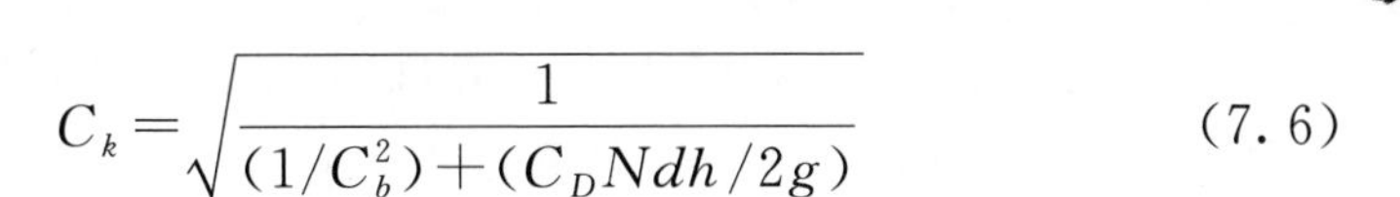

$$C_k = \sqrt{\frac{1}{(1/C_b^2) + (C_D N d h / 2g)}} \tag{7.6}$$

$$n = h^{\frac{1}{6}} / C_k \tag{7.7}$$

式中：C_b 为水底基质形成的阻力系数；C_D 为植物拖拽系数，取值为 1.0（Cheng，2011）；N 为单位面积里的植物株数，株/m^2，根据野外调查获取的数据确定；d 为单株植物直径，m；h 为水深，m；g 为重力加速度，m/s^2。

由于水底基质阻力不好估算，因此本书利用忽略了水底基质阻力系数的式（7.6）计算谢才系数，而后采用式（7.7）计算植被糙率，最后加上无植物时曼宁糙率，才是等效曼宁糙率。

（2）无植物水域。在研究区，还存在较大面积水域里没有生长植物。对于这部分区域，通常是根据历史资料对曼宁糙率系数进行率定，但就本书而言，如果采用率定方式，其结果包含了植物糙率，并且植物在不同年份分布状况是不一样的，不能使率定结果保持一致，因此本书无植物水域糙率采用直接取值的方式。考虑到湿地河床以黏土为主，因此糙率 n 取 $0.02 s/m^{1/3}$。

7.2.2 空间离散

空间离散主要是采用多边形（多面体）对模拟区进行剖分，对于二维情况，通常多边形采用三角形、四边形等，该多边形称为控制单元。如果剖分单元间按照行、列顺序排列，则可以称为结构网格，否则为非结构网格，一般结构网格计算精度要高于非结构网格，但非结构网格对复杂边界有更好的拟合性（谭维炎，1998）。

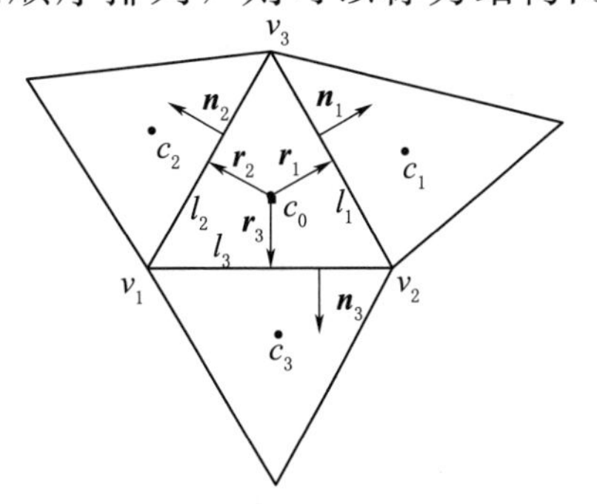

图 7.1 三角形网格空间拓扑关系

本书采用三角形非结构网格进行空间离散，变量值定义在中心，而地形高程则定义在三角形顶点，最后网格的空间拓扑关系见图 7.1。图 7.1 中 c_0 表示控制单元，v、l、

n、**r** 分别表示控制单元的顶点、界面（二维情况下是边）、界面的单位外法向量和单元中心点到界面中点的向量，c_1、c_2、c_3 分别表示与控制单元相邻的网格。它们的编号是按照逆时针顺序编排，与顶点相对的界面和邻接单元网格具有相同编号，而界面的单位外法向量和单元中心点到界面的中点的向量编号与该界面相同。

浅水运动方程相比于其他动力学方程而言，需要考虑地形和摩擦阻力项，这是它们之间的最大区别（潘存鸿，2010）。模型对于地形的表达，可分为将底高程定义在离散网格中心和定义在顶点两种格式，前一种格式是将控制单元地形平均到中心点，因此只具有一阶精度；对于后一种格式，则可以体现地形的起伏变化，具有二阶精度（杨学斌，2008）。本书采用后一种格式，即斜底三角模型。假设控制单元 D 三个顶点的底高程分别为 b_1、b_2、b_3，并且有 $b_3 \geqslant b_2 \geqslant b_1$，则水面与斜底三角形模型存在三种关系，即：①水面淹没最低顶点；②淹没两个顶点；③全淹没，如图 7.2 中阴影所示，根据 Begnudelli 等提出的水位-体积关系，则控制单元水深与水位间存在如下换算公式（Begnudelli et al.，2006；Song et al.，2011）：

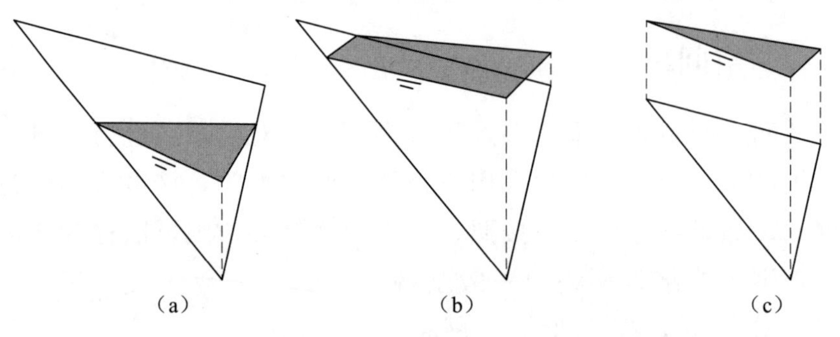

图 7.2　斜底三角形模型 3 种水面淹没状况

已知水深，计算水位

$$\eta=\begin{cases} b_1+\sqrt[3]{3h(b_2-b_1)(b_3-b_1)}, & \text{if } b_1<\eta\leqslant b_2 \\ \dfrac{1}{2}(-\gamma_1+\sqrt{\gamma_1^2-4\gamma_2}), & \text{if } b_2<\eta\leqslant b_3 \\ h+\dfrac{b_1+b_2+b_3}{3}, & \text{if } \eta>b_3 \end{cases} \tag{7.8}$$

其中，$\gamma_1=b_3-3b_1$，$\gamma_2=3hb_1-3hb_3-b_2b_3+b_1b_2+b_1^2$

已知水位，计算水深：

$$h=\begin{cases}\dfrac{(\eta-b_1)^3}{3(b_2-b_1)(b_3-b_1)}, & \text{if } b_1<\eta\leqslant b_2\\[2ex] \dfrac{\eta^2+\eta b_3-3\eta b_1-b_2b_3+b_1b_2+b_1^2}{3(b_3-b_1)}, & \text{if } b_2<\eta\leqslant b_3\\[2ex] \eta-\dfrac{b_1+b_2+b_3}{3}, & \text{if } \eta>b_3\end{cases} \tag{7.9}$$

对式（7.8）进行求解时，先要判别水位 η，但水位本身就是要求解的对象，因此采用试错法进行求解，即先根据控制方程计算出单元水深 h，代入式（7.8）计算水位 η，直到计算结果满足判断条件。

7.2.3 数值求解

本书采用有限体积法对式（7.1）进行离散，即对于任意控制体 V，方程两边积分可得

$$\frac{\partial}{\partial t}\int_V \boldsymbol{U}\mathrm{d}V+\int_V\left(\frac{\partial \boldsymbol{F}_x}{\partial x}+\frac{\partial \boldsymbol{F}_y}{\partial y}\right)\mathrm{d}V=\int_V\left(\frac{\partial \boldsymbol{G}_x}{\partial x}+\frac{\partial \boldsymbol{G}_y}{\partial y}\right)\mathrm{d}V+\int_V \boldsymbol{S}\mathrm{d}V \tag{7.10}$$

考虑到是进行二维计算，相应的控制体 V 就变为闭合控制面 D，根据格林（Green）公式，可以将对控制面 D 的积分转化为沿控制面 D 的边界曲线 L 的曲线积分：

$$\frac{\partial}{\partial t}\int_D \boldsymbol{U}\mathrm{d}A+\oint_L(\boldsymbol{F}_x+\boldsymbol{F}_y)\cdot\boldsymbol{n}\mathrm{d}L=\oint_L(\boldsymbol{G}_x+\boldsymbol{G}_y)\cdot\boldsymbol{n}\mathrm{d}L+\int_D \boldsymbol{S}\mathrm{d}A \tag{7.11}$$

式中：A 为控制单元 D 的面积；$\boldsymbol{n}$ 为控制单元交界面的单位外法向量（图 7.1）。

令 $\boldsymbol{F}=(\boldsymbol{F}_x,\boldsymbol{F}_y)^{\mathrm{T}}$，$\boldsymbol{G}=(\boldsymbol{G}_x,\boldsymbol{G}_y)^{\mathrm{T}}$，对于空间离散采用三角形网格的情况，对流项和扩散项可表示为

$$\oint_L (\boldsymbol{F}_x + \boldsymbol{F}_y) \cdot \boldsymbol{n} \mathrm{d}L = \oint_L \boldsymbol{F} \cdot \boldsymbol{n} \mathrm{d}L = \sum_{j=1}^{3} \boldsymbol{F}_j \cdot \boldsymbol{n}_j l_j \tag{7.12}$$

$$\oint_L (\boldsymbol{G}_x + \boldsymbol{G}_y) \cdot \boldsymbol{n} \mathrm{d}L = \oint_L \boldsymbol{G} \cdot \boldsymbol{n} \mathrm{d}L = \sum_{j=1}^{3} \boldsymbol{G}_j \cdot \boldsymbol{n}_j l_j \tag{7.13}$$

对于时间项和源项，如果变量$\boldsymbol{U}$、$\boldsymbol{S}$采用控制单元D_i积分均值表示，即

$$\boldsymbol{U} = \boldsymbol{U}_i = \frac{1}{A_i}\int_{D_i} \boldsymbol{U} \mathrm{d}A \tag{7.14}$$

$$\boldsymbol{S} = \boldsymbol{S}_i = \frac{1}{A_i}\int_{D_i} \boldsymbol{S} \mathrm{d}A \tag{7.15}$$

结合式（7.12）～式（7.15），式（7.11）可变为

$$A_i \frac{\mathrm{d}\boldsymbol{U}_i}{\mathrm{d}t} + \left(\sum_{j=1}^{3} \boldsymbol{F}_j \cdot \boldsymbol{n}_j l_j\right)_i = \left(\sum_{j=1}^{3} \boldsymbol{G}_j \cdot \boldsymbol{n}_j l_j\right)_i + \boldsymbol{S}_i A_i \tag{7.16}$$

其中，下标i表示控制单元D_i的值；l_j为控制单元D_i第j条边的边长。

下面分别对对流项、扩散项、时间项及源项求解过程进行讨论。

7.2.3.1　对流通量数值求解

在前面对控制方程离散时，对控制单元取值采用积分平均值，因此，函数值在不同单元间呈阶梯状间断分布（见图7.3）。在数学上把这类问题称为黎曼问题（刘儒勋等，2003），如式（7.17）的

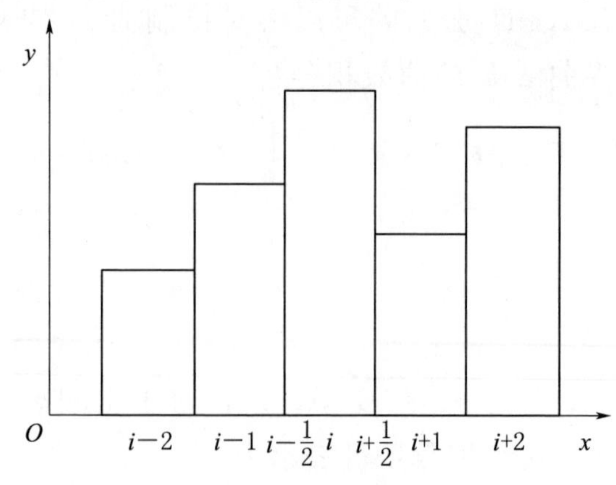

图7.3　黎曼问题

形式，其求解思路是以单元界面为间断面，将相邻控制单元分解成左右单元，采用一定方法（通常称为求解器）计算左右两边单元的通量，但由于对于变量定义在控制单元中心的网格，需要将单元值（通常是单元积分均值）重构到单元界面，这样便可以计算单元间通量了，下面将对这一过程进行讨论。

对于控制单元任意一条边的对流通量有

$$\frac{\partial \boldsymbol{U}}{\partial t}+\frac{\partial \boldsymbol{f}(\boldsymbol{U})}{\partial x}=0$$

$$\boldsymbol{U}(x,t_n)=\begin{cases}\boldsymbol{U}_L, x\leqslant 0\\ \boldsymbol{U}_R, x>0\end{cases} \tag{7.17}$$

其中，$\boldsymbol{U}_L$、$\boldsymbol{U}_R$ 分别为间断面左右两侧变量，对于控制单元，规定指向单元格内侧为左，指向单元格外侧为右。

对于二维非结构网格，由于控制单元间中心连线与界面不一定垂直，因此，数值通量是沿外法线方向求解，其计算方式可以分为两种（谭维炎，1998）：一是先将守恒物理量投影到局部坐标系，沿界面法向方向将二维问题转化为一维问题，在计算出各法向通量后，再将动量通量反投影到全局坐标中，即局部黎曼解方式；二是根据界面两侧状态，分别求解沿 x、y 方向的分裂方程（不需要投影到局部坐标系）的两个一维黎曼问题，然后将所得通量值投影到法向得法向通量。以上两种方法计算有差别，但由于后者要计算两次黎曼问题，计算较烦琐而很少用。

利用局部黎曼解思想，通过旋转坐标系，以外法向量为 x 轴，建立局部坐标系 x'、y'，根据浅水方程旋转不变性：

$$\boldsymbol{F}(\boldsymbol{U})\cdot\boldsymbol{n}=\boldsymbol{F}(\boldsymbol{U}_L,\boldsymbol{U}_R)\cdot\boldsymbol{n}=\boldsymbol{T}^{-1}(\boldsymbol{n})\cdot\boldsymbol{F}_x\cdot[\boldsymbol{T}(\boldsymbol{n})\cdot\boldsymbol{U}_L,\boldsymbol{T}(n)\cdot\boldsymbol{U}_R)] \tag{7.18}$$

其中，$\boldsymbol{T}$、$\boldsymbol{T}^{-1}$ 分别为旋转矩阵及其逆矩阵，可以表示为

$$\boldsymbol{T}(\boldsymbol{n})=\begin{bmatrix}1 & 0 & 0\\ 0 & n_x & n_y\\ 0 & -n_y & n_x\end{bmatrix},\boldsymbol{T}^{-1}(\boldsymbol{n})=\begin{bmatrix}1 & 0 & 0\\ 0 & n_x & -n_y\\ 0 & n_y & n_x\end{bmatrix}$$

于是有

$$\hat{\boldsymbol{U}}=\boldsymbol{T}(\boldsymbol{n})\cdot\boldsymbol{U}=\begin{bmatrix}h\\h(un_x+vn_y)\\h(-un_y+vn_x)\end{bmatrix}=\begin{bmatrix}h\\hu_n\\hu_t\end{bmatrix}\tag{7.19}$$

$$\boldsymbol{F}_x(\hat{\boldsymbol{U}})=\begin{bmatrix}hu_n\\hu_n^2+\frac{1}{2}g(h^2-b^2)\\hu_nu_t\end{bmatrix}\tag{7.20}$$

其中，$u_n=un_x+vn_y$、$u_t=-un_y+vn_x$ 分别表示单元界面法向和切向流速。于是将二维黎曼问题转变为了一维求解，式（7.18）可写为

$$\boldsymbol{F}(\boldsymbol{U})\cdot\boldsymbol{n}=\boldsymbol{T}^{-1}\cdot\boldsymbol{F}_x(\hat{\boldsymbol{U}})=\begin{bmatrix}hu_n\\huu_n+\frac{1}{2}g(h^2-b^2)n_x\\hvu_n+\frac{1}{2}g(h^2-b^2)n_y\end{bmatrix}\tag{7.21}$$

黎曼问题可以采用精确黎曼方法求解，但是该方法要分情况采用牛顿迭代法求解，比较烦琐。后来，学者们发现可以采用近似方法来求解，即近似黎曼解，且精度也能满足要求。近似黎曼解的求解器也有很多种，著名的有 Roe 求解器、HLL 求解器、HLLC 求解器、Osher 求解器等。本书采用不需要进行熵校正的 HLLC 求解器（Song et al.，2011），具体计算过程如下：

$$\boldsymbol{F}(\boldsymbol{U})\cdot\boldsymbol{n}=\begin{cases}\boldsymbol{F}_L, & \text{if}\quad 0\leqslant S_L\\\boldsymbol{F}_{*,L}, & \text{if}\quad S_L\leqslant 0\leqslant S_*\\\boldsymbol{F}_{*,R}, & \text{if}\quad S_*\leqslant 0\leqslant S_R\\\boldsymbol{F}_R, & \text{if}\quad 0\geqslant S_R\end{cases}\tag{7.22}$$

其中，$\boldsymbol{F}_L=\boldsymbol{F}(\boldsymbol{U}_L)\cdot\boldsymbol{n}$、$\boldsymbol{F}_R=\boldsymbol{F}(\boldsymbol{U}_R)\cdot\boldsymbol{n}$ 采用式（7.21）计算，$\boldsymbol{U}_L$、$\boldsymbol{U}_R$ 通过重构获取，在后面重构小节将详细说明。S_L、S_*、S_R 分别表示左行激波、中间接触波及右行激波的波速。而对于左、

右接触波$\boldsymbol{F}_{*L}$、$\boldsymbol{F}_{*R}$采用下式计算：

$$\boldsymbol{F}_{*M}=\begin{bmatrix}\boldsymbol{H}_*^1\\ \boldsymbol{H}_*^2 n_x-u_{t,M}\boldsymbol{H}_*^1 n_y\\ \boldsymbol{H}_*^2 n_y+u_{t,M}\boldsymbol{H}_*^1 n_x\end{bmatrix},\quad M=L,R \tag{7.23}$$

其中，$\boldsymbol{H}_*^1$、$\boldsymbol{H}_*^2$为对流法向通量第一、第二分量，其计算采用HLL格式（Toro，2009），即

$$\boldsymbol{H}_*=\frac{S_R S_L(\widehat{\boldsymbol{U}}_R-\widehat{\boldsymbol{U}}_L)+S_R\boldsymbol{F}_x(\widehat{\boldsymbol{U}}_L)-S_L\boldsymbol{F}_x(\widehat{\boldsymbol{U}}_R)}{S_R-S_L} \tag{7.24}$$

对于波速S_L、S_*、S_R的近似估算考虑波的特性及水深情况，采用Einfeldt计算式（Einfeldt，1988；Einfeldt et al.，1991），有

$$S_L=\begin{cases}\min(u_{n,L}-\sqrt{gh_L},\ u_{n,*}-\sqrt{gh_*}), & \text{if}\quad h_L>0\\ u_{n,R}-2\sqrt{gh_R}, & \text{if}\quad h_L=0\end{cases} \tag{7.25}$$

$$S_R=\begin{cases}\max(u_{n,R}+\sqrt{gh_R},\ u_{n,*}+\sqrt{gh_*}), & \text{if}\quad h_R>0\\ u_{n,L}+2\sqrt{gh_L}, & \text{if}\quad h_R=0\end{cases} \tag{7.26}$$

其中，h_*、$u_{n,*}$采用Roe平均（Toro，2009），有

$$h_*=\frac{1}{2}(h_L+h_R) \tag{7.27}$$

$$u_{n,*}=\frac{u_{n,L}\sqrt{h_L}+u_{n,R}\sqrt{h_R}}{\sqrt{h_L}+\sqrt{h_R}} \tag{7.28}$$

$$S_*=\frac{S_L h_R(u_{n,R}-S_R)-S_R h_L(u_{n,L}-S_L)}{h_R(u_{n,R}-S_R)-h_L(u_{n,L}-S_L)} \tag{7.29}$$

在以上方程中，速度u、v及水深h的下标L和R表示这些值是界面值，需要根据控制单元中心值进行重构，具体方法见重构节。

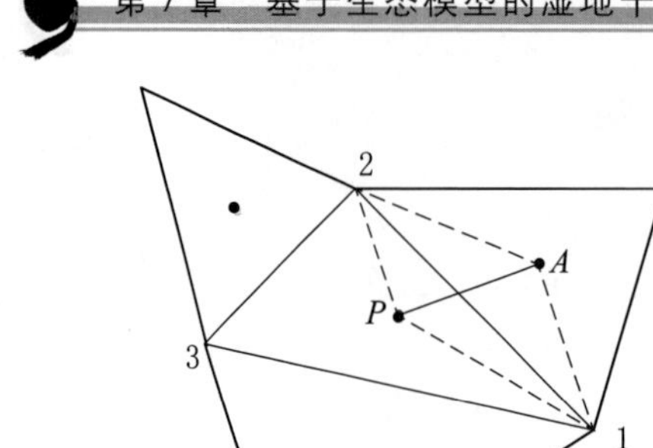

图7.4 扩散通量求解示意图

7.2.3.2 扩散通量数值求解

对于扩散项，采用作辅助图形的方法计算，如图7.4中虚线部分所示，其面积为A_0，该方法在非结构网格计算中具有较高的精度（Lien，2000；华祖林等，2010）。假设辅助四边形内$\frac{\partial \phi}{\partial x}$、$\frac{\partial \phi}{\partial y}$是常数分布，根据格林（Green）公式，有

$$\frac{\partial \phi}{\partial x} \approx \frac{1}{A_0}\oint \phi \mathrm{d}y = \frac{1}{A_0}\sum_{j=1}^{4} \phi_j \cdot n_x l_j \tag{7.30}$$

$$\frac{\partial \phi}{\partial y} \approx -\frac{1}{A_0}\oint \phi \mathrm{d}x = -\frac{1}{A_0}\sum_{j=1}^{4} \phi_j \cdot n_y l_j \tag{7.31}$$

其中，ϕ表示任意变量；l_j表示虚线所围成四边形$P1A2$第j条边的长度；n_x、n_y分别表示边l_j的单位外法向量的2个分量。ϕ_j按边l_j的中心差分计算，如$\phi_1 = \frac{1}{2}(\phi_P + \phi_1)$。四边形四个顶点的坐标分别为$(x_P, y_P)$、$(x_1, y_1)$、$(x_A, y_A)$、$(x_2, y_2)$于是有

$$\frac{\partial \phi}{\partial x} \approx \frac{1}{A_0}\sum_{j=1}^{4} \phi \cdot n_x l_j = \frac{1}{2A_0}[(\phi_A - \phi_P)\Delta y_{12} - (\phi_2 - \phi_1)\Delta y_{PA}] \tag{7.32}$$

$$\frac{\partial \phi}{\partial y} \approx \frac{1}{A_0}\sum_{j=1}^{4} \phi \cdot n_y l_j = -\frac{1}{2A_0}[(\phi_A - \phi_P)\Delta x_{12} - (\phi_2 - \phi_1)\Delta x_{PA}] \tag{7.33}$$

其中，ϕ_P表示控制单元中心值；ϕ_A表示与控制单元相邻单元的中心值；$\Delta y_{12} = y_2 - y_1$，$\Delta y_{PA} = y_A - y_P$，$\Delta x_{12} = x_2 - x_1$，$\Delta x_{PA} = x_A - x_P$。对于四边形面积$A_0$可以采用下式计算：

$$A_0 = \frac{1}{2}[(x_A - x_P)(y_2 - y_1) - (y_A - y_P)(x_2 - x_1)] \tag{7.34}$$

于是对于控制单元第j条边扩散项可表示为

$$\boldsymbol{G}_j \cdot \boldsymbol{n}_j l_j = G_{x,j} n_x l_j + G_{y,j} n_y l_j = \begin{bmatrix} 0 \\ \varepsilon_j h_j l_j \left(\dfrac{\partial u}{\partial x} n_x + \dfrac{\partial u}{\partial y} n_y \right) \\ \varepsilon_j h_j l_j \left(\dfrac{\partial v}{\partial x} n_x + \dfrac{\partial v}{\partial y} n_y \right) \end{bmatrix}$$

$$= \begin{bmatrix} 0 \\ \dfrac{\varepsilon_j h_j}{2A_0} [(u_A - u_P)(\Delta x^2{}_{12} + \Delta y^2{}_{12}) - (u_2 - u_1)(\Delta x_{PA} \Delta x_{12} + \Delta y_{PA} \Delta y_{12})] \\ \dfrac{\varepsilon_j h_j}{2A_0} [(v_A - v_P)(\Delta x^2{}_{12} + \Delta y^2{}_{12}) - (v_2 - v_1)(\Delta x_{PA} \Delta x_{12} + \Delta y_{PA} \Delta y_{12})] \end{bmatrix} \tag{7.35}$$

其中，ε_j、h_j 分别表示单元第 j 条边所在界面的扩散系数和水深，取界面两侧重构值的算术平均值，即

$$\varepsilon_j = \frac{1}{2}(\varepsilon_L + \varepsilon_R) \tag{7.36}$$

$$h_j = \frac{1}{2}(h_L + h_R) \tag{7.37}$$

界面两侧变量的重构方法见重构节。另外，在计算扩散通量时，还需要将控制单元中心值插值到各顶点，插值方法采用与顶点邻接所有单元中心到该顶点距离倒数的加权平均（谭维炎，1998），即

$$\phi_n = \frac{\sum_{i=1}^{M} (\phi^{nc}/d)_i}{\sum_{i=1}^{M} (1/d)_i} \tag{7.38}$$

式中：ϕ_n 为单元第 n 个顶点的值；M 为与顶点 n 邻接的所有单元个数；ϕ^{nc} 为第 M 个单元的中心值；d 为第 M 个单元中心到该顶点的距离。

在利用式（7.38）进行单元顶点插值的时候，由于本书采用斜底三角形底高程模型，对于全干的单元，其 3 个顶点水深、流速必

然都为零，可以不计算；而对于局部淹没单元，对于没有淹没的顶点可能不符合实际情况，但得到的值不会用于界面值重构和扩散通量计算，因此对结果也不影响。于是，在计算过程中只需排除全干单元的计算，这样可以简化程序，提高程序执行率。

7.2.3.3 变量重构及斜率限制函数

从以上计算数值通量过程可以看出，获得控制单元界面两个边的物理量是黎曼问题求解成功的关键。对于将变量值定义在控制单元中心的格式，物理量重构就是指将控制单元中心值通过一定的算法构造到界面上的过程，包括了一阶、二阶甚至高阶精度重构格式，对于重构格式的研究一直是流体力学研究的热点。一阶精度格式假设控制单元内物理量是常数分布，因此，可以将单元中心值作为界面值，但一阶精度耗散性很大，精度较差。于是，就有了二阶、高阶精度的格式，即假设控制单元内物理量按线性、二次甚至多项式分布。随着精度的提高，计算过程也变得复杂。对于结构网格高阶格式，由于网格间有规律的排列，重构过程中需要使用周边单元格，重构相对较易；但对于非结构网格，由于网格排列的不规则，控制单元周边网格搜索困难，高阶重构较复杂。

本书采用的重构方法是在控制单元干湿状态判别的基础上进行。采用前文讨论的斜底三角形模型，底高程布置在单元各顶点，因此，与底高程布置在单元中心的情况，其处理干湿界面的能力更高。干湿状态判别如下：

$$\left.\begin{array}{ll}\eta_i \leqslant b_1, & \text{全干} \\ b_1 < \eta_i \leqslant b_3, & \text{局部淹没} \\ \eta_i > b_3, & \text{全淹没}\end{array}\right\} \tag{7.39}$$

其中，底高程 b_1、b_2、b_3 布置在单元3个顶点，有如下关系：$b_1 \leqslant b_2 \leqslant b_3$；下标 i 表示单元中心值，以下同。

如果控制单元为局部淹没状态，则该单元的各界面（内侧）速度重构值为该单元中心值：

$$\hat{u} = u_i, \qquad \hat{v} = u_i \tag{7.40}$$

式中：$\hat{u}$、$\hat{v}$ 为速度分量的界面重构值；u_i、v_i 为控制单元中心值。

实际上，这里重构的是左侧界面值。

而该单元该侧水深重构采用下式计算：

$$\hat{h}=\begin{cases}0, & \text{if } \eta_i \leqslant b_{\min} \\ \dfrac{(\eta_i-b_1)^2}{2(b_3-b_1)}, & \text{if } b_{\min}<\eta_i \leqslant b_{\max} \\ \eta_i-\dfrac{b_1+b_3}{2}, & \text{if } \eta_i>b_3\end{cases} \tag{7.41}$$

其中，底高程 b_1、b_2、b_3 关系有 $b_3 \geqslant b_2 \geqslant b_1$，$\hat{h}$ 为水深重构值，η_i 为单元水位值。

如果控制单元为全淹没状态，则采用 Jawahar 等（2000）提出的重构方法并结合限制函数计算该单元某界面重构值，即将控制单元中心值重构到界面中心点处：

$$\hat{\phi}_j=\phi_i+\overline{\nabla\phi_i}\cdot \boldsymbol{r} \tag{7.42}$$

式中：ϕ 为任意变量，包括速度、水位等，而其上横线为重构值，下标 j 为重构到单元界面；$\boldsymbol{r}$ 为单元中心点到某界面中点间的向量；$\overline{\nabla\phi_i}$ 为受限制梯度。

$$\overline{\nabla\phi_i}=\psi_i\ \nabla\phi_i \tag{7.43}$$

其中，$\nabla\phi_i$ 为未受限制梯度；ψ_i 为限制函数，采用下式计算：

$$\psi_i=\min_{j=1,2,3}(\psi_j),\quad \psi_j=\begin{cases}\min\left[1,\dfrac{\max(0,\phi_{i,j}^{nc}-\phi_i)}{\phi''_{i,j}-\phi_i}\right], & \text{if}\quad \phi''_{i,j}-\phi_i>0 \\ \min\left[1,\dfrac{\min(0,\phi_{i,j}^{nc}-\phi_i)}{\phi''_{i,j}-\phi_i}\right], & \text{if}\quad \phi''_{i,j}-\phi_i<0 \\ 1, & \text{if}\quad \phi''_{i,j}-\phi_i=0\end{cases} \tag{7.44}$$

其中，$\phi''_{i,j}=\phi_i+\nabla\phi_i\cdot \boldsymbol{r}_{i,j}$ 为第 j 条边未受限制的重构值；ϕ_i 为该单元中心值；$\phi_{i,j}^{nc}$ 为与该单元第 j 条边相邻的单元的中心值。而对于梯度$\nabla\phi_i$ 则假设 i 单元 3 个顶点坐标分别为（x_1，y_1）、（x_2，y_2）、（x_3，y_3），对应的变量值为 p_1、p_2、p_3，按照式（7.45）、

式（7.46）计算（Begnudelli et al.，2006），有

$$\left(\frac{\partial\phi}{\partial x}\right)_i=\frac{(y_3-y_1)(p_2-p_1)+(y_1-y_2)(p_3-p_1)}{(x_2-x_1)(y_3-y_1)-(x_3-y_1)(y_2-y_1)} \tag{7.45}$$

$$\left(\frac{\partial\phi}{\partial y}\right)_i=\frac{(x_1-x_3)(p_2-p_1)+(x_2-x_1)(p_3-p_1)}{(x_2-x_1)(y_3-y_1)-(x_3-y_1)(y_2-y_1)} \tag{7.46}$$

对于水深重构值，则利用水位重构值和底高程计算，有

$$\hat{h}=\hat{\eta}-\frac{b_1+b_3}{2} \tag{7.47}$$

式中符号意义同前。

7.2.3.4　源项数值求解

（1）在式（7.1）中，源项包括了底坡项、摩阻项、柯氏力项及风阻力项。源项的数值处理十分重要，如摩阻项处理不当，会影响结果的稳定性。底坡项的处理，是为了在非平底静水条件下，保证流速为零和水位为常数，避免出现非物理解，通常采用动量通量校正项、水面梯度法等方法进行处理。本书根据宋利祥提出的和谐格式处理，不再需要额外的校正项（Song et al.，2011），即

$$S_{s,x}=-g(h+b)\frac{\partial b}{\partial x} \tag{7.48}$$

$$S_{s,y}=-g(h+b)\frac{\partial b}{\partial y} \tag{7.49}$$

其中，h，b 采用单元中心值。于是，底坡项处理便是计算式（7.48）和式（7.49）的偏导数。

根据不共线三点确定一个平面，可以计算出控制单元底平面方程，从而可以得到该平面沿 x、y 方向的梯度为

$$\frac{\partial b}{\partial x}=\frac{1}{2A}[(y_2-y_3)b_1+(y_3-y_1)b_2+(y_1-y_2)b_3] \tag{7.50}$$

$$\frac{\partial b}{\partial y}=\frac{1}{2A}[(x_3-x_2)b_1+(x_1-x_3)b_2+(x_2-x_1)b_3] \tag{7.51}$$

其中，x_n、y_n 分别是控制单元相应3个顶点的 x、y 坐标，同时这3个顶点须按逆时针方向排序；A 表示控制单元面积，对于任意三角形，面积关系式如下：

$$A=\frac{1}{2}[(x_1-x_2)(y_1-y_2)+(x_2-x_3)(y_2-y_3)+(x_3-x_1)(y_3-y_1)] \tag{7.52}$$

(2) 摩阻项处理采用半隐式形式（Wylie et al.，1993），即假设：

$$\delta=-g\sqrt{u^2+v^2}/C^2h \tag{7.53}$$

采用算子分裂法处理：

$$\frac{\mathrm{d}\boldsymbol{u}}{\mathrm{d}t}=\delta\boldsymbol{u} \tag{7.54}$$

其中，$\boldsymbol{u}$ 表示速度矢量，其 x、y 方向分量为 u、v。

采用半隐式处理式（7.54）

$$\frac{\boldsymbol{u}^{n+1}-\boldsymbol{u}^n}{\Delta t}=\delta^n\boldsymbol{u}^{n+1} \tag{7.55}$$

化简整理后为

$$\boldsymbol{u}^{n+1}=\frac{\boldsymbol{u}^n}{1-\Delta t\delta^n} \tag{7.56}$$

其中，上标 n 表示变量采用第 n 时刻值进行更新。

(3) 柯氏力项采用显示处理，即采用上一时刻速度和水深更新，有

$$s_{k,x}=fhv \tag{7.57}$$

$$s_{k,y}=-fhu \tag{7.58}$$

(4) 风应力项 s_w 根据初始化的参数进行计算。

7.2.3.5 时间项离散

对时间项的处理一般可以分为显格式和隐格式。如果是显格式，在时间段 Δt（从 t 到 $t+\Delta t$ 时刻）上对式（7.16）进行积分，则

$$\int_t^{t+\Delta t}\left(A_i\frac{\mathrm{d}\boldsymbol{U}_i}{\mathrm{d}t}\right)\mathrm{d}t+\int_t^{t+\Delta t}\left(\sum_{j=1}^{3}\boldsymbol{F}_j\cdot\boldsymbol{n}_jl_j\right)_i\mathrm{d}t=\int_t^{t+\Delta t}\left(\sum_{j=1}^{3}\boldsymbol{G}_j\cdot\boldsymbol{n}_jl_j\right)_i\mathrm{d}t+\int_t^{t+\Delta t}(\boldsymbol{S}_iA_i)\,\mathrm{d}t \tag{7.59}$$

$$A_i(\boldsymbol{U}_i^{n+1}-\boldsymbol{U}_i^n)+\left(\sum_{j=1}^{3}\boldsymbol{F}_j^n\cdot\boldsymbol{n}_jl_j\right)_i\Delta t=\left(\sum_{j=1}^{3}\boldsymbol{G}_j^n\cdot\boldsymbol{n}_jl_j\right)_i\Delta t+(S_i^nA_i)\,\Delta t \tag{7.60}$$

整理后，有

$$\boldsymbol{U}_i^{n+1}=\boldsymbol{U}_i^n-\left(\sum_{j=1}^{3}\boldsymbol{F}_j^n\cdot\boldsymbol{n}_j l_j\right)_i\frac{\Delta t}{A_i}+\left(\sum_{j=1}^{3}\boldsymbol{G}_j^n\cdot\boldsymbol{n}_j l_j\right)_i\frac{\Delta t}{A_i}+S_i^n\Delta t \tag{7.61}$$

其中，上标 $n+1$、n 分别表示 $t+\Delta t$、t 时刻的值。

以上是简单的一阶显式格式，但计算结果不稳定，需采用具有二阶及以上精度的格式，考虑到计算效率和精度，本书采用二阶 Runge-Kutta 格式，有

$$\boldsymbol{U}_i^{n+1}=\frac{1}{2}\boldsymbol{U}_i^n+\frac{1}{2}\boldsymbol{U}_i^2 \tag{7.62}$$

其中

$$\boldsymbol{U}_i^{n+1}=\boldsymbol{U}_i^1+\Delta t W(\boldsymbol{U}_i^1)\quad \boldsymbol{U}_i^1=\boldsymbol{U}_i^n+\Delta t W(\boldsymbol{U}_i^n) \tag{7.63}$$

$$W(\boldsymbol{U}_i)=-\frac{1}{A_i}\left(\sum_{j=1}^{3}\boldsymbol{F}_j^n\cdot\boldsymbol{n}_j l_j-\sum_{j=1}^{3}\boldsymbol{G}_j^n\cdot\boldsymbol{n}_j l_j\right)+s_s+s_k+s_w+s_f \tag{7.64}$$

计算步骤如下：

第一步：先计算对流、扩散数值通量及源项，得到

$$\hat{\boldsymbol{U}}_i^1=\hat{\boldsymbol{U}}_i^n+\Delta t\left[-\frac{1}{A_i}\left(\sum_{j=1}^{3}\boldsymbol{F}_j^n\cdot\boldsymbol{n}_j l_j-\sum_{j=1}^{3}\boldsymbol{G}_j^n\cdot\boldsymbol{n}_j l_j\right)+s_s+s_k+s_w\right] \tag{7.65}$$

第二步：利用$\hat{\boldsymbol{U}}_i^1$ 的结果作为初始值，采用式（7.56）更新$\boldsymbol{U}_i^1$ 中的速度，而$\boldsymbol{U}_i^1$ 中的水深保持$\hat{\boldsymbol{U}}_i^1$ 中的值，这一步主要是计算摩阻项的影响；

第三步：根据$\boldsymbol{U}_i^1$ 进行干湿判别，并进行动边界处理，具体讨论见动边界处理节；

第四步：将$\boldsymbol{U}_i^1$ 值作为初始值，重复第一步和第二步，最终得到 $n+1$ 时刻值，并重复第三步。

7.2.3.6　稳定条件

由于时间推进方法采用的是显示格式，其结果稳定性受到

CFL（Courant-Friedrichs-Lewy）条件的限制。对于三角形非结构网格，可以采用以下方式确定时间步长：

$$\Delta t \leqslant C_r \cdot \min_{i,j}\left\{\left[\frac{A}{(|u_n|+\sqrt{gh})_j l_j}\right]_i\right\} \quad (i=1,2,\cdots,N;\ j=1,2,3) \tag{7.66}$$

式中：Δt 为时间步长；C_r 为克朗（Courant）数，$0<C_r\leqslant 1$，一般通过多次计算后获得，本书取 0.8；u_n 和 h 为界面 ROE 平均；N 为网格总数量。

7.2.3.7　动边界处理

在进行湖泊、潮汐、水库等水动力学模拟时，随着时间的推移，水位会涨落变化，因此其水域边界（模拟区域）也会不断变化，这称为动边界。动边界处理的方法很多，从模拟区域处理方法来讲，可以分为固定网格法和动网格法，但后者处理非常复杂，而且计算量大，较少采用。在固定网格法中，又常采用限制水深法、窄缝法、冻结法等方法（王志力，2005；潘存鸿等，2009）。本书将高程定义在控制单元顶点，允许单元局部淹没，与定义在中心时的情形相比，在进行动边界处理时能提高模拟精度。本书将采用固定网格通过判别干/湿单元的方法进行动边界处理。先确定控制单元干/湿状态，然后根据变量重构方法，将水深重构到界面中点。对于干单元，为了避免在单元速度更新时分母出现 0，其水深设置为 1.0×10^{-6}，但其速度为 0。动边界的处理按以下方法进行计算：

（1）如果界面两侧都是干单元，则不计算，没有动量和水量通过界面。

（2）如果界面一侧为干单元，另一侧为局部淹没或者完全淹没单元，则只计算连续方程，不计算动量方程，其相应的干单元一侧速度设置为 0。

（3）如果界面一侧为局部淹没单元，另一侧为局部淹没或者完全淹没单元，则只计算连续方程，不计算动量方程，该单元的速度设置为 0。

(4) 如果界面一侧为完全淹没单元，则不管相邻单元是何种状态，都按前文方法计算对流、扩散数值通量及源项。

7.2.3.8　边界条件

边界可分为两类：一类是陆边界（闭边界或固壁边界），是实际存在的；另一类是水边界（开边界），是人为规定的。对不同的流动，方程是统一的，这决定了解的定性结构，而给定初边值定解条件是解的定量依据（谭维炎，1998）。对于边界处的对流项通量为

$$\boldsymbol{F}(\boldsymbol{U})\cdot\boldsymbol{n}=\begin{bmatrix} h_b u_{n,b} \\ h_b u_b u_{n,b}+\dfrac{1}{2}g(h_b^2-b^2)n_x \\ h_b v_b u_{n,b}+\dfrac{1}{2}g(h_b^2-b^2)n_y \end{bmatrix} \tag{7.67}$$

式中：h_b、$u_{n,b}$ 分别为边界单元界面中点水深和外法向流速；u_b、v_b 分别为边界单元界面中点 x、y 方向流速分量；n_x、n_y 分别为单元边界界面外法向单位向量沿 x、y 方向分量；b 为边界单元界面中点的底高程。

对于边界扩散通量则不计算。以下针对不同的条件，对边界通量进行计算。

(1) 固壁边界。对于静止固壁边界，假设模拟区域内为左侧，区域外为右侧（即逆时针方向为正），则边界水深即为边界左侧单元中心水深，而流速在边界的法向方向为 0，即

$$h_b=h_L,\ u_{n,b}=0 \tag{7.68}$$

(2) 开边界。对于缓流边界（$Fr<1$），根据一维浅水方程的 Riemaim 不变量，并假设逆时针方向为正，有

$$u_{n,b}+2\sqrt{gh_b}=u_{n,L}+2\sqrt{gh_L} \tag{7.69}$$

其中，下标 L 表示变量为模拟区域内边界界面中点处的值。

1) 水位边界条件。如果边界给定水位条件 η，则边界水深 $h_b=\eta-b$，由式（7.67）可得

$$u_{n,b}=u_{n,L}+2\sqrt{gh_L}-2\sqrt{gh_b} \tag{7.70}$$

2）流速边界条件。如果边界上给定边界界面外法向方向的流速 $u_{n,b}$，则由式（7.69）可得

$$h_b = \frac{(u_{n,L} + 2\sqrt{gh_L} - u_{n,b})^2}{4g} \tag{7.71}$$

3）单宽流量边界条件。如果边界上给定其界面外法向方向的单宽流量 $q_{n,b}$，则根据公式 $u_{n,b} = q_{n,b}/h_b$ 可得

$$f(c_b) = c_b^3 - \frac{a_L}{2}c_b^2 + g\frac{q_{n,b}}{2} = 0 \tag{7.72}$$

其中 $\quad c_b = \sqrt{gh_b} \geqslant 0$；$a_L = u_{n,L} + 2\sqrt{gh_L}$

对于式（7.72），当 $q_{n,b} < 0$ 时，为入流边界，采用 Newton-Raphson 迭代法求解，并且将迭代初始值设定为 $c_b = 2a_L/3$；当 $q_{n,b} > 0$ 时，为出流边界，对于缓流条件，选取 $c_b = 2(gq_{n,b})^{1/3}$ 作为 Newton-Raphson 迭代求解的初始值（宋利祥，2012）。

4）断面流量边界条件。如果边界上给定其断面流量 Q，则需要先将其变换为单宽流量，并采用单宽流量的边界条件进行数值通量计算。另外，由于水流断面一般较宽，其淹没部分存在一定的横向比降，计算单宽流量不能简单地采用断面流量除以淹没部分宽度，一般是采用曼宁公式计算，过程如下：

假设流量边界处有 $1 \sim M$ 条边，其边长为 l，根据曼宁公式，有

$$\left(\frac{u_{n,b}}{h_b^{2/3}}\right)^1 = \left(\frac{u_{n,b}}{h_b^{2/3}}\right)^2 = \cdots = \left(\frac{u_{n,b}}{h_b^{2/3}}\right)^M \tag{7.73}$$

则

$$Q = \sum_{k=1}^{M}(h_b u_{n,b} l)^k = \sum_{k=1}^{M}\left(\frac{u_{n,b}}{h_b^{2/3}} h_b^{5/3} l\right)^k = \left(\frac{u_{n,b}}{h_b^{2/3}}\right)^k \sum_{k=1}^{M}(h_b^{5/3} l)^k \tag{7.74}$$

于是，第 k 条边的流量为

$$Q^k = (h_b u_{n,b} l)^k = \frac{Q(h_b^{5/3} l)^k}{\sum_{k=1}^{M} (h_b^{5/3} l)^k} \tag{7.75}$$

其单宽流量为

$$q_{n,b}^k = \left(\frac{Q}{l}\right)^k = \frac{Q(h_b^{5/3})^k}{\sum_{k=1}^{M} (h_b^{5/3} l)^k} \tag{7.76}$$

然后将式（7.76）计算的单宽流量代入式（7.72），进行相应的边界条件求解。

另外，计算数值通量还需计算速度在边界单元界面中点 x、y 方向流速分量 u_b、v_b，考虑将局部坐标系下的流速值转换到笛卡儿坐标系，于是有

$$\begin{cases} u_b = u_{n,b} n_x - u_{t,b} n_y \\ v_b = u_{n,b} n_y + u_{t,b} n_y \end{cases} \tag{7.77}$$

其中，$u_{t,b}$ 表示边界界面切向流速，假设其值等于边界界面所在控制单元中心的值，即

$$u_{t,b} = u_{t,L} \tag{7.78}$$

基于以上计算 h_b、$u_{n,b}$、u_b、v_b 的结果，采用式（7.67）可以计算出边界数值通量。

7.2.4　计算流程

在确定了研究区范围后，采用三角形非结构网格进行空间离散，并生成空间拓扑关系；根据湿地植物的分布，对水域和植被区域分别计算糙率系数，水底高程根据湿地 DEM 赋值；在对流速初始化时，由于缺少实测数据，采用已有的初始条件（边界条件、水位、水底高程等，其流速初始值为 0）计算恒定时的流速作为初始流速；然后对模拟区域进行干、局部淹没和淹没状态判别，为下一步计算做准备；对判定为局部淹没和淹没状态的控制单元进行界面物理量重构，并利用斜率限制函数修正；基于界面重构值和边界条件，结合动边界处理条件，计算对流、扩散及源项数值通量，进行

第一时间步更新；利用第一时间步的结果，重复界面重构和数值通量计算的过程，得到一个时间步长的模拟结果；如果未达到设定的模拟时长，则将根据湿地植物生长与流场的关系更新植物区域，其他物理量也将被上一个时间步长的结果更新，然后重复以上步骤，直到模拟结束；最后对模拟结果作图、分析。计算流程见图 7.5。

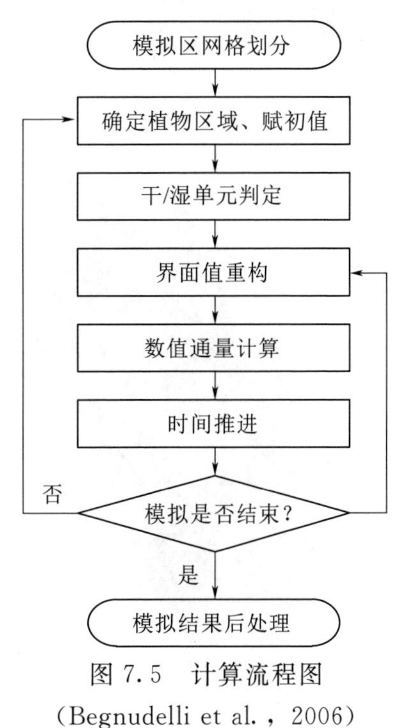

图 7.5 计算流程图

(Begnudelli et al.，2006)

7.2.5 模型验证

7.2.5.1 静水算例验证

为了验证模型在复杂地形下是否具有和谐型，以及对干湿单元的处理能力，采用一静水算例进行验证。该算例为一矩形区域，长 75m，宽 30m，其地形按以下公式计算：

$$b=\max\Big[0,1-\frac{1}{8}\sqrt{(x-30)^2+(y-6)^2},\\ 1-\frac{1}{8}\sqrt{(x-30)^2+(y-24)^2},\\ 3-\frac{1}{10}\sqrt{(x-47.5)^2+(y-15)^2}\Big] \quad (7.79)$$

最终地形如图 7.6（a）所示，形成以高约 3m 的大障碍物和两个对称的高约为 1m 的小障碍物。模拟时不考虑摩擦阻力项，区域四周为固壁边界，初始水位为 1.5m，流速为 0，检验模拟结果的水位、流速是否保持初始值，即静水状态。

本书采用三角形网格进行剖分，每个三角形边长约 1m，共计 5082 个网格，2647 个节点，模拟了 $t=700$s 时的流场情况。从图 7.6 可以看出，水位保持在 1.5m 的初始状态，并且流速 u、v 都为 0，这表明流场处于静水状态，模型具有和谐型。

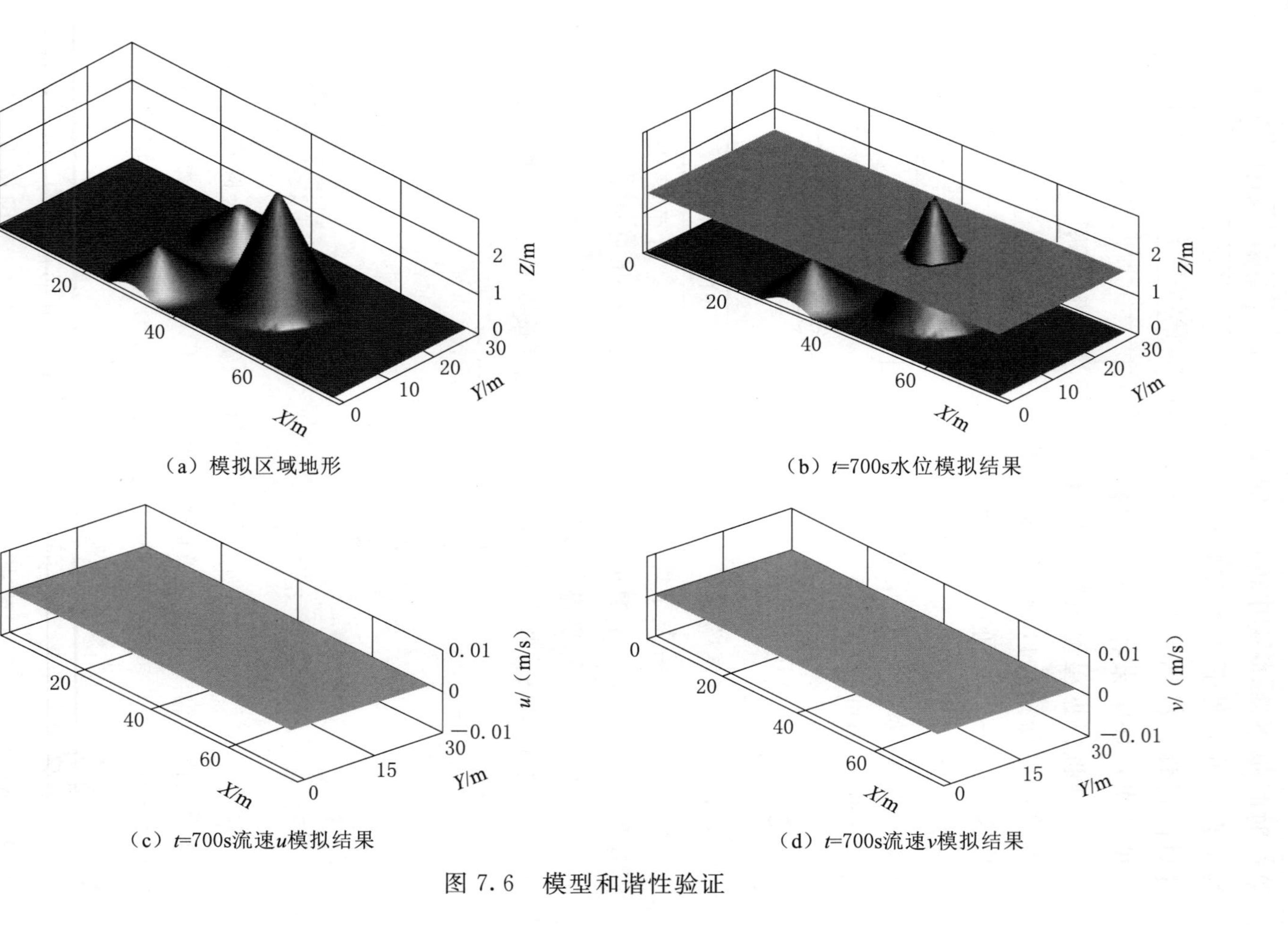

（a）模拟区域地形

（b）t=700s水位模拟结果

（c）t=700s流速u模拟结果

（d）t=700s流速v模拟结果

图 7.6　模型和谐性验证

7.2.5.2 复杂地形溃坝水流

在实际情况中，水流不完全是静水状态，大部分是流动状态，并且水位涨落很普遍。作为极端情况的溃坝水流，极短时间内水位波动很大，可以用来检验模型对大间断解的计算以及动边界处理能力（Liang et al.，2009；岳志远等，2011）。采用上一节的地形条件和网格剖分结果，假设在 $x=16$m 处有一大坝，大坝厚度不计，坝体上游初始水位为 1.875m，初始流速为 0，下游为干底河床，河床糙率为 $0.018\text{s/m}^{1/3}$，模拟区四周还是为固壁边界。

图 7.7 是 0～400s 水流在复杂地形上演进过程模拟结果。在模拟结果中，当水流遇到障碍时能明显看到水跃现象，如 $t=2$s、$t=10$s 时所示；而当水流遇到障碍包括遇到下游边界时，会形成反射

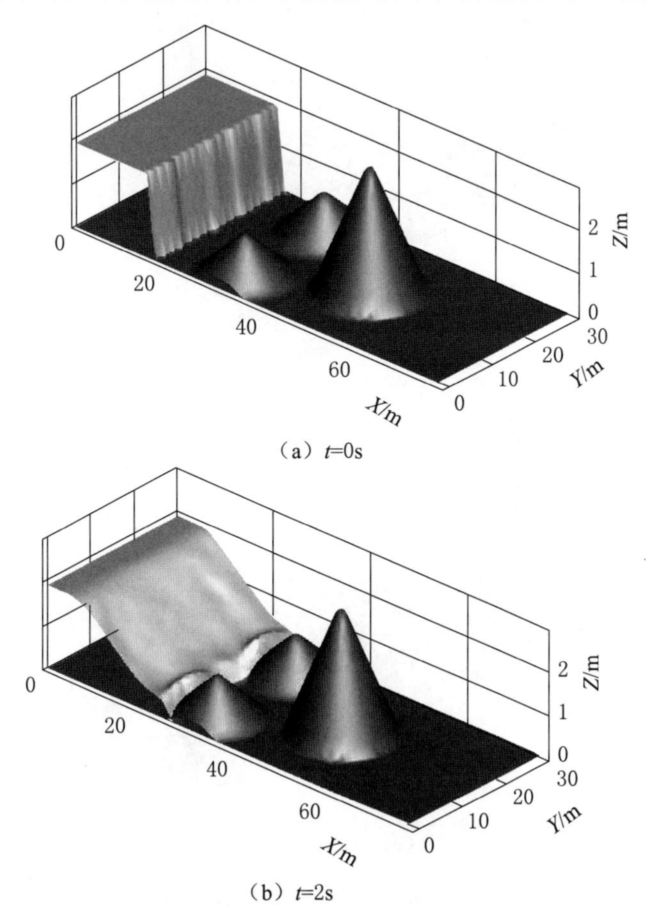

（a）t=0s

（b）t=2s

图 7.7（一） 复杂地形溃坝水流变化过程模拟

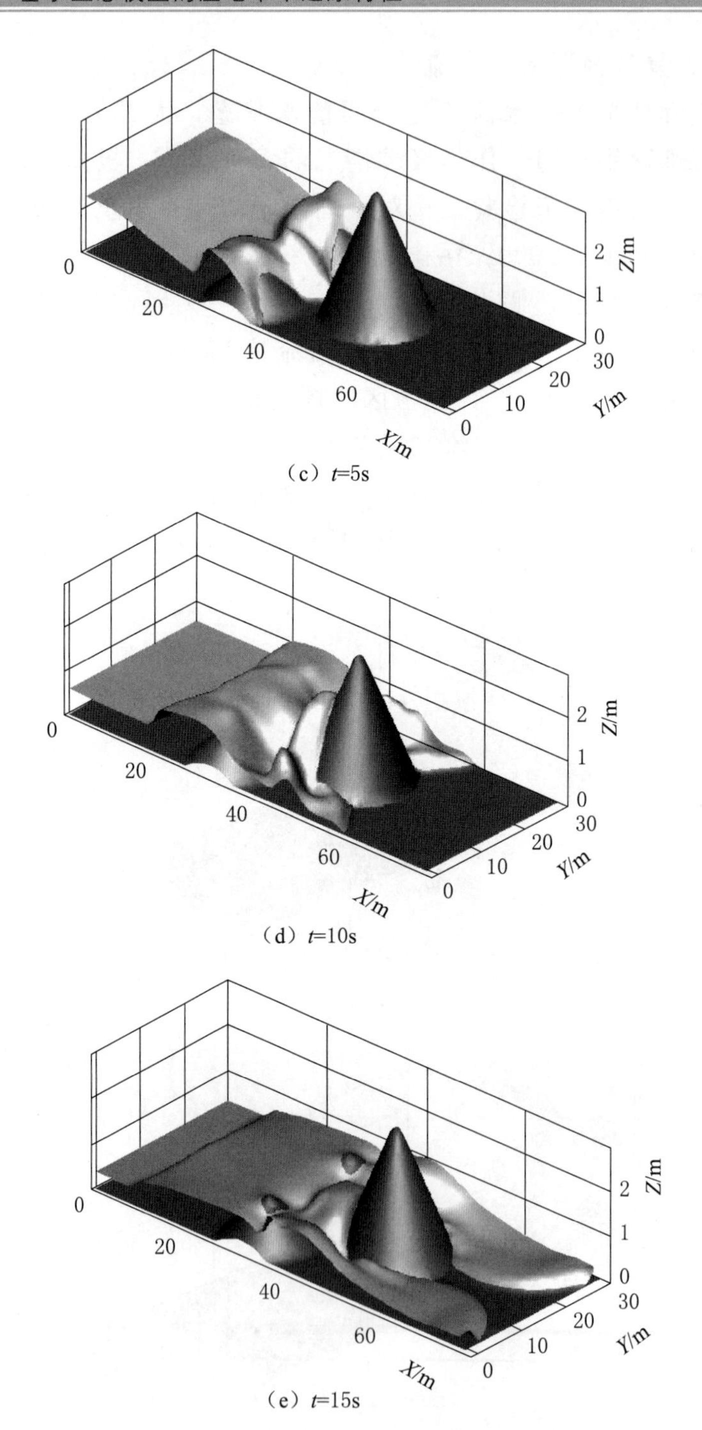

（c）t=5s

（d）t=10s

（e）t=15s

图 7.7（二）　复杂地形溃坝水流变化过程模拟

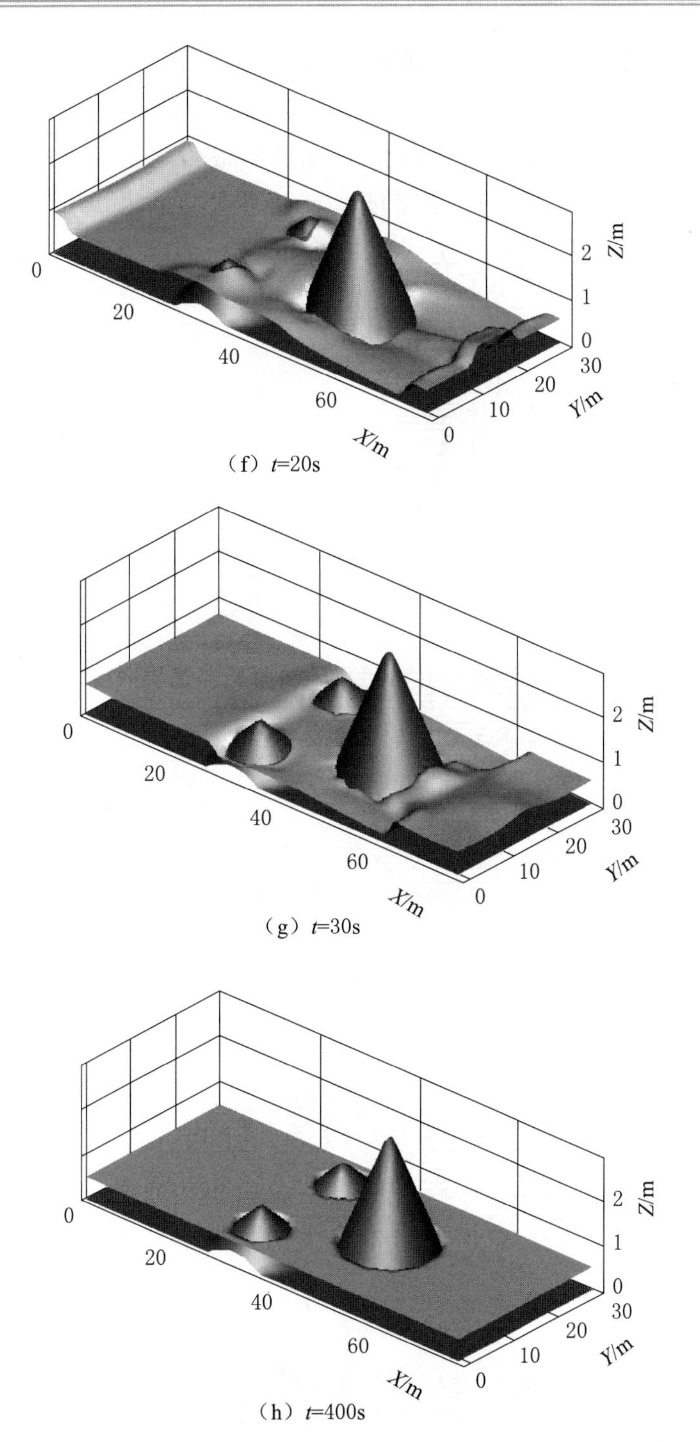

（f）t=20s

（g）t=30s

（h）t=400s

图 7.7（三） 复杂地形溃坝水流变化过程模拟

波并向上游传播，并在大障碍物周围形成了绕流，如 $t=15s$、$t=30s$ 时所示；在整个水流演进过程中，两个小的障碍先被淹没，后来逐渐显露，而大的障碍一直未被淹没，最后水流趋于静水状况。

图 7.8 显示了复杂地形溃坝水流流速在不同时刻的模拟结果，结合图 7.7 的模拟结果，更完整展现了水波传播过程。

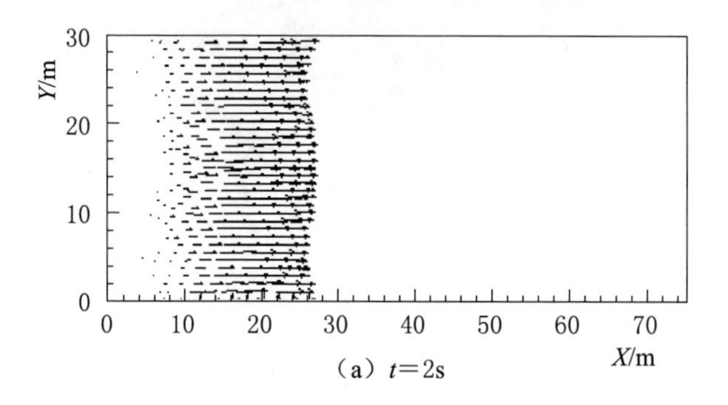

（a）$t=2s$

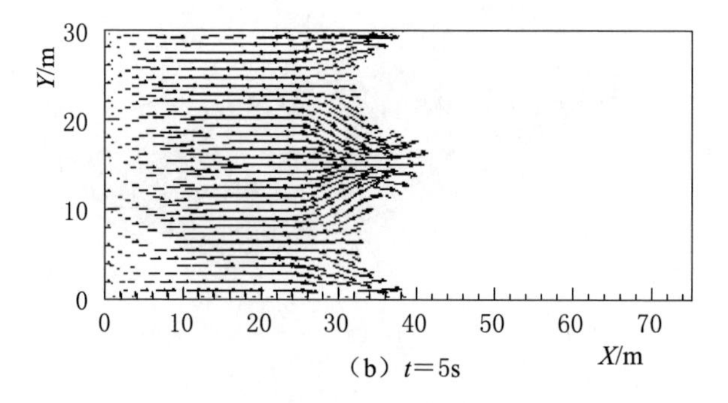

（b）$t=5s$

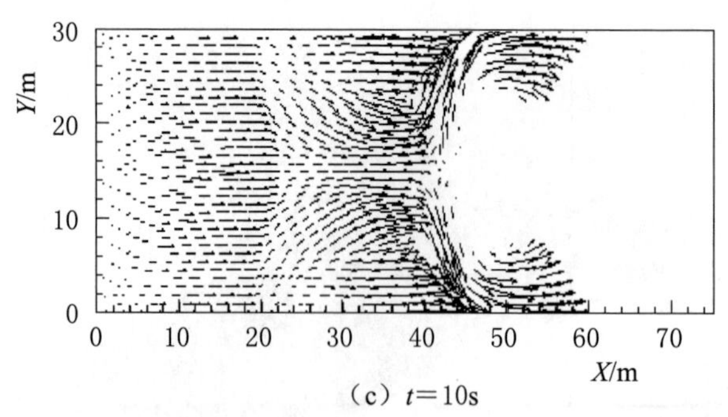

（c）$t=10s$

图 7.8（一）　复杂地形溃坝水流流速在不同时刻模拟结果

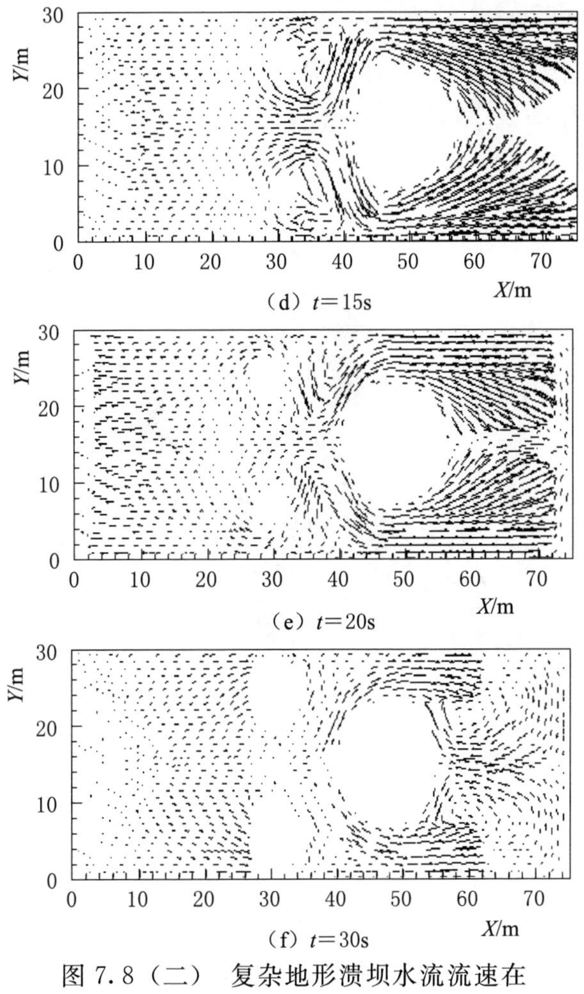

图 7.8（二） 复杂地形溃坝水流流速在不同时刻模拟结果

7.3 不同情景下湿地干旱还原

采用三角形网格对白洋淀湿地进行空间离散，边长为 100～1500m，最后划分节点 3700 个，三角形单元 7116 个（图 7.9）。需要说明的是，由于湿地地形复杂，在自然因素和人类活动干扰下，自由水面大面积萎缩，对模拟地形做了如下概化：

（1）为了保证湿地水体连通，对主要河道进行了局部加密，将主要河道高程设置为5.30m（湿地通常在5.50m干淀）。

（2）湿地范围内人工围垦养殖很厉害，影响了水体的自由流动，并且还有芦苇园田的大量存在，因此这些区域高程被设定为7.80m。

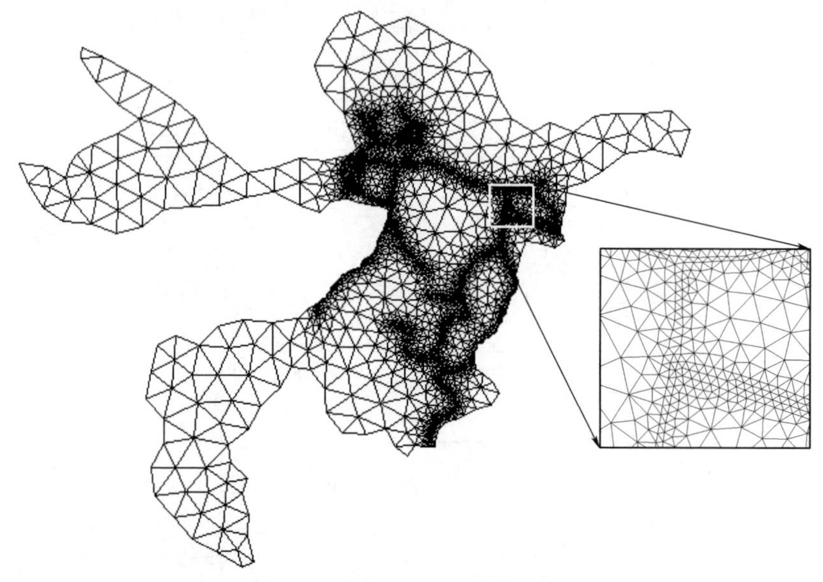

图7.9　白洋淀湿地三角形网格离散图

基于空间离散网格，时间步长为1s，利用2007年5月12日湿地遥感影像提取水面面积对模型模拟精度进行验证，这时的端村水位观测值为6.72m［见附图8（a)］。遥感影像是5月的，这时芦苇叶子基本未展开，因此在模拟时可以不考虑芦苇对水面的覆盖，只考虑芦苇的等效糙率。其计算过程是：在综合野外调查和文献分析的基础上，得出水中芦苇主要生长在水深0.0～1.0m范围内，在忽略水深变化对芦苇直径和数量影响的基础上，在每个模拟时间步长内更新芦苇分布区域，进而更新模型糙率。在模拟时，考虑到湿地未进行补水，按静水状态进行模拟。由于湿地河道较窄，提取水面时未能提取，但在模拟时对主要河道进行了适当处理，因此模拟结果里面各水体通过河道得以连通。另外，与水面实际分布相比，主要有3个区域有较大区别，见附图8（b)椭圆形区域，湿地中心区域存在大面积围堤养殖情况；左下角的区域则被开垦为了水田；右下角的区域则被开垦种植莲藕，以上区域虽然有水体存在，但基本不能自由流动，将其高程适当增高，因此这与实际水面分布有差异。综合以上分析，模型模拟结果与实际水面分布基本一致。

湿地干旱过程是水位下降的过程，因此可以通过模拟湿地不同水位流场表示湿地干旱过程中流场状态。附图9显示了模型对水位分别为7.1m、8.1m时的水面分布模拟结果。当水位为7.1m时，水面面积比6.72m时有所增加，但变化不明显；而当水位为8.1m时，整个白洋淀湿地大部分都被淹没。如果对控制单元水深计算面积加权平均，模拟水位5.50～9.00m时的平均水深，每隔0.1m模拟1次，并画出水位-平均水深变化图（图7.10）。由图7.10可以

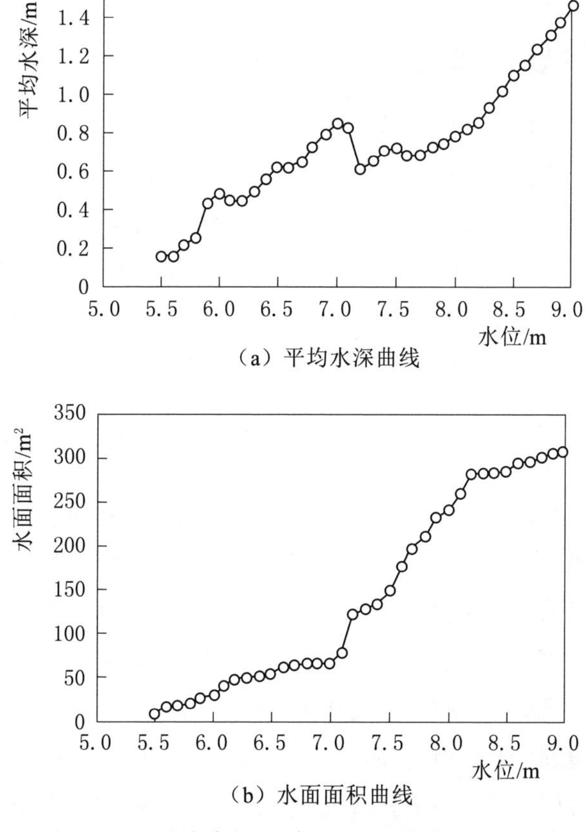

（a）平均水深曲线

（b）水面面积曲线

图7.10 平均水深、水面面积随水位变化图

看出，在水位为5.50m时，平均水深为0.16m，而当水位为8.50m时，平均水深约为1.1m。平均水深的变化不是一直增加或者减少，而是在水位为7.1m时出现了较大转折，这是由于湿地地形在水位为7.10m时面积较大。而对湿地流速的模拟结果表明，其平均流速小于1.0×10^{-4}m/s，这也表明风应力对湿地流速基本没有影响。

图7.10（b）显示了自由水面面积随水位的变化过程。可以将其变化过程分为3段：水位小于7.00m、7.00～8.00m以及大于8.00m。水位在7.00～8.00m时增加趋势最明显，而当超过8.00m后，面积变化趋于稳定。

7.4 干旱情景下湿地生态脆弱性评价

7.4.1 评价总体思路

关于脆弱性的定义较多，其研究领域也较广，涉及自然灾害、社会经济、自然环境及生态系统等（徐广才等，2009）。根据IPCC第四次报告的定义：脆弱性指气候变化（包括气候变率和极端气候事件）对系统造成的不利影响程度，它是系统内的气候变化特征、幅度和变化速率及其敏感性和适应能力的函数；脆弱性与敏感性密切相关，通常脆弱系统总是对气候变化或干扰的反应敏感性较强，而且不稳定（Parry，2007），这里的系统如果以生态系统为核心，就是气候变化背景下生态系统脆弱性研究范畴。在生态脆弱性研究里，认为生态脆弱性是客观存在的，是生态系统固有的属性，在人类活动干扰和自然因素等外部胁迫下才得以表现出来，因此，生态脆弱性受生态系统本身特性以及外部自然因素和人类干扰等因素影响。在自然灾害脆弱性研究里，其脆弱性通常被描述为系统（承灾体）受特定灾害影响损失的大小和概率，采用暴露性、敏感性、适应能力、恢复能力等概念描述（商彦蕊，2000；石勇等，2011）。从以上概念可以看出，由于研究目的不同，其脆弱性研究核心对象也不同。生态脆弱性往往从生态系统出发，结合人类社会影响，而

自然灾害脆弱性则以人类社会系统为核心，同时考虑自然环境系统；对比生态系统脆弱性和自然灾害脆弱性，由于自然灾害通常是短期或瞬时发生的，暴露性成为其评价的主要指标，而对生态系统脆弱性，其干扰因素如气候变化则是长期影响，并且生态系统对外界干扰的响应相对于自然灾害的瞬时性较长，因此评价过程中一般忽略暴露性。就本书而言，干旱对湿地生态脆弱性概念类似于气候变化背景下生态脆弱性概念，是指湿地干旱对生态系统造成不利影响程度，脆弱性强弱与生态系统的敏感性和适应能力密切相关。

湿地生态系统是介于水生生态系统和陆地生态系统间的过渡生态系统，水是湿地存在和演变的主导因素，水文条件的稳定很大程度上决定了湿地生态系统的稳定性。土壤在淹水条件和未淹没条件下的物理化学性质是不同的。通常，在淹水条件下，土壤基质处于还原状态，微生物和动物的活动受限，土壤中有机质不能分解，大部分以泥炭的形式存在，这样的土壤条件限制了大部分陆生植物从土壤获取营养物质。另外，长期淹水或者高含水量状态，也使得植物根部呼吸受限，只有适应水生或者湿生的植物才能正常生长。湿地以上的性质，使得其形成了独特的湿地种群和群落，但限制或增加种的丰度，将影响湿地动物等其他生态要素的演变。在静水条件或水很深且连续的湿地，其生产力都很低（刘厚田，1996）。绝对的水文条件稳定是不存在的，水文条件的周期性变化使得湿地生态系统处于动态平衡中，在剧烈的水文条件变化下，如长期干旱，湿地生态系统将改变。因此，湿地的脆弱性与水文条件的稳定密切相关。

从生态脆弱性的内涵来看，生态脆弱性与系统内部结构和功能、外部自然条件和人类活动干扰强度等因素有关。生态脆弱性评价是对人类活动及自然环境胁迫引起的生态环境变化及生态失衡进行评价和估计，是通过环境各要素的特殊属性及要素组合的整体效应，对生态环境的脆弱性范围及演变趋向有综合认识（龚新梅等，2006），要求评价结果既要反映生态环境目前的脆弱状态和特征以及预测生态环境脆弱性的变化趋势，同时还要反映导致生态环境脆弱性的主导因子和薄弱环节。因此，生态脆弱性评价包含了以下 3 个方面内容：①找出使生态环境脆弱性增强的内部原因和外部胁迫因素；②明确生态系统脆弱的程度；③根据导致生态环境脆弱的主导因素及其可能的变化，预测该生态系统未来的变化趋势。通过生态环境脆弱性评价，为生态环境保护与资源合理利用提供理论基础，制定针对性较强的生态修复措施，以保障自然和社会经济的和谐发展（乔青，2005）。

客观准确评价生态系统脆弱性，一般应遵循以下原则：①科学性原则，在评价过程中所采用的指标和方法应具有科学基础，数据处理方法的科学合理；②主导性原则，生态系统纷繁复杂，不可能完全找到影响生态系统的因子，因此根据研究目的及对象特征，采用突出的影响因子；③地域性原则，不同研究区域自然条件的差异，脆弱生态系统的表现特征也不尽相同，在评价时应当充分考虑到研究区自身特点；④可操作性原则，在评价过程中所采用的指标和方法应该简便易行，要考虑到数据较容易获取；⑤动态性原则，生态系统及其外部环境是在不断变化发展，因此在评价过程中应当建立系统本身与外部胁迫因素间的动态联系，反映生态环境未来可能的变化趋势。

白洋淀湿地在自然因素和人类干扰下，入淀水量大幅减少，再加上生态系统系统自身也遭受严重影响，包括湿地水资源的开发利用、湿地围垦养殖等，湿地干旱不断加剧。如前文所述，生态系统脆弱性通常用敏感性和适应性来描述，但生态系统对干扰的适应性研究，特别是生态系统尺度上的适应性研究尚显不足（赵慧霞等，2007；於琍等，2008；吴建国等，2009）。根据湿地脆弱性的分析，影响湿地生态系统平衡、导致其脆弱性不断加剧的主要因素是水量的变化，即水位变化。如果湿地水位按从大到小的顺序递减，则这一过程与湿地干旱过程中水位不断下降（水量不断减少）相似，因此湿地干旱脆弱性评价通过对连续变化水位的脆弱性评价来实现。

对白洋淀湿地的生态评价（包括生态适宜水位、生态需水等评

价）成果较多，衷平等（2005）采用生态水位法对湿地适宜生态水位的评价，并计算生态需水；赵翔等（2005）利用水量面积法、最低年平均水位法、年保证率设定法和功能法四种方法评价了湿地最低生态水位；董娜（2009）采用1956—2000年的水位资料进行频率统计，得到了湿地适宜水位。在这些评价方法中，如生态水位法、水位频率统计法等，是基于长期水位资料。水位数据是湿地生态系统和外部环境作用的综合结果，能反映出社会经济发展和自然胁迫的影响，但采用的水位是历史数据，只能反映当时外部胁迫条件的影响，因此可以看作是一种静态的评价方法。而对于类似水面面积法的方法，则只考虑到了湿地生态系统对水量变化的响应，未考虑到影响水量变化的人类活动和自然因素。因此，在对其进行生态脆弱性评价时，不仅要考虑到湿地系统本身组成结构在水量变化情景下表现出脆弱性状况，而且还应考虑到自然因素和人类活动干扰对水量的动态影响，这样才能较完整地反映湿地生态环境变化的过程和趋势，实现真正的综合评价。本书在评价过程中，先对湿地生态系统自身脆弱性进行了评价，即分析水位变动对系统脆弱性的影响；然后分析了社会经济发展和自然因素对湿地生态脆弱性的影响，即一定社会经济条件和自然因素状况下，水位变化对湿地脆弱性影响；最后综合评价了1990—2008年湿地脆弱性的变化过程。

7.4.2 评价指标体系

7.4.2.1 评价指标选取

指标体系是进行脆弱性评价的基础，指标选择的质量直接影响评价结果的准确性，但目前还未有研究者一致认可的指标选择方法，一般选择大部分人认可的指标（冉圣宏等，2002）。王介勇等（2004）将评价指标体系分为单一指标体系和综合指标体系，前者针对特定的地理区域；而后者既考虑了生态系统自身结构和功能，并且考虑了社会经济状况和自然因素，成为常用的评价指标体系。其中，综合指标体系还分为“原因-结果表现”指标体系、“压

力-状态-响应（PSR）”指标体系和多系统评价指标体系。压力-状态-响应模式通常采用Fennessy等（2004）总结的湿地快速评价时指标选用情况，其中水文变化、周边土地利用覆盖及植被类型是最常用的指标（表7.3）。

表7.3　湿地快速评价法指标选用统计（Fennessy et al.，2004）

核心要素	对　应　指　标
水文	水文变化（14），水文周期（9），输出限制（8），水质（8），地表水的连通性（7），蓄洪潜力（7），地下水补充/蓄积能力（4），水源（3），水平面波动幅度（3），最大水深（1）
土壤/基质	土壤类型（4），基底干扰（2），土壤斑驳（1），土层深度（1），孟塞尔比色图表（1），微地貌（1），沉积物组成（1）
植被	植被类型数（12），散布水平（8），外来种入侵程度（8），植被变动（6），对野生动物的生境价值（5），濒危种及受威胁种（4），枯木数量（3），优势种（2），植物群落多样性（2），开阔水域的面积（1）
景观塑造	周边土地利用覆盖（14），同其他湿地或廊道的连通性（8），缓冲区宽度及植被类型（7），缓冲区内的土地利用方式（5），湿地面积大小（5），湿地相对于流域的面积比例（3），流域内的土地利用方式（3），湿地形态（2），湿地在流域中的位置（1）

本书首先选取了生态状况和水文状况的相应指标，用以评价湿地在不受外界影响条件下自身脆弱性，共选取了6个指标（图7.11），其中生态状况指标考虑到植物是生态系统的生产者，起着

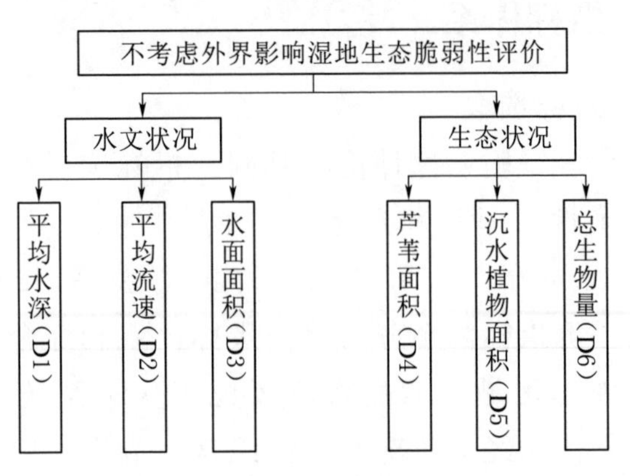

图7.11　不考虑外界影响的湿地干旱脆弱性评价指标

基础性作用，影响着高等动物的演变，故选择反映植物状况的指标。在此基础上，选择反映社会经济情况和自然因素的动态变化的指标，采用压力-状态-响应模型构建评价指标体系，具体指标见图7.12。根据白洋淀湿地干旱的成因，选择了人均GDP、入淀水量及有效灌溉面积以反映社会经济发展状况，而选择降水量、潜在蒸发量以反映气候变化对湿地干旱的影响。在评价过程中，将社会经济发展对湿地的压力看作是线性关系。需要说明的是，虽然以上是两个指标体系，但相同指标的获取及计算方式是一样的。

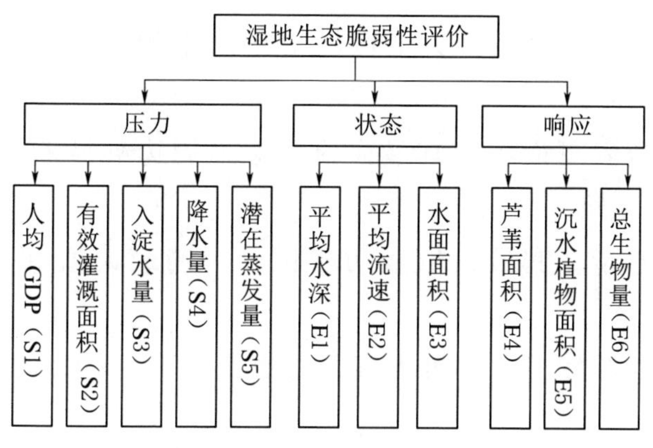

图7.12　白洋淀湿地干旱脆弱性评价指标体系

该指标体系与通常的压力-状态-响应生态评价体系在“响应”指标项有所不同，例如蒋卫国等（2005）在对辽河三角洲湿地进行评价时采用的模式（图7.13）。这是由于文献中采用模型考虑了人类对脆弱性生态环境的治理措施，而本书是为分析干旱对湿地生态产生的影响，因此不考虑治理措施更能反映干旱的影响。

7.4.2.2　评价指标获取与计算

（1）人均GDP。本书湿地生态脆弱性的研究时段是1990—2008年。人均GDP来源于研究时段内的统计数据，其最大值取世界银行制定的中等发达国家人均GDP水平标准的最小值，即6000美元，本书取3.6万元；其最小值为0。由于白洋淀湿地涉及周边安新、雄县、任丘、高阳及容城，整个湿地的人均GDP按各县的人口加权平均。

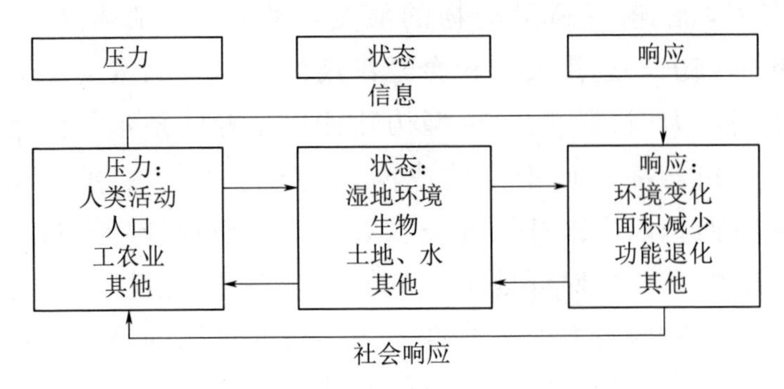

图 7.13　文献采用的压力-状态-响应模型（蒋卫国等，2005）

（2）入淀水量。其最大值取历史记录中的最大值 7.21 亿 m^3；其最小值为 0。

（3）有效灌溉面积。其最大值为湿地周边县城的耕地总面积；其最小值为 0。

（4）降水量。其最大值取历史记录中的最大值 935.7mm；其最小值为 0。

（5）潜在蒸发量。其最大值取历史记录中的最大值 1260.3mm；其最小值为 0。

（6）平均水深。关于湿地状态及响应相关指标的获取是通过设定一个湿地最大水位，然后利用湿地水动力学模型，获取相应的指标。而这一湿地最大水位设置是根据《大清河防御洪水方案》里的防洪安排，当白洋淀十方院水位超过 8.30m 后，开启枣林庄枢纽泄洪，超过 9.00m 赵北口溢流堰开始溢洪，本书最终取 9.00m，其对应的平均水深为 1.45m，最小值为 0.16m（水位 5.5m 时平均水深）。平均水深是模型每个单元格水深的面积加权平均。在采用水动力学模拟过程中，由于湿地补水情况不经常发生，并且时间较短，模拟未考虑湿地入流和出流情况。以下湿地生态、水文指标的获取也是采用该方式。需要说明的是，由于在高水位时超过了植物适宜生长范围，这会某些生态指标会出现下降趋势，但这与本书的干旱研究主题无关，所以当高水位生态指标出现下降趋势时，指标值取下降前的峰值。

(7) 平均流速。其最大值为水生植物对流速的最大承受能力（王华等，2008），取 1.0m^3/s；最小值为 0。

(8) 水面面积。其最大值为 308.5km^2，最小值为 8.5km^2。

(9) 芦苇面积。芦苇面积是根据芦苇适宜生长水位范围计算，根据相关文献研究及实际调查，水位生长范围设置为 0～1.0m，据此，芦苇面积最大值为 203.0km^2，最小值为 8.5km^2。

(10) 沉水植物面积。沉水植物面积主要计算优势植物群落金鱼藻，计算方式也是先确定其适宜水位，然后统计面积。根据文献资料和实际调查，竹叶眼子菜植物生长的水位范围为 0.8～2.0m，因此其最大面积为 169.46km^2，最小值为 0。

(11) 总生物量。总生物量是湿地芦苇群落和典型沉水植物群落——金鱼藻群落干物质量之和。芦苇群落的干物质量取 1.19kg/m^2，金鱼藻群落干物质量为 0.59kg/m^2。

7.4.3 综合评价方法

系统综合评价方法就是在多种影响因素或多种属性的分析基础上，根据评价对象系统在总体上的相似性、差异性和对立性所进行的各种分类和排序方法。其评价的目的是综合判断系统运行的历史轨迹和当前状态，预测系统发展的未来趋势，建立评价信息，制定并实施相应对策和行动方案。评价的过程一般依次包括确定评价对象集生成函数、评价指标集生成函数、评价指标测度函数、定性指标定量化函数、单指标评价函数（指标标准化函数）、指标权重函数和综合评价指标函数共 7 个函数。其中评价指标集生成函数、单指标评价函数、指标权重函数和综合评价指标函数是综合评价中的重要环节（王文圣等，2011）。

通常综合评价方法可以为主观评价、客观评价法及主客观结合评价法。主观评价法包括专家打分法等，该方法根据专家经验就行评判，结果都具有现实物理意义，但受主观因素影响很大；投影寻踪法则是客观评价法代表之一，该方法基本不受主观因素影响，但有时结果不具有现实意义；主客观结合评价法包括层次分析法、模糊综合评价法等，该方法先进行主观判别，然后进行数学计算，能较大尺度地减少主观因素影响，同时使结果也具有实际意义，因此该方法在评价过程中得到较多采用（徐广才等，2009）。

7.4.3.1　评价标准和等级

制定评价标准和等级的目的是使评价结果更加直观、准确和有针对性，同时也便于评价结果在不同区域间的横向比较和同一区域的纵向比较，为制定更加有针对性的生态修复措施提供依据。由于评价结果表示生态脆弱性强弱，本书将脆弱性范围设定为 0～1，并且数值越大，表示脆弱程度越强。划分时结合野外调查和专家意见，共划分为 5 级（表 7.4）。为了下文叙述方便，将脆弱性分级从弱到强的顺序分别记为等级 1、2、3、4、5。

表 7.4　　湿地干旱脆弱性评价分级标准

指数值	脆弱性分级	等级	脆弱性描述
＜0.20	低脆弱	1	湿地景观和功能完整，生态系统基本未受到干旱影响
0.21～0.40	较低脆弱	2	湿地景观和功能较完整，生态系统受到轻度干旱影响
0.41～0.60	中等脆弱	3	湿地景观和功能受到一定影响，生态系统受到中度干旱影响
0.61～0.80	较高脆弱	4	湿地景观和功能受到较大影响，生态系统受到重度干旱影响
＞0.81	高脆弱	5	湿地景观和功能基本不存在，生态系统受到特大干旱影响

7.4.3.2　层次分析法

本书采用层次分析法评价湿地生态脆弱性。层次分析法是将复杂的问题划分为相互联系的因素，并基于以上因素构建相互联系的有序层次；根据对实际情况的模糊判断，给出每一层次任意两个因素间相对重要性的数值，并根据数学方法计算每一层次所有因素的权重。计算步骤如下：

（1）建立评价指标层次结构，可以分为目标层、准则层和指标层。通常层次分析的层次结构不少于 3 个，而每一个层次里面的指标不少于两个。

（2）建立判断矩阵。根据专家意见或者研究者的客观分析等方式，定量化每个层次任意两个指标间相对重要性，其表示方法见表

7.5，最终构成判断矩阵 A。

表 7.5　　层次分析法相对重要性标度方法

标度 a_{ij}	含　义
1	表示第 i 元素与第 j 元素同等重要
3	表示第 i 元素与第 j 元素稍微重要
5	表示第 i 元素与第 j 元素明显重要
7	表示第 i 元素与第 j 元素强烈重要
9	表示第 i 元素与第 j 元素极端重要
2、4、6、8	表示重要程度介于上述重要程度之间
倒数	如果第 i 元素与第 j 元素重要性判断为 a_{ij}，则第 j 元素与第 i 元素的重要性判断为 $1/a_{ij}$

(3) 计算指标权重。根据标度 a_{ij} 采用和积法进行计算得到权重 w_i：

$$w_i=\frac{1}{n}\sum_{j=1}^{n}\frac{a_{ij}}{\sum_{i=1}^{n}a_{ij}}\quad(i,j=1,2,\cdots,n)\tag{7.80}$$

但在计算前，要进行层次总排序一致性检验：

$$CR=\frac{\lambda_{\max}-n}{(n-1)\cdot RI}\tag{7.81}$$

其中

$$\lambda_{\max}=\sum_{i=1}^{n}\frac{(Aw)_i}{nw_i}$$

式中：$\lambda_{\max}$ 为判断矩阵的最大特征根；n 为某一层次指标个数；RI 为平均一致性指标。

当 $CR\leqslant0.1$ 时，表示判断矩阵有满意的一致性；否则，要调整判断矩阵的元素取值。

(4) 数据标准化。各个指标的单位不一样，并且某些指标值越大，脆弱性越小，而某些指标则是值越大，脆弱性越强，为了解决指标由于量纲和影响方式不同带来的影响，在评价前，需要对指标值进行标准化。本书采用标准差标准化处理。

对于值越大，脆弱性越强的指标：

$$r_i=\begin{cases}0, & x_i<x_{i\min}\\(x_i-x_{i\min})/(x_{i\max}-x_{i\min}), & x_{i\min}\leqslant x_i\leqslant x_{i\max}\\1, & x_i>x_{i\max}\end{cases}\tag{7.82}$$

对于值越小，脆弱性越强的指标：

$$r_i=\begin{cases}1, & x_i<x_{i\min}\\(x_{i\max}-x_i)/(x_{i\max}-x_{i\min}), & x_{i\min}\leqslant x_i\leqslant x_{i\max}\\0, & x_i>x_{i\max}\end{cases}\tag{7.83}$$

式中：r_i 为第 i 个指标标准化后的值；x_i 为第 i 个指标实际值；$x_{i\min}$、$x_{i\max}$ 分别为第 i 个指标最小值和最大值。

经过标准化后，指标值在 0～1 之间，数值越大，表示脆弱性越强，而值越小，脆弱性也越小。

（5）综合评判。根据前面建立的指标权重矩阵 $\boldsymbol{W}$ 和标准化数据矩阵 $\boldsymbol{R}$，将对应指标相乘求和：

$$b_i=\sum_{i=1}^{n}w_ir_i\tag{7.84}$$

式中：b_i 为第 i 个指标最终得分值。

参照评价标准便可以计算出脆弱性等级。

7.4.4　评价结果

7.4.4.1　评价权重计算

利用层次分析法，分别计算了不考虑外界影响时湿地的干旱脆弱性和考虑社会经济发展和自然因素对湿地影响时的干旱脆弱性两种情况的判断矩阵，进而得到相应的权重值（表 7.6 和表 7.7）。在建立判断矩阵时，两种情况中相同指标的重要性标度值是一样的，以保证结果分析时具有可比性。

从两个表可以看出，沉水植物面积（D5 或 E5）这个指标权重都是最大的，这是因为沉水植物生长的最小水深较大，至少为 0.6m 以上（本书采用 0.8m）（刘永等，2006），在这一水深下，挺水植物、湿生植物等都能正常生长，因此将其作为湿地生态脆弱性

的重要指标。在单纯湿地自身脆弱性评价指标中，平均流速最小，即使流速对水生植物生长有重要影响，但由于研究区大部分时间处于静水状态，流速基本为0，流速对植物的影响基本保持不变。

在考虑外界影响的湿地干旱脆弱性评价指标中，最小值为自然因素，分别为降水量（S4）和潜在蒸发量（S5），这两个因素受气候变化的影响，相比较与人类活动的干扰和生态系统自身的变化，气候变化的影响比较小；水面面积（E3）和芦苇面积（E4）的权重紧跟沉水植物面积权重，分别排在第二、第三位，这是因为水面面积和芦苇面积直观地展现了湿地存在与否，也是重要的指标。

表7.6　不考虑外界影响时湿地的干旱脆弱性评价指标权重

指标	D1	D2	D3	D4	D5	D6
权重值	0.099116	0.044686	0.186729	0.182439	0.309502	0.177527

表7.7　受外界影响湿地的干旱脆弱性评价指标权重

指标	S1	S2	S3	S4	S5	E1	E2	E3	E4	E5	E6
权重值	0.07	0.06	0.10	0.01	0.02	0.09	0.06	0.15	0.14	0.21	0.08

7.4.4.2　不受外界影响湿地脆弱性评价

采用已构建的湿地水动力学模型模拟了芦苇面积和沉水植物面积，它们的面积随水深的变化见图7.14。从图7.14上可以看出，芦苇面积和沉水植物面积总体上都随水深增加而增大。芦苇面积在水位8.30m前后开始下降，并且在水位大约7.10m时出现急剧增加的现象，这是由于地形急剧变化引起，一方面，白洋淀湿地大部分地形高程在7.00m以上；另一方面，在模型模拟时，将湿地内围垦养殖区域的高程设定为7.80m。沉水植物面积在水位约8.30m时出现了急剧增长的趋势。由于高水位使得芦苇面积下降，因此在评价过程中采用其修正值。

图7.15为不受外界影响时湿地干旱脆弱性随水位变化的趋势。需要说明的是，这里的水位更准确的表述方式是水位对应的蓄水量，为了叙述方便，以下将采用水位这一表述方式。湿地自身脆弱性随水位升高而减小，当水位在5.50～5.90m时，干旱脆弱性最

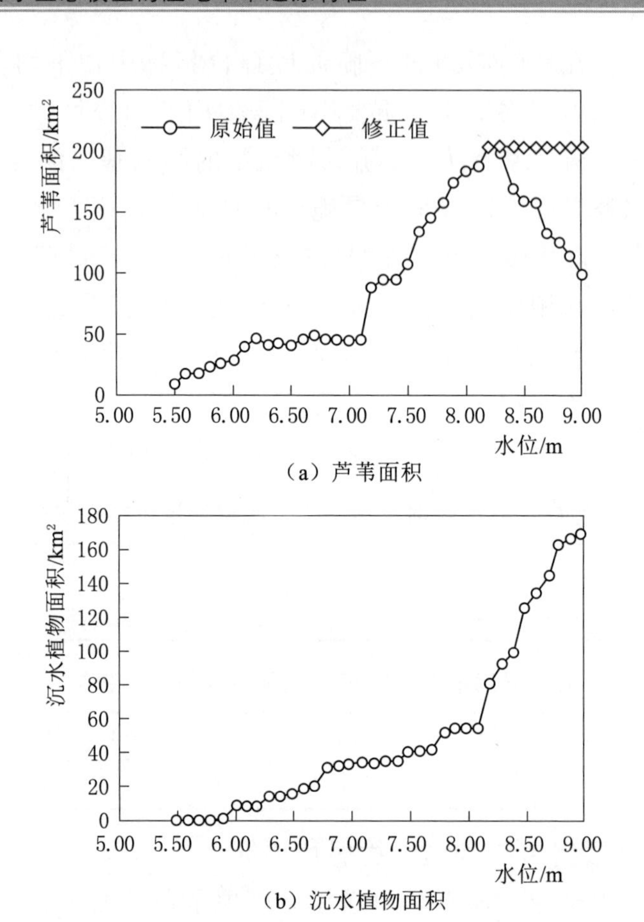

（a）芦苇面积

（b）沉水植物面积

图 7.14　芦苇面积和沉水植物面积随水位变化

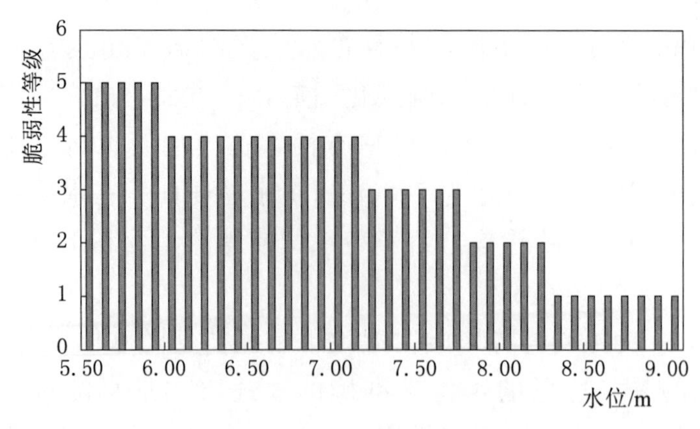

图 7.15　不受外界影响湿地干旱脆弱性随水位变化的趋势

强，为等级 5；当水位 6.00～7.10m 时，干旱脆弱性为 4 级；当水位为 7.20～7.70m 时，干旱脆弱性等级为 3 级；当水位为 7.80～8.30m 时，干旱脆弱性为 2 级；而当水位超过 8.30m 时，脆弱性等级最小，为 1 级。需要说明的是，评价过程中对高水位的生态指标值进行了修正，如果不修正的话，其脆弱性等级也会提高，但根据湿地的定义，这时还是湿地，但以芦苇为优势种的湿地景观将被改变。考虑到植物对水文条件变化的滞后性，短时间的高水位并不会改变湿地景观。

在不考虑外界影响条件下，根据生态学中度干扰假说，如果将脆弱性小于等级 3 的水位作为湿地生态适宜生境，则这时水位应该保持在大于 7.30m；为了保证最基本的湿地景观存在，最低水位应不低于 6.00m。

湿地自身脆弱性的变化趋势与芦苇面积、沉水植物面积随水位的变化趋势基本相反，两者的面积越大，脆弱性越小，这是由于这两者的权重较大。另外，芦苇面积与沉水植物面积除了受蓄水量影响以外，其适宜生长的水深也受地形影响。因此，湿地自身脆弱性可能与地形也存在较大联系。

7.4.4.3　不同时间段湿地脆弱性评价

在考虑社会经济发展及自然因素，结合湿地自身特性的综合脆弱性评价结果见图 7.16。图 7.16 上显示，湿地生态干旱脆弱性在 20 世纪 90 年代是大约在 2 级、3 级，但是在 2000 年以后，干旱脆

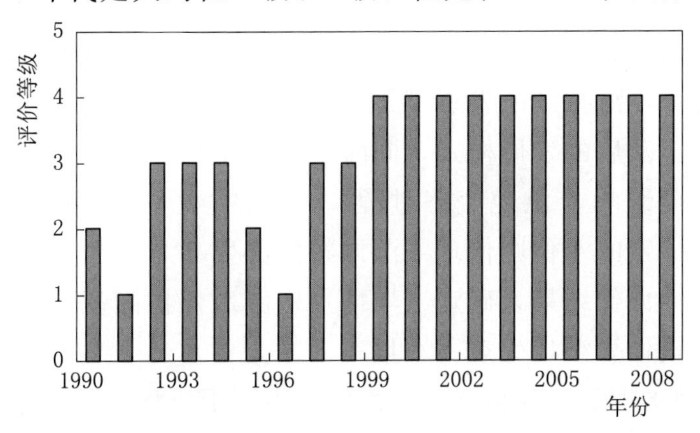

图 7.16　不同时间段湿地干旱脆弱性

弱性普遍上升了一个等级，达到了4级，最低等级2级出现在1992年和1996年。这表明社会经济发展和自然因素的变化对湿地干旱脆弱性造成越来越大影响。需要说明的是，在评价指标体系中的压力指标项里考虑了湿地补水，因此，如果扣除补水部分，则湿地干旱脆弱性将更加严重。

7.4.4.4 特定外界因素对湿地干旱脆弱性分析

采用特定年的社会经济发展水平和自然因素条件，分析了这些外界条件对不同水位状态湿地生态脆弱性的影响（见图7.17）。总体来看，外界因素的影响使得湿地生态干旱脆弱性等级3出现的最低水位不断提高，到2008年时，已达到7.60m。在外界因素中，由于气候变化为代表的自然因素影响较小，推测这样的影响是由于社会经济发展造成。另外，与单纯湿地自身干旱脆弱性评价比较，如果湿地有大量入淀水量，外界影响情况下湿地对应水位的干旱脆弱性等级都降低，如1996年，这一年入淀水量达到约18亿m^3。外界因素中的社会经济发展指标会使脆弱性增加，而入淀水量则会降低脆弱性，因此保证一定入淀水量（包括补水措施）对降低湿地干旱脆弱性有重要作用。就研究时段来看，当水位大于7.50m时，干旱脆弱性等级都不大于3。综合以上分析，并考虑到将来更强劲的社会经济发展，建议将湿地最低水位控制在7.50m以上。

7.4.5 干旱情景下湿地保护阈值

湿地的生态保护与经济发展应该实现双赢，只发展经济而不顾生态环境是不可持续的发展模式；而只注重生态环境保护不发展经济是原始、落后的发展模式，同时也不利于保护环境。水是湿地的核心，深刻影响着湿地生态过程，水量的多少可以用水位高低体现，因此一定的水位则体现了湿地特定的生态状况。本书基于湿地干旱脆弱性评价结果，确定干旱情景下湿地保护阈值，并根据不同水位蓄水量计算湿地生态蓄水量。

干旱脆弱性评价是湿地生态系统在不同干旱程度影响下的脆弱性表现，其评价等级也是干旱程度的一种体现。表7.8显示了湿地在干旱

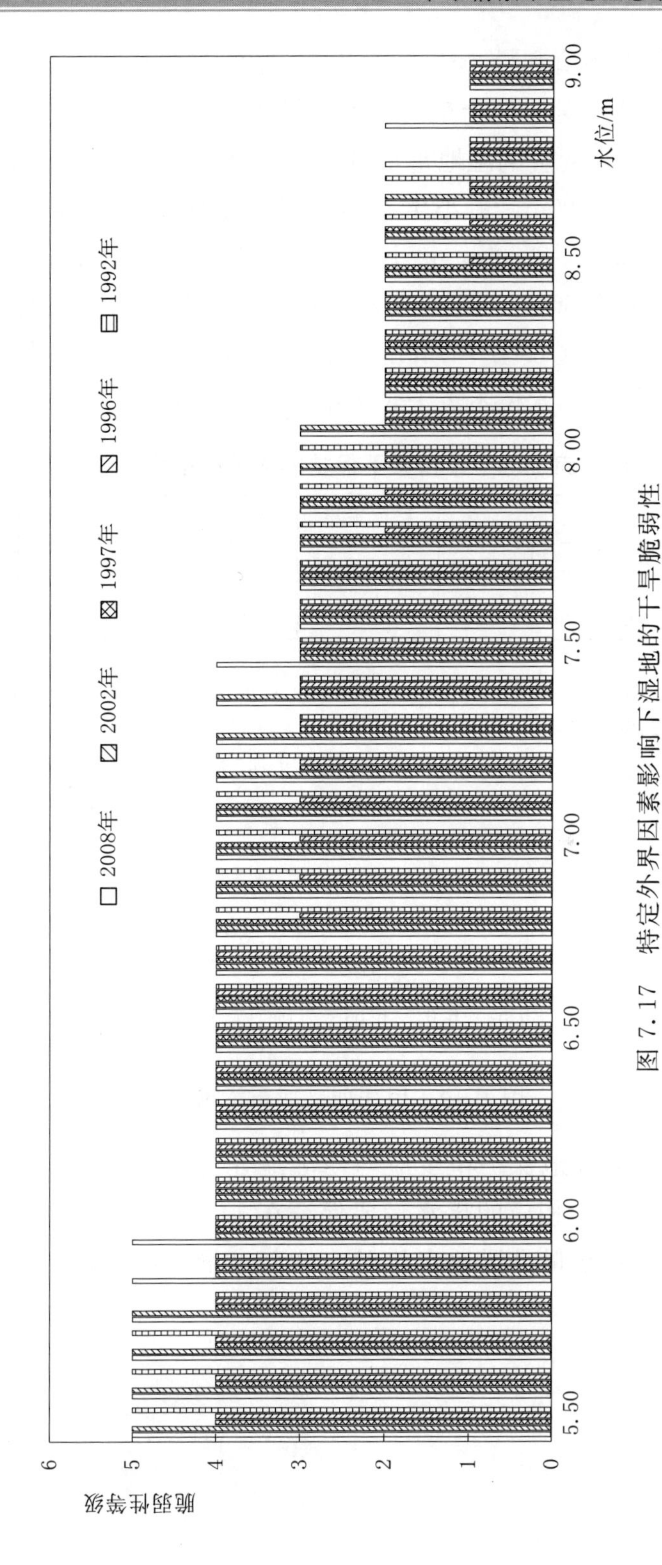

图 7.17 特定外界因素影响下湿地的干旱脆弱性

情景下的保护阈值和最小生态需水量。值得注意的是，该结果是考虑了社会经济发展对湿地干旱的影响。最小生态需水量的计算是根据干旱程度最小水位对应的湿地蓄水量（图7.18）。在正常状况下，湿地水位要求不小于8.90m，最小生态需水量为4.20亿m^3；轻度干旱条件下，水位在8.20～8.80m，最小生态需水量为2.40亿m^3；中度干旱情况下，水位在7.50～8.10m，最小生态需水量为1.10亿m^3；在重度干旱情况下，水位在6.00～7.40m，最小生态需水量为0.15亿m^3；而在特大干旱状况下，水位不大于5.90m，最小生态需水量为0.12亿m^3。

表7.8　白洋淀湿地干旱情景下保护阈值及最小生态需水量

干旱程度	正常	轻度干旱	中度干旱	重度干旱	特大干旱
水位范围/m	>8.80	8.20～8.80	7.50～8.10	6.00～7.40	<6.00
最小生态需水量/亿m^3	4.20	2.40	1.10	0.15	0.12

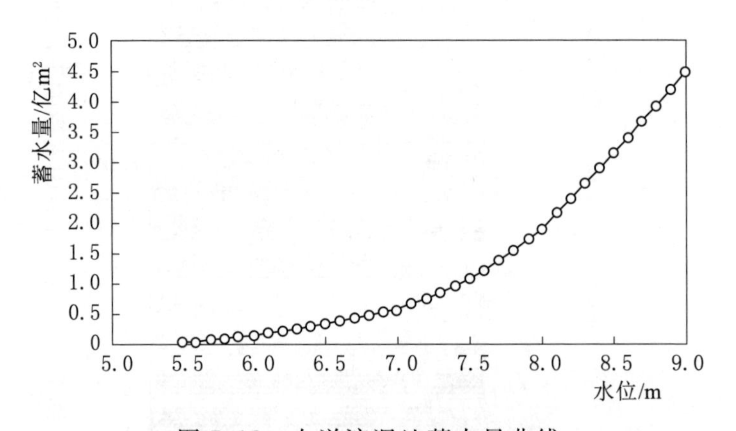

图7.18　白洋淀湿地蓄水量曲线

本书认为湿地保护至少应当使湿地处于中度干旱以下，即水位不小于7.50m，相应的蓄水量要保证在1.10亿m^3。在实际应用过程中，实际补水量是湿地水位对应的蓄水量与欲达到的干旱程度蓄水量之差。

第 8 章　白洋淀流域干旱综合应对

在干旱演变规律和干旱还原研究基础上，本章分别从建设节水型社会、严把白洋淀流域水资源用水关，实施流域内及跨流域调水补水、提高流域应对干旱能力，治理白洋淀流域水污染、增加水资源可利用量，以及加强湿地生态用水用地调控、维护生态系统健康等方面探讨了气候变化背景下白洋淀流域干旱应对措施。

8.1　建设节水型社会

白洋淀流域所在的海河流域是水资源极度短缺的区域，水资源短缺严重制约着当地社会经济的可持续发展。为应对气候变化背景下日益严峻的干旱形势，白洋淀流域未来应长期坚持节水型社会与节水型流域建设，通过调整产业结构与布局、合理调整水价、实施节水措施以及增强全民节水意识等不断挖掘节水潜力。海河流域 2008 年工业单位增加值用水量为 62m^3/万元，工业用水重复利用率为 76%，而先进指标的节水标准：单位增加值用水量为 18m^3/万元，工业重复利用率为 90%；海河流域 2008 年农业亩均用水量为 250m^3/亩，灌溉水利用系数为 0.64，而先进指标的节水标准：农业亩均用水量为 230m^3/亩，灌溉水利用系数为 0.75；城镇供水管网漏损率现状为 17%，节水标准为 9%；预计到 2020 年和 2030 年，海河流域综合单位节水投资将达到 13 元/m^3 和 17 元/m^3。海河流域总节水潜力为 97 亿 m^3，其中工程措施节水潜力为 43 亿 m^3（徐春晓等，2011）。

依据节水目标和用水效率控制，完善由节水文化法则、节水法律原则、节水政策细则和节水实践规则构成的节水型社会制度建设。制定由节水文化教育行动计划和节水意识宣传行动计划构成的节水文化系统，以形成节水文化，增强居民节水意识；贯彻落实《中华人民共和国水法》《中华人民共和国水污染防治法》及《中华人民共和国节水法》等法律，以规范用水户用水行为，保护水资源；依据取水许可与水资源费征收条例、地下水管理条例等条例，根据白洋淀流域水文现状条件以及未来气候变化背景下水文条件预估结果，确定不同水平年生态流量，将其纳入流域水资源综合规划中，控制用水户用水行为及用水总量；建立流域管理体制，抓紧制定流域内地区间的分水协议，建立健全水权及水市场体制、生态补偿机制、节水技术推广和应用机制，以保障节水法律、制度实施，为节水提供技术支撑和激励措施。

8.2　实施流域内及跨流域调水补水

在当前气候变化和人类活动双重影响下，为缓解白洋淀流域干旱情势，保障白洋淀湿地生态环境健康可持续发展，应加强流域内水资源基础研究，确定白洋淀流域生态需水量以及白洋淀湿地生态水位；对白洋淀流域上游各水库大联合调控，合理配置水资源，使有限的水资源既能保障流域内工业、农业和居民正常用水，又能保证流域内生态环境稳定健康，维持流域内白洋淀湿地正常的生态服务功能。

2014年12月12日，南水北调中线工程正式通水，受水区域为河南、河北、北京和天津。南水北调外调水源主要供给保定市生产、生活用水，但同时会改变白洋淀流域整体水文条件，调水会增加白洋淀流域地下水蓄量及潜水补给，并使得流域内平原区地下水位升高，增加幅度在0.08～4.34m之间；同时南水北调的水源供给保定市生产和生活用水后，安各庄水库、西大洋水库和王快水库的水量就可以被置换下来，对白洋淀湿地进行生态补水。

假定流域内调水工程设施达到理想状态——各子流域多余的水

可补给缺水的子流域，即各子流域的供需水量可认为是全流域的平均值。在此条件下，可得到附图10所示的干旱频次空间分布图；进一步考虑南水北调水的补给（保定市年均分配5.17亿m^3），流域内的干旱频次有着明显的下降。

在白洋淀流域内及跨流域调水输水补给白洋淀湿地过程中，由于调水多是在久旱无雨时实施，沿途河道多已干涸，下垫面条件差，输水过程中洼淀填洼、蒸发水量损失巨大；同时干旱情景下地下水埋深低，包气带缺水量大，调水水量中很大一部分补给地下水；输水沿途也会有私自人为引水活动，尤其在小麦冬灌和春灌期间最为严重；各种要素造成输水损失严重，调水入淀率仅为50%左右。

在未来日益紧张的供需水矛盾背景下，白洋淀流域内调水补给白洋淀湿地时应对上游各大水库联合调控，合理配置，选取最优输水线路尽可能使输水路线最短，减少沿程水量损失；避开用水最高峰，尽量在封冻期选取最优输水时间，同时河北省各级政府部门应采取相应政策措施严禁输水期间沿程人为引水，确保调水过程顺利实施（李上达等，2008）。

8.3 治理白洋淀流域水污染

为应对白洋淀流域水污染问题，首先应设立具有权威性的流域内常设水污染治理统一管理机构，并出台相应的白洋淀流域水污染治理法规，加大执法力度对流域内水污染治理提供法律保障。制定流域内水污染应急预案，建立水污染预警响应机制，建立天地一体化水质监测网络，加强白洋淀流域内水质监测。控制新增污染源，鼓励低污染节水企业，对白洋淀流域水污染进行源头控制；严查河流沿岸排污口污水排放，整治排污企业，建设工业企业及农村居民配套污水处理设施，对流域内水污染进行过程阻断；采取措施治理白洋淀内水污染问题，进行流域内水污染末端治理（马敏立等，2004）。

8.4　加强湿地生态用水用地调控

白洋淀湿地所在的海河流域，是我国社会经济比较发达的区域，同时也是水资源缺乏的地区。在干旱情景下，维持白洋淀湿地的基本生态水位是流域水资源配置需要重视和解决的问题。对于白洋淀湿地，其上游修建的大量水库，在满足流域生产生活用水的同时，也大量减少了湿地入淀水量。而湿地最主要的补给水源还是通过地表水。在流域丰水年份或者当水库蓄水量较大时，可以利用上游水库给湿地补水，如西大洋水库、安各庄水库等，保证湿地水位至少保持在 7.5m 以上；而当水库蓄水量较少时，可以采用跨流域补水的方式，水源可以是南水北调中线工程的水源。而如果流域本身也处于较严重的干旱，这时也应当保证湿地生态用水，只是水位可保持在 6.0m 以上，所需水量建议利用湿地最近的、相对蓄水量较多的水库补给，因为跨流域调水路程较长，在流域较干旱的情况下，补水损失会特别大。

非常规水资源包括了中水和洪水资源。在白洋淀流域，这样的水资源比较丰富。湿地府河承接了保定市经处理后的污水，而湿地周边部分城市的污水也排入湿地，这些污水如果经过处理达标，会成为湿地重要的补给水源。另外，如果湿地上游暴发洪水，大部分洪水资源也会进入白洋淀湿地。如果将未超过湿地安全的洪水蓄积在湿地内，也会在一定时间缓解湿地干旱。如 2012 年流域洪水进入湿地，使湿地水位上升到近 13 年来的最高水位约 8.3m，使 2012 年湿地不用再依靠外调水缓解湿地干旱。

湿地及湿地所在流域本来水资源相对缺乏，在湿地干旱时，水资源缺乏的问题将更突出。一方面，应当加强水资源保护，防止水资源过度使用和浪费；另一方面，大量水资源被用于生产生活。如果在工农业生产中推广农业节水灌溉措施，在生活中提倡节约用水，将较大限度地减少水资源消耗量。

为了配合湿地生态用水调控措施，要加强白洋淀湿地保护区生

态用地调控。在湿地自然保护区功能分区的基础上，对核心区和缓冲区内的生态用地实施严格的保护措施，禁止围湖造田等开发利用活动；同时对区域内围堤、网箱等设施进行清理。在湿地区内适度修建河道，增加白洋淀水体之间的水文连通度，进而增加物种之间的交流和移动，便于水生生物趋利避害；同时对于维持物种多样性具有重要作用。限制实验区内的开发建设活动，如围湖造田、破坏湿地植物等。维持一定的生态用地面积，以最大限度的保护和维持白洋淀湿地自然保护区内生态用地规模为目标。

第 9 章　结 论 及 展 望

9.1　主 要 结 论

本书以我国华北地区白洋淀流域及流域内白洋淀湿地为研究对象，基于“自然-人工”二元水循环理论，采用广义干旱概念，研究了白洋淀流域干旱还原基础理论框架和关键技术；构建了白洋淀流域水循环模拟模型和标准化水资源短缺指数（SSDI），评价了白洋淀流域干旱时空演变规律，结合湿地干旱内涵提出了湿地干旱评价方法，并对白洋淀湿地干旱进行了分析评价；分析气象水文、人类活动以及平原区农作物生长需水和山区林草地生态需水演变规律，明晰白洋淀流域干旱演变驱动机理，结合湿地特点，从湿地水文特征、湿地植被、湿地生态系统等不同维度分析了湿地对干旱的适应规律，识别了湿地干旱驱动模式；构建了干旱还原理论模型并设置情景，定量分析气候变化和人类活动对白洋淀流域蓝水、绿水、农业、生态需水演变的影响，在不同干旱还原情景供需水模拟的基础上，评价白洋淀流域干旱持续时间、频率、强度和面积等特征的变化，构建湿地生态水文模型开展干旱还原，开展湿地干旱脆弱性评价，明确了干旱情景下湿地保护阈值。本书点面结合，进一步揭示了流域尺度和湖泊湿地尺度干旱发生发展规律及影响，为评估抗旱措施效果、推动流域水资源科学合理利用、水生态环境保护修复等提供科学基础。取得的主要结论如下：

9.1.1　白洋淀流域干旱时空变化规律

1960—2013 年期间，白洋淀流域干旱的高频区主要位于流域山区，如大清河、唐河、清水河和磁河上游等地区。1991—2013年期间，全流域约有81.4%的地区干旱频次有所增加，有46.7%的地区干旱频次增加5次/10a，频次增加的地区分布较为广泛，以平原地区最为明显。1960—2013年期间，白洋淀流域干旱持续时间较长的地区主要位于保定南部和石家庄北部，平均每次干旱持续时间高达2.4个月以上；1991—2013年期间，干旱持续时间增加幅度超过2月/次和3月/次的地区分别占全流域面积的35.1%和13.1%，而干旱持续时间减少的地区占15.2%；干旱持续时间增加的地区分布较为广泛，以平原地区最为明显。白洋淀流域干旱强度较大的地区主要位于保定以西的地区，如唐河上游等地区，1991—2013年期间，场次干旱强度增加10%以上的地区约占全流域面积的17.5%，增加20%以上的地区不到7%；而场次干旱强度减少10%以上的地区仅占全流域面积的8.5%，减少20%以上的地区不到全流域的1%。60多年来白洋淀流域各等级干旱面积均呈现出增加的趋势，对比1990年前后多年平均干旱面积可知，1991—2013年期间，各类干旱面积相对于1990年以前均有较为明显的增加。

对比了SPI、SPEI和SSDI三种干旱指标对白洋淀流域干旱特征的识别结果，对比结果表明：在SPI评价方法下，干旱总次数和总持续时间相对于SSDI而言普遍较低，两类评价方法下干旱频次和持续时间的空间分布特征较为一致；而干旱平均强度则是SSDI要高于SPI；SSDI指标下中旱、重旱和特旱三类干旱面积高于SPI，但SSDI指标下的轻旱面积较SPI低8.3%，两类评价方法下各类干旱面积占总干旱面积的比例基本一致。在SPEI评价方法下，干旱总次数和总持续时间相对于SSDI而言普遍较高，但在两类评价方法下干旱频次和持续时间的空间分布特征较为一致；而干旱平均强度则是SSDI要高于SPEI；SSDI指标下轻旱、中旱和重旱三类干旱面积略小于SPEI，SSDI指标下的特旱面积较SPEI高42.3%，但两类评价方法下各类干旱面积占总干旱面积的比例基本一致。对比计算得到的1961—1990年白洋淀流域干旱面积与《海河流域水旱灾害》记载的受灾面积可知，计算得到的典型干旱年份与《海河流域水旱灾害》所记载的典型年份较为符合，如典型干旱年为：1961年、1965年、1972年、1980年和1983年等。

对干旱情景下湿地的生态水文特征分析显示，干旱背景下的湿地降水、出入淀水量、水位、水面积、湿地生物多样性、生物量和生态用地面积均呈下降趋势，干旱严重影响了湿地的生态安全。在明晰干旱情景下白洋淀湿地生态水文特征演变的基础上，利用白洋淀湿地多年水位、降水、芦苇面积、芦苇生物量和鱼虾生物量等数据，计算了白洋淀湿地的典型时段干旱指数，并以水面积为指标对干旱年的生态状况进行评价，从而提出典型时段湿地干旱的评价标准；在此基础上，利用统计时段内特大干旱在不同典型时段发生的次数确定权重，从而得到年尺度干旱指数及其评价标准。选择SPI和Z指数与湿地干旱指数进行比较，评价结果差异表明，SPI和Z指数不适用于湿地干旱评价。运用白洋淀湿地干旱指数对湿地干旱进行评价可以精确到干旱在一年中的出现时段和持续时间，并且能够看出干旱的发展趋势。

9.1.2 白洋淀流域干旱演变驱动机理

白洋淀流域年降水量、年均气温在1990年以前变化并不明显，1990年以后，年降水量呈现出明显减少的趋势，流域大部分地区降水呈现出减少的态势；年均气温变化在1990年以后，流域温升幅度明显增加，且流域北部地区温升幅度大于南部；1960—2013年，流域实际蒸发量呈现出减小的趋势，在空间上，除部分山区外，全流域各分区实际蒸发量普遍呈现出减少的态势；1960—2013年期间白洋淀流域地表径流深呈现出明显减少的态势，尤其是8月，1990年以后天然径流深减少了40.7%。在白洋淀流域下垫面条件演变规律方面，1980—2000年期间，白洋淀流域土地利用的变化主要体现在耕地、林草地、居工地之间的相互转化上，以城市扩张最为明显，其次为耕地开垦；白洋淀流域NDVI呈现出波动上升的趋势，20世纪80年代总体变化呈上升趋势；进入90年代后存在较大幅度的下降，到1996年达到最低值；至90年代中后期呈现出“先增后减”的态势，随后波动上升，白洋淀流域山区植被指数均呈现增加的态势，平原区与山区交界处植被指数呈现显著减少的趋势。

在白洋淀流域需水演变规律方面，1960—2013 年，平原区典型农作物冬小麦和夏玉米生育期内需水量呈现先减小后增加的趋势，平原区绝大部分地区农作物需水量的变化趋势通过显著性检验；白洋淀流域山区林草地生态需水量变化特征与平原区农作物生长需水量基本一致，均是以 1990 年为节点，呈现先减少后增加的特点，流域山区大部分生态需水量呈现不明显的增加或者减少态势，仅在流域上游地区有较大面积的子流域呈现出显著的减少态势。1960—2013 年白洋淀流域降水、气温、缺水系列的突变点出现在 1990 年前后，可认为在 1990 年以前，流域受气候变化和人类活动影响相对较小；而在 1990 年以后，流域受气候变化和人类活动影响加剧。

在不同的干旱情景下，芦苇和香蒲的生长都随着时间的推移，表现出先快速增加，后逐渐减缓，最后达到稳定的趋势，只是不同的植物在不同干旱情景下达到稳定的时间不一样。另外，这两种植物的生物量（鲜重、干重）都随着干旱程度的加剧而减少。整体上，芦苇和香蒲的净光合速率、气孔导度、蒸腾速率和水分利用效率在对照、轻旱、中旱情景下都随着时间表现出上升趋势，但对于重旱和特旱，尤其是在特旱情景下，随着时间表现出很明显的下降趋势。芦苇在重旱情景下水分利用效率最大，香蒲则在中旱情景下水分利用效率最大。芦苇和香蒲适应干旱程度的强弱不同，芦苇在比重旱情景严重（即土壤含水量低于 20%以下）时，生长受到严重影响；而香蒲在比中旱情景严重是（即土壤含水量低于 30%以下）时，生长受到严重影响。在补水后，不同干旱情景下的芦苇和香蒲在形态、生理方面均有一定程度的恢复，但都不能恢复到对照水平。总体上芦苇的恢复能力要高于香蒲。补水使芦苇和香蒲生物量（鲜重、干重）都有所增加，但主要增加了鲜重。通过分析补水后的生理指标变化发现，植物受干旱胁迫如果未超过其耐受阈值，则补水能较大程度减轻其受干旱的影响。

经过调查，白洋淀流域共发现植物66种，隶属于35科52属，可以分为19个植物群落，其中芦苇群落（湿生、水生）、香蒲群落、莲群落、槐叶苹＋紫背浮萍群落、金鱼藻群落是优势群落。湿地干旱使得湿地的沉水植物优势群落在向挺水植物优势群落转变。

1960—2008年湿地入淀水量的突变点是1971年，1971年以前，湿地受气候变化和人类活动影响相对较小；而在1971年以后，流域受气候变化和人类活动影响加剧。

9.1.3　白洋淀流域干旱特征还原

研究设置两种还原情景：将人类活动影响对干旱特征进行还原以及将气候变化影响对干旱特征进行还原。变化期蓝水相对于基准期减少了14.55mm（23.8%），其中气候变化和人类活动对白洋淀流域蓝水减少的贡献量分别为9.11mm和5.44mm，贡献率分别为62.6%和37.4%，气候变化是白洋淀流域蓝水减小的主要驱动因素；变化期绿水相对于基准期减少了10.06mm（2.5%），其中气候变化和人类活动对白洋淀流域绿水减小的贡献量分别为6.77mm和3.28mm，贡献率分别为67.3%和32.7%，气候变化是白洋淀流域绿水减小的主要驱动因素；变化期典型农作物需水相对于基准期增加了18.7mm（4.6%），其中气候变化和人类活动对白洋淀流域典型农作物需水变化的贡献量分别为－21.9mm和＋40.6mm，气候变化的影响主要是因为蒸发能力的降低；虽然变化期内耕地面积有所减少，但播种面积有所增加，在两者综合作用下，使得人类活动的变化是导致农业需水增加的主要驱动因素。

将气候变化影响还原后的干旱持续时间长于将人类活动影响还原后的结果，在气候变化和人类活动的影响下，白洋淀流域干旱持续时间整体呈现增加的趋势，其中，人类活动导致干旱持续时间大幅增加，气候变化导致干旱持续时间略微减少。将人类活动影响还原后，保定以北的地区仍为干旱频发区，干旱频次小于还原前水平；将气候变化影响还原后的干旱频次略小于还原前水平，人类活动对干旱频次增加的贡献量远大于气候变化的贡献率；将人类活动影响还原后的干旱强度空间上呈现“中间高、周边低”的特点，而将气候变化影响还原后的干旱强度空间上呈现“中间低，周边高”的特点，两种情景还原后不同干旱强度的面积相比还原前均有较大幅度减少。人类活动和气候变化均导致白洋淀流域干旱强度有所加剧，其中，人类活动对强度加剧的贡献量大于气候变化的影响；将人类活动影响还原后，多年平均干旱面积减少 31.3%；将气候变化还原后，多年平均干旱面积与还原前差别不大；将人类活动影响还原后得到的概率分布曲线与基准期基本一致，将气候变化影响还原后得到的概率密度曲线与变化期相比差别不大，即人类活动是导致流域干旱面积变化的主要因素。

采用敏感系数法计算的结果表明，气候变化对入淀水量变化的贡献率为 25.1%，而人类活动的贡献率达到了 74.9%。如果将人类活动整体分为人工取用水量和蒸散影响的话，这两者分别对入淀水量的影响是 57.5%和 17.4%。由此可见，人工取用水量是入淀水量减少的主要原因。综合分析认为，白洋淀湿地从 20 世纪 80 年代后开始受到较严重的干旱威胁和影响，随着社会经济发展，人工取用水量势必会增加，这使得湿地天然入淀水量基本为零，湿地维持要靠调水，而且基本是跨流域调水，这一现象在很长一段时间都不会改变。湿地水文特征作为流域水循环的一个重要组成部分，改变流域循环，如修建水库等，将改变湿地水文特征，进而影响湿地生态状况。

9.1.4 干旱情景下湿地生态模拟与应用

根据湿地起伏多变的地形、复杂边界及大量的水生植物，采用三角形网格进行空间离散，并进行局部加密，将变量值定义在网格中心，而高程定义在三角形顶点；针对湿地有较多的水生植物，模型将湿地分为有植物区域和无植物区域，有植物生长的区域曼宁糙率采用等效曼宁糙率表示，而无植物区域则保持不变；采用有限体积法进行数值离散，其中考虑到空间离散造成数值解的间断性，采用 HLLC 格式计算对流通量；而扩散通量则根据具有格林公式计算，采用具有和谐性的底坡表达式；时间离散采用二阶龙格库塔显格式，以提高计算效率。利用构建的湿地水动力学模型在白洋淀湿地进行了验证，在对湿地地形概化的基础上，其模拟结果与实际结果基本一致。

提出湿地干旱脆弱性内涵并结合湿地水动力学模型，开展了脆弱性评价。当不受外界影响时，湿地在水位不大于 6.0m 的情况下干旱脆弱性等级为 5 级，而最小等级为 1 级，对应的水位范围大约为 8.3～9.0m；2000 年以后，湿地干旱脆弱性等级提高了一个等级，从大约 3 级提高到 4 级；分析了特定外界因素对湿地干旱脆弱性评价，结果表明外界因素的影响使得湿地脆弱性等级 3 出现的最低水位不断提高，与单纯湿地自身脆弱性评价比较，社会经济发展和入淀水量对湿地脆弱性有较强影响，考虑到未来社会经济可能更加发展，建议将湿地最低水位控制在 7.5m 以上，其对应的最小需水量为 1.1 亿 m^3。

9.2　研　究　展　望

由于数据资料、技术方法等因素的限制，在以后的研究进一步完善以下内容：

(1) 干旱对生态系统的影响机理研究。生态系统由于其复杂性、生物多样性等特点，对干旱等外界干扰具有一定弹性，同时对外界干扰表现出滞后性，当外界干扰打破了生态系统平衡，表现出受到破坏的特征比干扰时间要滞后。本书不论是在流域尺度，还是湿地植被干旱适应研究，对生态系统的滞后性机理研究不足，在今后的研究中，进一步加强相关研究。

(2) 干旱评价指标需采用多种分布拟合缺水概率分布曲线。本书在构建标准化水资源短缺指数（SSDI）时，借用 SPEI 指数思想，利用三参数的 log－logistic 概率分布函数对缺水量进行拟合，得到累积概率密度函数，对累积概率密度进行正态标准化，得到

SSDI 值。后续研究中将进一步验证缺水量是否符合三参数的 log-logistic 概率分布函数，采用多种分布拟合缺水概率分布曲线，进行分布函数的比选和遴选。

（3）基于多情景对比确定白洋淀流域相对最优的种植结构。白洋淀流域内干旱问题加剧的主要原因在于：种植面积的增加导致农业需水增加，因此，调整流域内的种植结构是缓解流域干旱问题的关键举措。单纯减少种植面积虽然可以减缓干旱问题，但也会减少作物产量价值量，因此，可设置不同的种植结构，评价不同种植结构下的干旱特征及作物产量价值量，从中选取既能减缓干旱问题，又能维持作物产量价值量维持稳定的情景。

（4）湿地生态水文过程耦合模型。湿地植被与湿地流场有十分密切的关系，在今后研究中，将建立湿地流场变化与湿地典型植物、群落等生态要素变化间的定量关系，并考虑湿地植被蒸腾对流场的作用，实现较长时间的稳定动态模拟，并较好地处理水动力学模拟尺度与生态模拟尺度之间的转换问题。另外，水生植物区与自由水面区域之间的过渡带怎样模拟，都是下一步要重点研究的问题。

附　　图

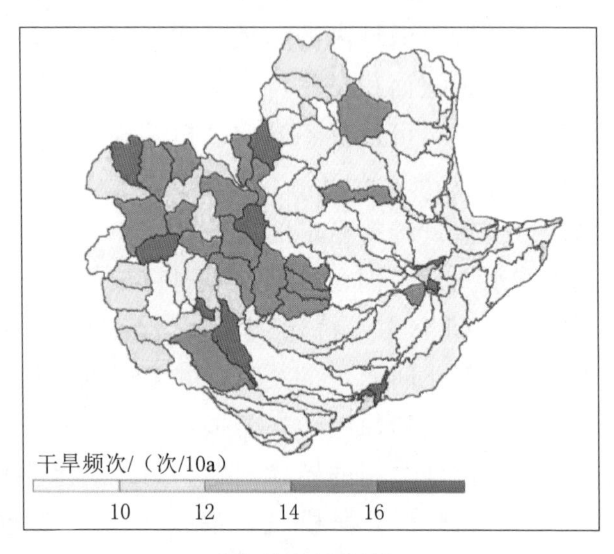

（a）1960—1990年

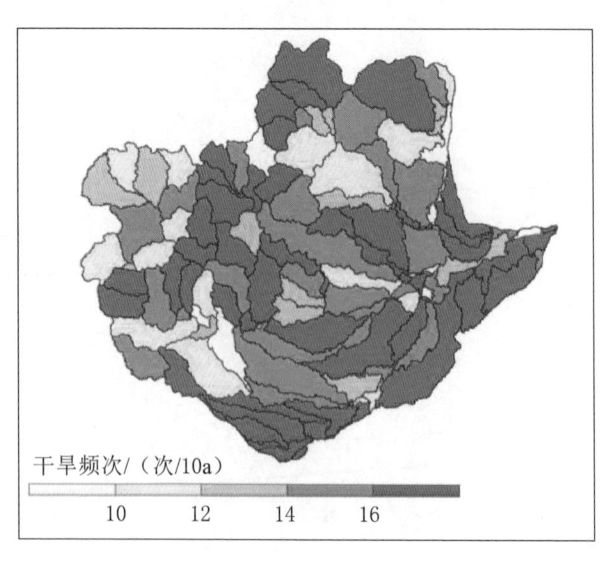

（b）1991—2013年

附图1（一）　白洋淀流域各时段干旱频次

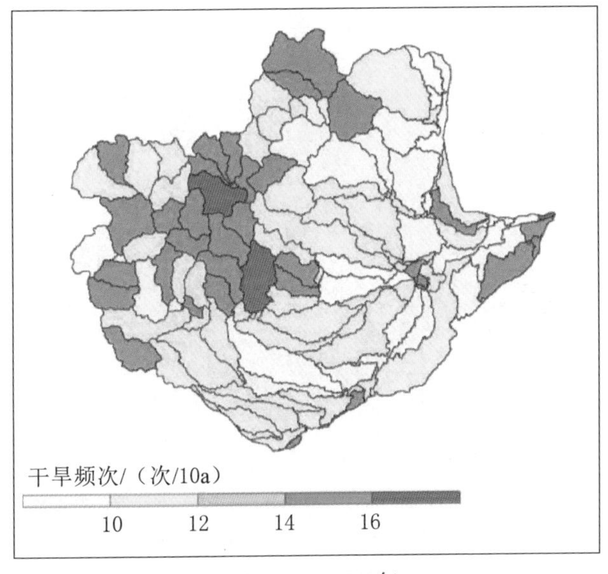

（c）1960—2013年

附图1（二） 白洋淀流域各时段干旱频次

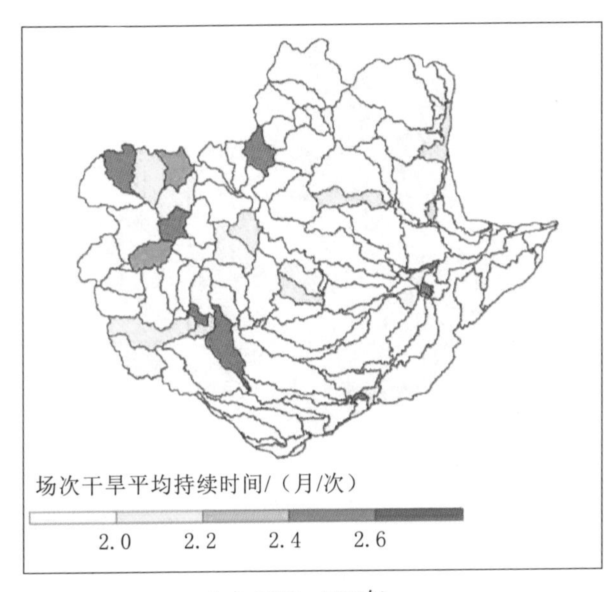

（a）1960—1990年

附图2（一） 白洋淀流域各时段干旱持续时间空间分布

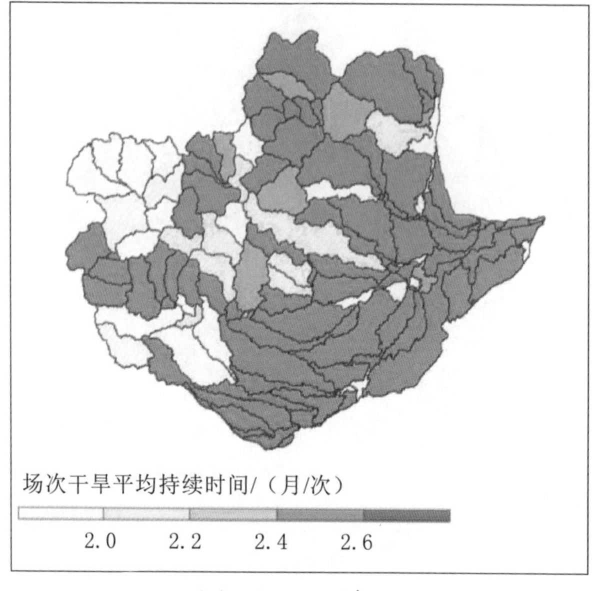

（b）1991—2013年

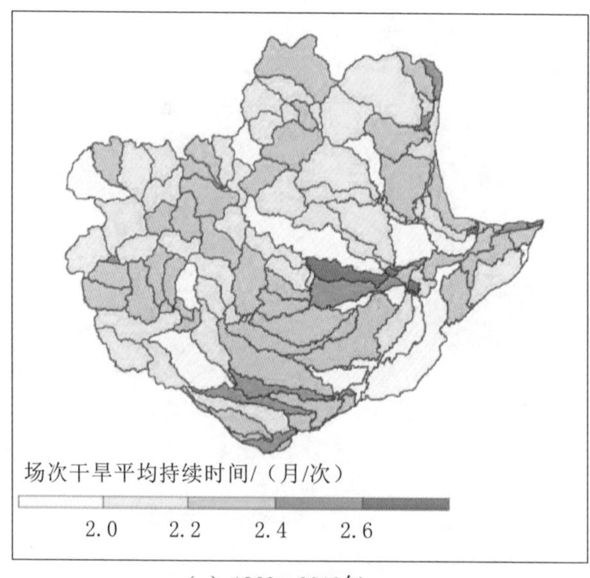

（c）1960—2013年

附图 2（二） 白洋淀流域各时段干旱持续时间空间分布

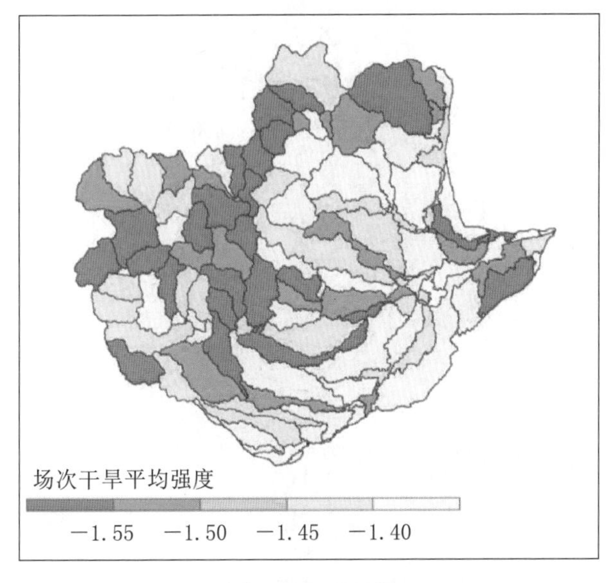

（a）1960—1990年

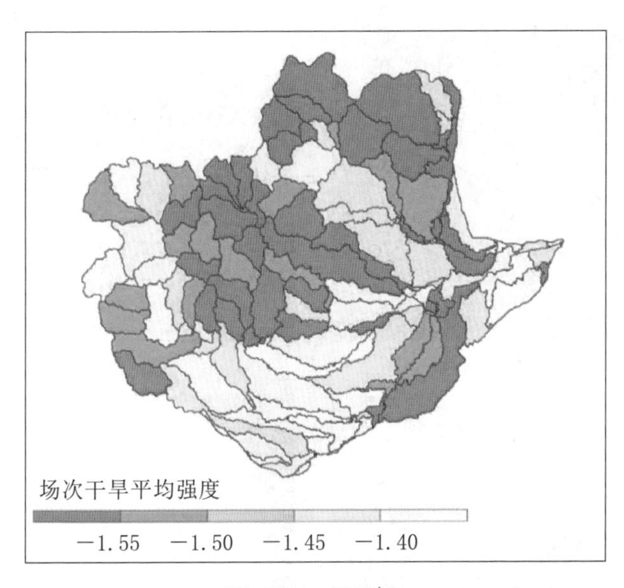

（b）1991—2013年

附图 3（一） 白洋淀流域各时段干旱平均强度空间分布

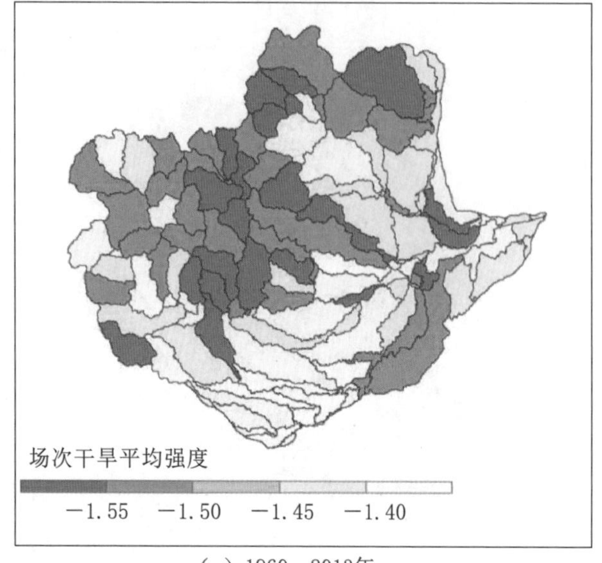

（c）1960—2013年

附图 3（二） 白洋淀流域各时段干旱平均强度空间分布

（a）芦苇群落（湿生）　（b）水鳖群落

（c）莲群落　（d）菹草群落

附图 4 白洋淀湿地典型植物群落

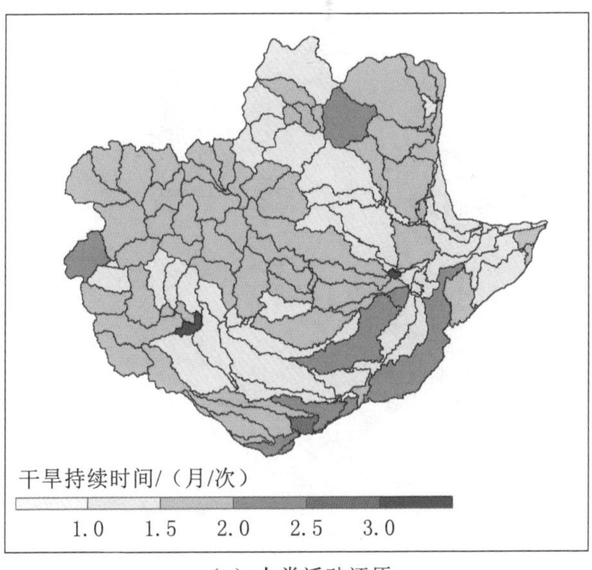

（a）人类活动还原

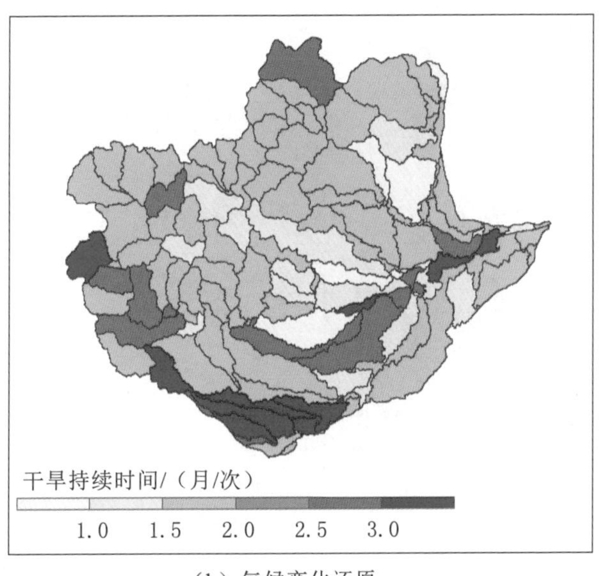

（b）气候变化还原

附图 5　将人类活动和气候变化影响还原后白洋淀流域干旱持续时间的空间分布

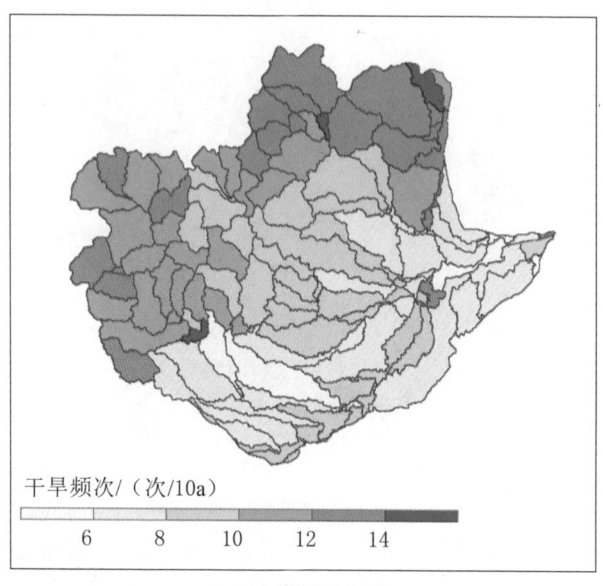

（a）人类活动还原

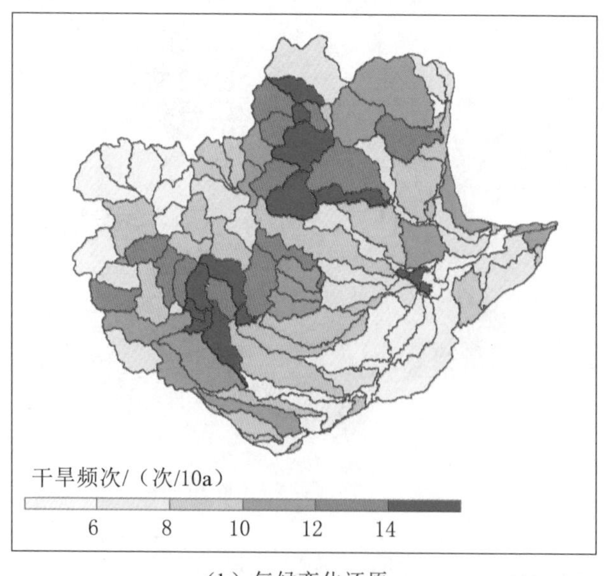

（b）气候变化还原

附图 6　将人类活动和气候变化还原后白洋淀流域干旱频次的空间分布特征

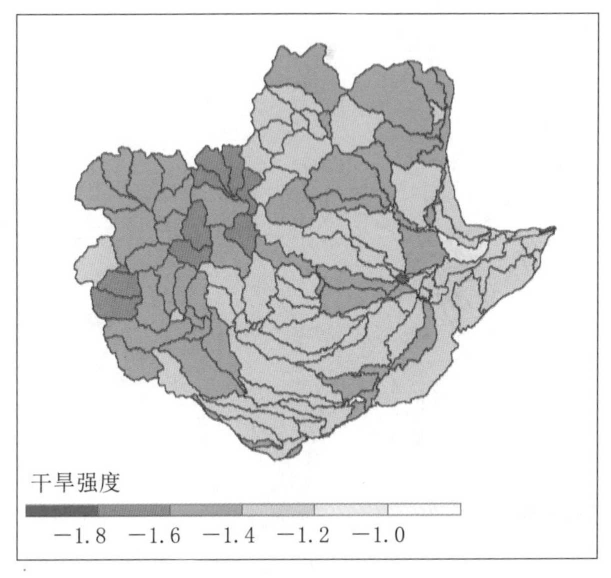

（a）人类活动还原

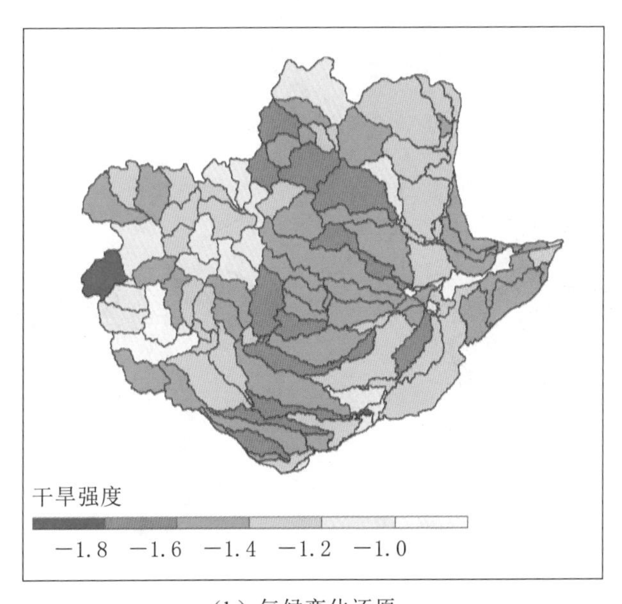

（b）气候变化还原

附图 7　将人类活动和气候变化还原后白洋淀流域干旱强度空间分布特征

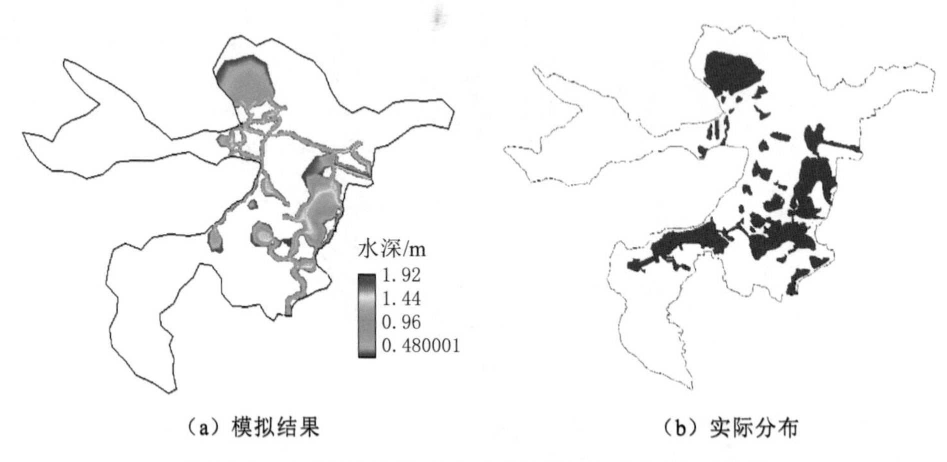

（a）模拟结果　　（b）实际分布

附图 8　白洋淀湿地自由水面模拟与实际分布比较

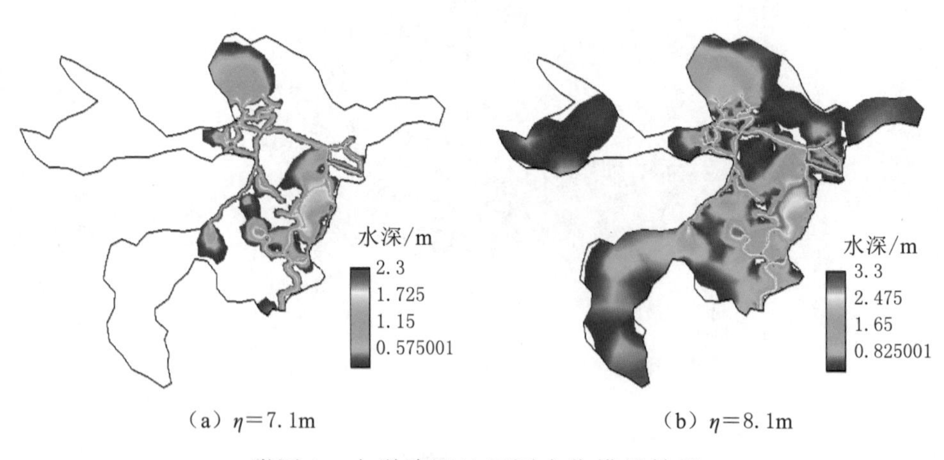

（a）$\eta=7.1$m　　（b）$\eta=8.1$m

附图 9　白洋淀湿地不同水位模拟结果

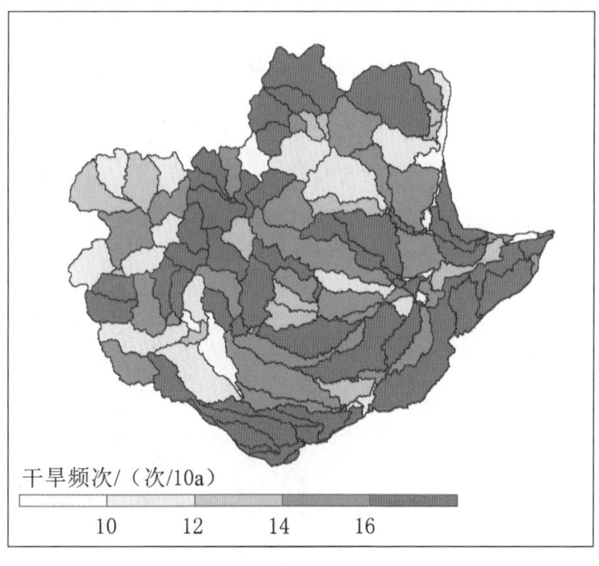

（a）变化期干旱频次

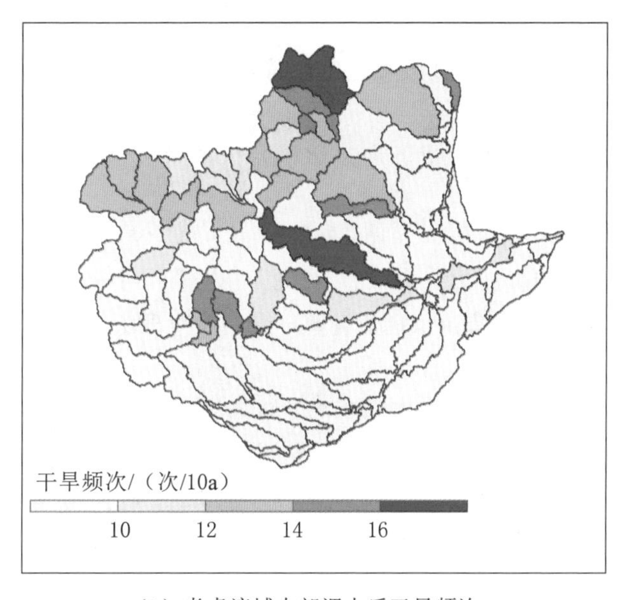

（b）考虑流域内部调水后干旱频次

附图 10　变化期干旱频次和考虑流域内部调水后干旱频次空间分布

参 考 文 献

安新县地方志编纂委员会，2000. 安新县志 [M]. 北京：新华出版社.

白德斌，宁振平，2007. 白洋淀干淀原因浅析 [J]. 中国防汛抗旱 (2)：46-48.

白杨，郑华，庄长伟，等，2013. 白洋淀流域生态系统服务评估及其调控 [J]. 生态学报，33 (3)：711-717.

鲍达明，胡波，赵欣胜，等，2007. 湿地生态用水标准确定及配置——以白洋淀湿地为例 [J]. 资源科学，29 (5)：110-120.

卜兆君，田讯，2007. 人为补水对扎龙河漫滩湿地植被的影响 [J]. 湿地科学与管理，3 (4)：44-48.

陈佳蕾，钟平安，刘畅，等，2016. 基于 SWAT 模型的径流还原方法研究——以大汶河流域为例 [J]. 水文，36 (6)：28-34.

陈晶. 2008. 第 8 届国际湿地大会在巴西科亚巴召开 [J]. 湿地科学与管理，4 (4)：61-62.

陈求稳，欧阳志云，2005. 生态水力学耦合模型及其应用 [J]. 水利学报，36 (11)：1273-1279.

陈权亮，华维，熊光明，等，2010. 2008—2009 年冬季我国北方特大干旱成因分析 [J]. 干旱区研究，27 (2)：182-187.

陈守煜，方荣，1983. 入库洪水还原计算 [J]. 大连理工大学学报 (1)：131-136.

陈峪，2006. 我国的干旱 [J]. 气象知识 (2)：24-27.

陈云峰，高歌，2010. 近 20 年我国气象灾害损失的初步分析 [J]. 气象，36 (2)：76-80.

程朝立，赵军庆，韩晓东，2011. 白洋淀湿地近 10 年水质水量变化规律分析 [J]. 海河水利 (3)：14-15.

崔保山，2006. 湿地学 [M]. 北京：北京师范大学出版社.

邓伟，胡金明，2003. 湿地水文学研究进展及科学前沿问题 [J]. 湿地科学，1 (1)：12-20.

邓伟，潘响亮，栾兆擎，2003. 湿地水文学研究进展 [J]. 水科学进展，14 (4)：521-527.

丁一汇，2008. 人类活动与全球气候变化及其对水资源的影响 [J]. 中国水利（2）：20－27.

董娜，2009. 白洋淀湿地生态干旱及两库联通补水分析 [D]. 保定：河北农业大学.

符淙斌，温刚，2002. 中国北方干旱化的几个问题 [J]. 气候与环境研究，7（1）：22－29.

高芬，2008. 白洋淀生态环境演变及预测 [D]. 保定：河北农业大学.

高升荣，2005. 清代淮河流域旱涝灾害的人为因素分析 [J]. 中国历史地理论丛，20（3）：80－86.

高彦春，王晗，龙笛，2009. 白洋淀流域水文条件变化和面临的生态环境问题 [J]. 资源科学，31（9）：1506－1513.

高宇，冯婧，张诚，等，2012. 干旱评价指标体系研究进展 [J]. 安徽农业科学，40（23）：11659－11663.

宫兆宁，宫辉力，赵文吉，2007. 北京湿地生态演变研究：以野鸭湖湿地自然保护区为例 [M]. 北京：中国环境科学出版社.

龚新梅，汪溪远，潘晓玲，等，2006. 新疆塔里木河下游（上段）地区天然草地生态脆弱性研究 [J]. 干旱区地理，29（2）：230－236.

龚志强，封国林，2008. 中国近 1000 年旱涝的持续性特征研究 [J]. 物理学报，57（6）：3920－3931.

郭志辉，2011. 松辽流域水资源综合评价及水资源演变规律研究 [D]. 邯郸：河北工程大学.

国家防汛抗旱总指挥部，2016. 中国水旱灾害公报 [M]. 北京：中国水利水电出版社.

国家防汛抗旱总指挥部办公室，2010. 防汛抗旱专业干部培训教材 [M]. 北京：中国水利水电出版社.

韩海涛，胡文超，陈学君，等，2009. 三种气象干旱指标的应用比较研究 [J]. 干旱地区农业研究，27（1）：237－241.

郝芳华，2003. 流域非点源污染分布式模拟研究 [D]. 北京：北京师范大学环境学院.

何池全，赵魁义，余国营，等，2000. 湿地生态过程研究进展 [J]. 地球科学进展，15（2）：165－171.

何永涛，李文华，李贵才，等，2004. 黄土高原地区森林植被生态需水研究 [J]. 环境科学，25（3）：35－39.

胡珊珊，郑红星，刘昌明，等，2012. 气候变化和人类活动对白洋淀上游水源区径流的影响 [J]. 地理学报，67（1）：62－70.

华祖林，邢领航，顾莉，等，2010. 非结构网格计算格式研究及环境湍流模拟［M］. 北京：科学出版社.

黄方，刘湘南，刘权，等，2004. 辽河中下游流域土地利用变化及其生态环境效应［J］. 水土保持通报，24（6）：18－21.

黄荣辉，蔡榕硕，陈际龙，等，2006. 我国旱涝气候灾害的年代际变化及其与东亚气候系统变化的关系［J］. 大气科学，30（5）：730－743.

贾仰文，王浩，仇亚琴，等，2006. 基于流域水循环模型的广义水资源评价（Ⅰ）——评价方法［J］. 水利学报，37（9）：1051－1055.

贾仰文，王浩，仇亚琴，等，2006. 基于流域水循环模型的广义水资源评价（Ⅱ）——黄河流域应用［J］. 水利学报，37（10）：1181－1187.

姜逢清，朱诚，2002. 当代新疆洪旱灾害扩大化：人类活动的影响分析［J］. 地理学报，57（1）：57－66.

蒋桂芹，裴源生，翟家齐，2012. 农业干旱形成机制分析［J］. 灌溉排水学报，31（6）：84－88.

蒋桂芹，2013. 干旱驱动机制与评估方法研究［D］. 北京：中国水利水电科学研究院.

蒋卫国，李京，李加洪，等，2005. 辽河三角洲湿地生态系统健康评价［J］. 生态学报，25（3）：408－414.

鞠美庭，王艳霞，孟庆伟，等，2009. 湿地生态系统的保护与评估［M］. 北京：化学工业出版社.

鞠笑生，邹旭恺，张强，1998. 气候旱涝指标方法及其分析［J］. 自然灾害学报，7（3）：52－58.

冷玉洁，魏建强，彭锋，2008. 浅析白洋淀水污染的防治措施［J］. 黑龙江科技信息（11）：116－117.

李峰，谢永宏，杨刚，等，2008. 白洋淀水生植被初步调查［J］. 应用生态学报，19（7）：1597－1603.

李亮，2015. CI 指数及 SPEI 指数在长江中下游地区的适用性分析［D］. 南京：南京信息工程大学.

李上达，宋建港，2008. 白洋淀输水水量平衡计算与分析［J］. 海河水利（6）：35－36.

李胜男，王根绪，邓伟，2008. 湿地景观格局与水文过程研究进展［J］. 生态学杂志，27（6）：1012－1020.

李维京，赵振国，李想，等，2003. 中国北方干旱的气候特征及其成因的初步研究［J］. 干旱气象，21（4）：1－5.

李伟光，侯美亭，易雪，等，2012. 基于标准化降水蒸散指数的中国干旱趋势研究［C］// 干旱灾害监测预警评估专题学术研讨会暨干旱气候变化与减灾学术会议：643－649.
李旭，谢永宏，黄继山，等，2009. 湿地植被格局成因研究进展［J］. 湿地科学，7（3）：280－288.
李英华，崔保山，杨志峰，2004. 白洋淀水文特征变化对湿地生态环境的影响［J］. 自然资源学报，19（1）：62－68.
李玉荣，闵要武，邹红梅，2009. 三峡工程蓄水水文特性变化浅析［J］. 水文，29（4）：37－39.
林文鹏，陈霖婷，2000. 福建省干旱灾害的演变及其成因研究［J］. 灾害学，15（3）：56－60.
刘春兰，谢高地，肖玉，2007. 气候变化对白洋淀湿地的影响［J］. 长江流域资源与环境，16（2）：245－250.
刘红玉，吕宪国，张世奎，2003. 湿地景观变化过程与累积环境效应研究进展［J］. 地理科学进展，22（1）：60－70.
刘厚田，1996. 湿地生态环境［J］. 生态学杂志，15（1）：75－78.
刘儒勋，舒其望，2003. 计算流体力学的若干新方法［M］. 北京：科学出版社.
刘永，郭怀成，周丰，等，2006. 湖泊水位变动对水生植被的影响机理及其调控方法［J］. 生态学报，26（9）：3117－3126.
卢路，刘家宏，秦大庸，2011. 海河流域 1469—2008 年旱涝变化趋势及演变特征分析［J］. 水电能源科学，29（9）：8－11.
陆健健，何文珊，童春富，等，2006. 湿地生态学［M］. 北京：高等教育出版社.
栾金花，2008. 干旱胁迫下三江平原湿地毛苔草光合作用日变化特性研究［J］. 湿地科学（2）：223－228.
吕晨旭，贾绍凤，季志恒，2010. 近 30 年来白洋淀流域平原区地下水位动态变化及原因分析［J］. 南水北调与水利科技，8（1）：65－68.
吕宪国，刘晓辉，2008. 中国湿地研究进展［J］. 地理科学，28（3）：301－308.
马俊超，杭庆丰，李琼芳，等，2015. 基于 VIC 模型的滦河流域综合干旱指数的构建与应用［J］. 水资源与水工程学报（2）：79－84.
马敏立，温淑瑶，孙笑春，等，2004. 白洋淀水环境变化对安新县经济发展的影响［J］. 水资源保护，20（3）：5－8.
毛德华，王宗明，罗玲，等，2012. 基于 MODIS 和 AVHRR 数据源的东北地区植被 NDVI 变化及其与气温和降水间的相关分析［J］. 遥感技术与应用，27（1）：77-85.

倪晋仁，殷康前，1998. 湿地综合分类研究：Ⅰ. 分类［J］. 自然资源学报，13（3）：214-221.

潘存鸿，于普兵，鲁海燕，2009. 浅水动边界的干底 Riemann 解模拟［J］. 水动力学研究与进展：A 辑，24（3）：305-312.

潘存鸿，2010. 浅水间断流动数值模拟研究进展［J］. 水利水电科技进展，30（5）：77-84.

裴源生，蒋桂芹，翟家齐，2013. 干旱演变驱动机制理论框架及其关键问题［J］. 水科学进展，24（3）：449-456.

乔青，2005. 川滇农牧交错带景观格局与生态脆弱性评价［D］. 北京：北京林业大学.

仇亚琴，2006. 水资源综合评价及水资源演变规律研究［D］. 北京：中国水利水电科学研究院.

秦大庸，陆垂裕，刘家宏，等，2014. 流域“自然-社会”二元水循环理论框架［J］. 科学通报（Z1）：419-427.

秦福来，王晓燕，张美华，2006. 基于 GIS 的流域水文模型——SWAT（Soil and Water Assessment Tool）模型的动态研究［J］. 首都师范大学学报，27（1）：81-85.

冉圣宏，金建君，薛纪渝，2002. 脆弱生态区评价的理论与方法［J］. 自然资源学报，1（1）：117-122.

商彦蕊，2000. 自然灾害综合研究的新进展——脆弱性研究［J］. 地域研究与开发，19（2）：73-77.

石勇，许世远，石纯，等，2011. 自然灾害脆弱性研究进展［J］. 自然灾害学报，20（2）：131-137.

史晓亮，2013. 基于 SWAT 模型的滦河流域分布式水文模拟与干旱评价方法研究［D］. 北京：中国科学院研究生院（东北地理与农业生态研究所）.

舒展，2010. 火烧与缺水对扎龙湿地植被群落的影响［J］. 环境科学与管理，35（1）：135-139.

宋开山，刘殿伟，王宗明，等，2008. 1954 年以来三江平原土地利用变化及驱动力［J］. 地理学报，63（1）：821-828.

宋利祥，2012. 溃坝洪水数学模型及水动力学特性研究［D］. 武汉：华中科技大学.

宋新山，邓伟，2007. 基于连续性扩散流的湿地表面水流动力学模型［J］. 水利学报（10）：1166-1171.

宋长春，2003. 湿地生态系统对气候变化的响应［J］. 湿地科学，1（2）：122-127.

谭维炎，1998. 计算浅水动力学——有限体积法的应用［M］. 北京：清华大学出版社.

谭学界，赵欣胜，2006. 水深梯度下湿地植被空间分布与生态适应［J］. 生态学杂志，25（12）：1460－1464.

田玉梅，张义科，张雪松，1995. 白洋淀水生植被［J］. 河北大学学报（自然科学版），15（4）：59－66.

王朝华，王子璐，乔光建，2011. 跨流域调水对恢复白洋淀生态环境重要性分析［J］. 南水北调与水利科技，9（3）：138－141.

王船海，李光炽，1996. 流域洪水模拟［J］. 水利学报（3）：44－50.

王海梅，李政海，宋国宝，等，2006. 黄河三角洲植被分布，土地利用类型与土壤理化性状关系的初步研究［J］. 内蒙古大学学报（自然科学版），37（1）：69－75.

王浩，严登华，秦大庸，等，译，2009. 水文生态学与生态水文学：过去、现在和未来［M］. 北京：中国水利水电出版社.

王华，逄勇，刘申宝，等，2008. 沉水植物生长影响因子研究进展［J］. 生态学报，28（8）：3958－3968.

王介勇，赵庚星，王祥峰，等，2004. 论我国生态环境脆弱性及其评估［J］. 山东农业科学（2）：9－11.

王丽，胡金明，宋长春，等，2007. 水位梯度对三江平原典型湿地植物根茎萌发及生长的影响冰［J］. 应用生态学报，18（11）.

王鹏新，龚健雅，李小文，等，2003. 基于植被指数和土地表面温度的干旱监测模型［J］. 地球科学进展，18（4）：527－533.

王仁卿，刘纯慧，晁敏，1997. 从第五届国际湿地会议看湿地保护与研究趋势［J］. 生态学杂志，16（5）：72－76.

王苏民，窦鸿身，1998. 中国湖泊志［M］. 北京：科学出版社.

王素萍，段海霞，冯建英，2010. 2009—2010 年冬季全国干旱状况及其影响与成因［J］. 干旱气象，28（1）：107－112.

王文圣，张翔金，菊良，等，2011. 水文学不确定性分析方法［M］. 北京：科学出版社.

王西琴，李力，2006. 辽河三角洲湿地退化及其保护对策［J］. 生态环境，15（3）：650－653.

王焱，刘国东，秦远清，等，2007. 基于水分运移的若尔盖湿地 SPAC 模型研究［J］. 四川大学学报（工程科学版），39（5）：16－20.

王志力，2005. 基于 Godunov 和 Semi-Lagrangian 法的二、三维浅水方程的非结构化网格离散研究［D］. 大连：大连理工大学.

王中根，刘昌明，黄友波，2003. SWAT 模型的原理、结构及应用研究［J］. 地理科学进展，22（1）：79－86.

卫捷，张庆云，陶诗言，2004. 1999 及 2000 年夏季华北严重干旱的物理成因分析［J］. 大气科学，28（1）：125－137.

魏凤英，2007. 现代气候统计诊断与预测技术［M］. 2 版. 北京：气象出版社.

魏茹生，2009. 径流还原计算技术方法及其应用研究［D］. 西安：西安理工大学.

翁白莎，2012. 流域广义干旱风险评价与风险应对研究——以东辽河流域为例［D］. 天津：天津大学.

吴春笃，孟宪民，储金宇，等，2005. 北固山湿地水文情势与湿地植被的关系［J］. 江苏大学学报（自然科学版）（4）：331－335.

吴建国，吕佳佳，艾丽，2009. 气候变化对生物多样性的影响：脆弱性和适应［J］. 生态环境学报，18（2）：693－703.

吴普特，高学睿，赵西宁，等，2016. 实体水-虚拟水“二维三元”耦合流动理论基本框架［J］. 农业工程学报，32（12）：1－10.

吴玉成，吕娟，屈艳萍，2010. 城市干旱及干旱指标初探［J］. 中国防汛抗旱，20（2）：35－37.

武建军，刘晓晨，吕爱峰，等，2011. 黄淮海地区干湿状况的时空分异研究［J］. 中国人口资源与环境，2（2）：100－105.

夏岑岭，赵人俊，卞传恂，等，1994. 湿润半湿润地区水资源评估水文模拟方法［J］. 资源科学，25（6）：32－42.

谢涛，杨志峰，2009. 水分胁迫对黄河三角洲河口湿地芦苇光合参数的影响［J］. 应用生态学报，20（3）：562－568.

邢开成，龚宇，2005. 干旱对沧州东部滨海湿地价值的影响［J］. 中国农学通报（12）：363－366.

徐春晓，李云玲，孙素艳，2011. 节水型社会建设与用水效率控制［J］. 中国水利，23：64－72.

徐广才，康慕谊，贺丽娜，等，2009. 生态脆弱性及其研究进展［J］. 生态学报，29（5）：2578－2588.

徐治国，何岩，闫百兴，等，2006. 营养物及水位变化对湿地植物的影响［J］. 生态学杂志，25（1）：87－92.

许玉凤，杨井，陈亚宁，等，2015. 近 32 年来新疆地区植被覆盖的时空变化［J］. 草业科学，32（5）：702－709.

严登华，何岩，邓伟，等，2001. 生态水文学研究进展［J］. 地理科学，

21 (5)：467 - 473.

严登华，袁喆，杨志勇，等，2013. 1961年以来海河流域干旱时空变化特征分析 [J]. 水科学进展，24 (1)：34 - 41.

杨涛，宫辉力，胡金明，等，2010. 水分胁迫对三江平原典型湿地植物种群高度与密度的影响 [J]. 西北植物学报，30 (9)：1887 - 1894.

杨学斌，2008. 波、流联合作用下二维水流、泥沙数学模型研究 [D]. 天津：天津大学.

杨志勇，袁喆，严登华，等，2013. 黄淮海流域旱涝时空分布及组合特性 [J]. 水科学进展，24 (5)：617 - 625.

姚成，万树文，孙东林，等，2009. 盐城自然保护区海滨湿地植被演替的生态机制 [J]. 生态学报，29 (5)：2203 - 2210.

姚玉璧，张存杰，邓振镛，等，2007. 气象、农业干旱指标综述 [J]. 干旱地区农业研究，25 (1)：185 - 189.

叶飞，陈求稳，吴世勇，等，2008. 空间显式模型模拟河流岸边带植被在水库运行作用下的演替 [J]. 生态学报，28 (6)：2604 - 2613.

叶敏，钱忠华，吴永萍，2013. 中国旱涝时空分布特征分析 [J]. 物理学报，62 (13)：139 - 203.

殷康前，倪晋仁，1998. 湿地研究综述 [J]. 生态学报，18 (5)：539 - 546.

殷康前，倪晋仁，1998. 湿地综合分类研究：Ⅱ. 模型 [J]. 自然资源学报，13 (4)：312 - 319.

尹晗，李耀辉，2013. 我国西南干旱研究最新进展综述 [J]. 干旱气象，31 (1)：182 - 193.

于峰，史正涛，李滨勇，等，2008. SWAT模型及其应用研究 [J]. 水科学与工程技术，(5)：4 - 9.

於琍，曹明奎，陶波，等，2008. 基于潜在植被的中国陆地生态系统对气候变化的脆弱性定量评价 [J]. 植物生态学报，32 (3)：521 - 530.

袁文平，周广胜，2004. 干旱指标的理论分析与研究展望 [J]. 地球科学进展，19 (6)：982 - 991.

袁文平，周广胜，2004. 标准化降水指标与Z指数在我国应用的对比分析 [J]. 植物生态学报，28 (4)：523 - 529.

袁喆，2016. 变化环境下干旱灾害风险评价与综合应对——以滦河流域为例 [D]. 北京：中国水利水电科学研究院.

岳志远，曹志先，李有为，等，2011. 基于非结构网格的非恒定浅水二维有限体积数学模型研究 [J]. 水动力学研究与进展：A辑，26 (3)：359 - 367.

张家团，屈艳萍，2008. 近30年来中国干旱灾害演变规律及抗旱减灾对策探

讨．中国防汛抗旱，5：48－52.
张俊，陈桂亚，杨文发，2011. 国内外干旱研究进展综述 [J]. 人民长江，42 (10)：65－69.
张丽丽，殷峻暹，侯召成，2010. 基于模糊隶属度的白洋淀生态干旱评价函数研究 [J]. 河海大学学报（自然科学版），38 (3)：252－257.
张明祥，严承高，王建春，等，2001. 中国湿地资源的退化及其原因分析 [J]. 林业资源管理 (3)：23－26.
张丕远，葛全胜，张时黄，等，1999. 2000年来我国旱涝气候演化的阶段性和突变 [J]. 第四纪研究 (1)：12－20.
张强，潘学标，马柱国，等，2009. 干旱 [M]. 北京：气象出版社.
张银辉，2005. SWAT模型及其应用研究进展 [J]. 地理科学进展，24 (5)：121－130.
张玉静，王春乙，张继权，2015. 基于SPEI指数的华北冬麦区干旱时空分布特征分析 [J]. 生态学报，35 (21)：7097－7107.
赵慧霞，吴绍洪，姜鲁光，2007. 自然生态系统响应气候变化的脆弱性评价研究进展 [J]. 应用生态学报，18 (2)：445－450.
赵慧颖，乌力吉，郝文俊，2008. 气候变化对呼伦湖湿地及其周边地区生态环境演变的影响 [J]. 生态学报，3 (3)：1064－1071.
赵翔，崔保山，杨志峰，2005. 白洋淀最低生态水位研究 [J]. 生态学报，25 (5)：1034－1040.
赵志轩，2012. 白洋淀湿地生态水文过程耦合作用机制及综合调控研究 [D]. 天津：天津大学.
衷平，杨志峰，崔保山，等，2005. 白洋淀湿地生态环境需水量研究 [J]. 环境科学学报，25 (8)：1119－1126.
周蓓，刘俊民，王伟，2008. R/S法在径流还原和预测中的应用 [J]. 人民长江，39 (15)：42－45.
周德民，宫辉力，2007. 洪河保护区湿地水文生态模型研究 [M]. 北京：中国环境科学出版社.
左冬冬，侯威，颜鹏程，等，2014. 基于游程理论和两变量联合分布的中国西南地区干旱特征研究 [J]. 物理学报，63 (23)：45－56.
左平，宋长春，钦佩，2005. 从第七届国际湿地会议看全球湿地研究热点及进展 [J]. 湿地科学，1 (1)：66－73.
Acuna V, Munoz I, Giorgi A, et al., 2005. Drought and postdrought recovery cycles in an intermittent Mediterranean stream: structural and functional aspects [J]. Journal of the North American Benthological Society,

24 (4): 919 - 933.

Ahn C, White D C, Sparks R E, 2004. Moist-Soil Plants as Ecohydrologic Indicators for Recovering the Flood Pulse in the Illinois River [J]. Restoration Ecology, 12 (2): 207 - 213.

Aherne J, Larssen T, Cosby B J, et al., 2006. Dillon. Climate variability and forecasting surface water recovery from acidification: Modelling drought induced sulphate release from wetlands [J]. Science of the Total Environment 365: 186 - 199.

Allen R G, Simith M, Perrier A, et al., 1994. An update for the definition of reference evapotranspiration [J]. ICID Bulletin, 43 (2): 1 - 34.

ǎlvarez-Rogel J, Martínez-Sǎnchez J J, Blǎzquez L C, et al., 2006. A conceptual model of salt marsh plant distribution in coastal dunes of southeastern Spain [J]. Wetlands, 26 (3): 703 - 717.

Apaydin Z, Kutbay H G, Ozbucak T, et al., 2009. Relationships between vegetation zonation and edaphic factors in a salt-marsh community (Black Sea Coast) [J]. Polish Journal of Ecology, 57 (1): 99 - 112.

Arthington A H, Balcombe S R, Wilson G A, et al., 2005. Spatial and temporal variation in fish-assemblage structure in isolated waterholes during the 2001 dry season of an arid-zone floodplain river, Cooper Creek, Australia [J]. Marine and Freshwater Research, 56 (1): 25 - 35.

Baird A J, Wilby R L, 1999. Eco-hydrology Plants and Water in Terrestrial and Aquatic Environments [M]. London: Routledge.

Baxter C V, Fausch K D, Carl Saunders W, 2005. Tangled webs: reciprocal flows of invertebrate prey link streams and riparian zones [J]. Freshwater Biology, 50 (2): 201 - 220.

Begnudelli L, Sanders B F, 2006. Unstructured grid finite-volume algorithm for shallow-water flow and scalar transport with wetting and drying [J]. Journal of hydraulic engineering, 132 (4): 371 - 384.

Bostic E M, White J R, 2007. Soil phosphorus and vegetation influence on wetland phosphorus release after simulated drought [J]. Soil Science Society of America Journal, 71 (1): 238 - 244.

Boulton A J, 2003. Parallels and contrasts in the effects of drought on stream macroinvertebrate assemblages [J]. Freshwater Biology, 48 (7): 1173 - 1185.

Brock M A, Nielsen D L, Shiel R J, et al., 2003. Drought and aquatic community resilience: the role of eggs and seeds in sediments of temporary wetlands [J]. Freshwater Biology, 48 (7): 1207-1218.

Bullock A, Acreman M, 2003. The role of wetlands in the hydrological cycle [J]. Hydrology and Earth System Sciences Discussions, 7 (3): 358-389.

Burkett V R, Kusler J, 2000. Climate Change: Potential impacts and interactions in wetlands of the United States [J]. Journal of the American Water Resources Association, 36: 313-320.

Chauvelon P, Tournoud M G, Sandoz A, 2003. Integrated hydrological modelling of a managed coastal Mediterranean wetland (Rhone delta, France): initial calibration [J]. Hydrology and Earth System Sciences, 7 (1): 123-131.

Chen H, Sun J, 2016. Anthropogenic warming has caused hot droughts more frequently in China [J]. Journal of Hydrology, 544: 306-318.

Cheng N S, 2011. Representative roughness height of submerged vegetation [J]. Water Resources Research, 47 (8).

Cowx I G, Young W O, Hellawell J M, 1984. The influence of drought on the fish and invertebrate populations of an upland stream in Wales [J]. Freshwater Biology, 14 (2): 165-177.

Cucherousset J, Paillisson J M, Carpentier A, et al., 2007. Fish emigration from temporary wetlands during drought: the role of physiological tolerance [J]. Fundamental and Applied Limnology Archiv für Hydrobiologie, 168 (2): 169-178.

Dahm C N, Baker M A, Moore D I, et al., 2003. Coupled biogeochemical and hydrological responses of streams and rivers to drought [J]. Freshwater Biology, 48 (7): 1219-1231.

Dai A G., 2011. Drought under global warming: a review [J]. Wiley Interdisciplinary Reviews: Climate Change, 2 (1): 45-65.

Dall'O M, Kluge W, Bartels F, 2001. FEUWAnet: a multi-box water level and lateral exchange model for riparian wetlands [J]. Journal of Hydrology, 250 (1): 40-62.

Davey A, Kelly D J, 2007. Fish community responses to drying disturbances in an intermittent stream: a landscape perspective [J]. Freshwater Biology, 52 (9): 1719-1733.

De Lamonica Freire E M, Heckman C W, 1996. The Seasonal Succession of Biotic Communities in Wetlands of the Tropical Wet-and-Dry Climatic

Zone: Ⅲ. The Algal Communities in the Pantanal of Mato Grosso, Brazil, with a Comprehensive List of the Known Species and Revision of two Desmid Taxa [J]. Internationale Revue der gesamten Hydrobiologie und Hydrographie, 81 (2): 253 - 280.

De Vicente I, Moreno-Ostos E, Amores V, et al., 2006. Low predictability in the dynamics of shallow lakes: implications for their management and restoration [J]. Wetlands, 26 (4): 928 - 938.

Dent C L, Grimm N B, Fisher S G, 2001. Multiscale effects of surface-subsurface exchange on stream water nutrient concentrations [J]. Journal of the North American Benthological Society, 20 (2): 162 - 181.

Do Prado A L, Heckman C W, Martins F R, 1994. The Seasonal Succession of Biotic Communities in Wetlands of the Tropical Wet-and-Dry Climatic Zone: II. The Aquatic Macrophyte Vegetation in the Pantanal of Mato Grosso, Brazil. [J]. Internationale Revue der gesamten Hydrobiologie und Hydrographie, 79 (4): 569 - 589.

Dorn N J, Trexler J C, 2007. Crayfish assemblage shifts in a large drought-prone wetland: the roles of hydrology and competition [J]. Freshwater Biology, 52 (12): 2399 - 2411.

Douglas M R, Brunner P C, Douglas M E, 2003. Drought in an evolutionary context: molecular variability in Flannelmouth Sucker (Catostomus latipinnis) from the Colorado River Basin of western North America [J]. Freshwater Biology, 48 (7): 1254 - 1273.

Dow C L, 2007. Assessing regional land-use/cover influences on New Jersey Pinelands streamflow through hydrograph analysis [J]. Hydrological processes, 21 (2): 185 - 197.

Dubé S, Plamondon A P, Rothwell R L, 1995. Watering up after clear-cutting on forested wetlands of the St. Lawrence lowland [J]. Water Resources Research, 31 (7): 1741 - 1750.

Dwire K A, Kauffman J B, Baham J E, 2006. Plant species distribution in relation to water - table depth and soil redox potential in montane riparian meadows [J]. Wetlands, 26 (1): 131 - 146.

Easterling D R, Kunkel K E, Wehner M F, et al., 2016. Detection and attribution of climate extremes in the observed record [J]. Weather & Climate Extremes, 11 (C): 17 - 27.

Eimers M C, Watmough S A, Buttle J M, et al., 2007. Drought-induced sulphate release from a wetland in south-central Ontario [J]. Environmental Monitoring and Assessment, 127 (1-3): 399-407.

Einfeldt B, Munz C, Roe P L, et al., 1991. On Godunov-type methods near low densities [J]. Journal of Computational Physics, 92 (2): 273-295.

Einfeldt B, 1988. On Godunov-type methods for gas dynamics [J]. SIAM Journal on Numerical Analysis, 25 (2): 294-318.

Esfahanian E, Nejadhashemi A P, Abouali M, et al., 2017. Development and evaluation of a comprehensive drought index [J]. Journal of Environmental Management, 185: 31-43.

Ezzine H, Bouziane A, Ouazar D, 2014. Seasonal comparisons of meteorological and agricultural drought indices in Morocco using open short time-series data [J]. International Journal of Applied Earth Observations & Geoinformation, 26 (1): 36-48.

Fan Y, Miguez-Macho G, 2011. A simple hydrologic framework for simulating wetlands in climate and earth system models [J]. Climate Dynamics, 37 (1-2): 253-278.

Fang X, Pomeroy J W, 2008. Drought impacts on Canadian prairie wetland snow hydrology [J]. Hydrological Processes, 22 (15): 2858-2873.

Fennessy M S, Jacobs A D, Kentula M E, 2004. Review of rapid methods for assessing wetland condition [R]. Washington, D. C: U. S. Environmental Protection Agency.

Foster I, Walling D E, 1978. The effects of the 1976 drought and autumn rainfall on stream solute levels [J]. Earth Surface Processes, 3 (4): 393-406.

Franzen L G, 1992. Can Earth Afford to Lose the Wetlands in the Battle Against the Increasing Greenhouse Effect [C]. IPC Proceedings of the 9th International Peat Congress.

Fränzle O, Kluge W, 1997. Typology of water transport and chemical reactions in groundwater/lake ecotones [J]. International Hydrology Series, 127-134.

Gagnon P M, Golladay S W, Michener W K, et al., 2004. Drought responses of freshwater mussels (Unionidae) in coastal plain tributaries of the Flint River Basin, Georgia [J]. Journal of Freshwater Ecology, 19 (4): 667-679.

Griswold M W, Berzinis R W, Crisman T L, et al., 2008. Impacts of climatic stability on the structural and functional aspects of macroinvertebrate communities after severe drought [J]. Freshwater Biology, 53 (12): 2465-2483.

Hall R I, Leavitt P R, Quinlan R, et al., 1999. Effects of agriculture, urbanization, and climate on water quality in the northern Great Plains [J]. Limnology and Oceanography, 44 (3): 739-756.

Hamlin L, Pietroniro A, Prowse T, et al., 1998. Application of indexed snowmelt algorithms in a northern wetland regime [J]. Hydrological Processes, 12 (10-11): 1641-1657.

Hardoim E L, Heckman C W, 1996. The Seasonal Succession of Biotic Communities in Wetlands of the Tropical Wet-and-Dry Climatic Zone: Ⅳ. The Free-Living Sarcodines and Ciliates of the Pantanal of Mato Grosso, Brazil [J]. Internationale Revue der Gesamten Hydrobiologie und Hydrographie, 81 (3): 367-384.

Harper D M, Zalewski M, 2008. Ecohydrology: processes, models and case studies: an approach to the sustainable management of water resources [M]. Cabi.

Hattermann F F, Krysanova V, Habeck A, et al., 2006. Integrating wetlands and riparian zones in river basin modelling [J]. Ecological Modelling, 199 (4): 379-392.

Heckman C W, 1994. The Seasonal Succession of Biotic Communities in Wetlands of the Tropical Wet-and-Dry Climatic Zone: I. Physical and Chemical Causes and Biological Effects in the Pantanal of Mato Grosso, Brazil [J]. Internationale Revue der Gesamten Hydrobiologie und Hydrographie, 79 (3): 397-421.

Heckman C W, 1998. The Seasonal Succession of Biotic Communities in Wetlands of the Tropical Wet-and-Dry Climatic Zone: V. Aquatic Invertebrate Communities in the Pantanal of Mato Grosso, Brazil [J]. International Review of Hydrobiology, 83 (1): 31-63.

Heniche M, Secretan Y, Boudreau P, et al., 2000. A two-dimensional finite element drying-wetting shallow water model for rivers and estuaries [J]. Advances in Water Resources, 23 (4): 359-372.

Herbst P H, Bredenkamp D B, Barker H G, 1966. A Technique for the Evaluation of Drought from Rainfall Data [J]. Journal of Hydrology, 4: 264.

Hoerling M, Eischeid J, Perlwitz J, et al., 2011. On the increased frequency of Mediterranean drought [J]. Journal of Climate, 25: 2146 - 2161.

Huckelbridge K H, Stacey M T, Glenn E P, et al., 2010. An integrated model for evaluating hydrology, hydrodynamics, salinity and vegetation cover in a coastal desert wetland [J]. Ecological Engineering, 36 (7): 850 - 861.

Humphries P, Baldwin D S, 2003. Drought and aquatic ecosystems: an introduction [J]. Freshwater Biology, 48 (7): 1141 - 1146.

IPCC, 2013. Summary for Policymakers. In: Climate Change 2013: The Physical Science Basis. Contribution of Working Group I to the Fifth Assessment Report of the Intergovernmental Panel on Climate Change [M]. Cambridge University Press, Cambridge, United Kingdom and New York, NY, USA.

Jasper K, Calanca P, Fuhrer J, 2006. Changes in summertime soil water patterns in complex terrain due to climatic change [J]. Journal of Hydrology, 327 (3): 550 - 563.

Jawahar P, Kamath H, 2000. A high-resolution procedure for Euler and Navier-Stokes computations on unstructured grids [J]. Journal of Computational Physics, 164 (1): 165 - 203.

Jia J Y, Han L Y, Liu Y F, et al., 2016. Drought risk analysis of maize under climate change based on natural disaster system theory in Southwest China [J]. Acta Ecologica Sinica, 36 (5): 340 - 349.

Joris I, Feyen J, 2003. Modelling water flow and seasonal soil moisture dynamics in analluvial groundwater-fed wetland [J]. Hydrology and Earth System Sciences Discussions, 7 (1): 57 - 66.

Kauffman G J, Vonck K J, 2011. Frequency and intensity of extreme drought in the Delaware Basin, 1600 - 2002 [J]. Water Resources Research, 47 (5): W5521.

Kazezyılmaz-Alhan C M, Medina M A, Richardson C J A, 2007. Wetland hydrology and water quality model incorporating surface water/groundwater interactions [J]. Water Resources Research, 43 (4): W4434.

Kershaw P, Moss P, Van Der Kaars S, 2003. Causes and consequences of long-term climatic variability on the Australian continent [J]. Freshwater Biology, 48 (7): 1274 - 1283.

Kim S Y, Lee S H, Freeman C, et al., 2008. Comparative analysis of soil microbial communities and their responses to the short-term drought in bog, fen, and riparian wetlands [J]. Soil Biology & Biochemistry, 40 (11): 2874 - 2880.

Kingsford R T, Jenkins K M, Porter J L, 2004. Imposed hydrological stability on lakes in arid Australia and effects on waterbirds [J]. Ecology, 85 (9): 2478 - 2492.

Kluge W, Müller-Buschbaum P, Theesen L, 1994. Parameter acquisition for modelling exchange processes between terrestrial and aquatic ecosystems [J]. Ecological Modelling, 75: 399 - 408.

Lafleur P M, Mccaughey J H, Joiner D W, et al., 1997. Seasonal trends in energy, water, and carbon dioxide fluxes at a northern boreal wetland [J]. Journal of Geophysical Research: Atmospheres (1984 - 2012), 102 (D24): 29009 - 29020.

Lake P S, 2003. Ecological effects of perturbation by drought in flowing waters [J]. Freshwater Biology, 48 (7): 1161 - 1172.

Leberfinger K, Bohman I, Herrmann J, 2010. Drought impact on stream detritivores: experimental effects on leaf litter breakdown and life cycles [J]. Hydrobiologia, 652 (1): 247 - 254.

Ledger M E, Edwards F K, Brown L E, et al., 2011. Impact of simulated drought on ecosystem biomass production: an experimental test in stream mesocosms [J]. Global Change Biology, 17 (7): 2288 - 2297.

Lee J H, Kim C J, 2012. A multi-model assessment of the climate change effect on the drought severity-duration-frequency relationship [J]. Hydrological Processes.

Leng G, Tang Q, Rayburg S, 2015. Climate change impacts on meteorological, agricultural and hydrological droughts in China [J]. Global & Planetary Change, 126 (126): 23 - 34.

Li L J, Zhang L, Wang H, et al., 2007. Assessing the impact of climate variability and human activities on streamflow from the Wuding River basin in China [J]. Hydrological Processes, 21 (25): 3485 - 3491.

Li X, Jongman R H, Hu Y, et al., 2005. Relationship between landscape structure metrics and wetland nutrient retention function: A case study of Liaohe Delta, China [J]. Ecological Indicators, 5 (4): 339 - 349.

Liang Q, Borthwick A G, 2009. Adaptive quadtree simulation of shallow flows with wet - dry fronts over complex topography [J]. Computers & Fluids, 38 (2): 221 - 234.

Lien F S, 2000. A pressure-based unstructured grid method for all-speed flows [J]. International Journal for Numerical Methods in Fluids, 33 (3): 355 - 374.

Liu C, Xia J, 2011. Detection and Attribution of Observed Changes in the Hydrological Cycle under Global Warming [J]. Advances in Climate Change Research, 02 (1): 31 - 37.

Liu X, Xu X, Yu M, et al., 2016. Hydrological Drought Forecasting and Assessment Based on the Standardized Stream Index in the Southwest China [J]. Procedia Engineering, 154: 733 - 737.

Liu Y, Yang W, Wang X, 2008. Development of a SWAT extension module to simulate riparian wetland hydrologic processes at a watershed scale [J]. Hydrological Processes, 22 (16): 2901 - 2915.

Lucassen E C, Smolders A J, Lamers L P, et al., 2005. Water table fluctuations and groundwater supply are important in preventing phosphate-eutrophication in sulphate-rich fens: consequences for wetland restoration [J]. Plant and Soil, 269 (1 - 2): 109 - 115.

Magoulick D D, Kobza R M, 2003. The role of refugia for fishes during drought: a review and synthesis [J]. Freshwater Biology, 48 (7): 1186 - 1198.

Mansell R S, Bloom S A, Sun G, 2000. A model for wetland hydrology: description and validation [J]. Soil Science, 165 (5): 384 - 397.

Milly P, Dunne K A, 2002. Macroscale water fluxes 2. Water and energy supply control of their interannual variability [J]. Water Resources Research, 38 (10): 1206.

Mitchell M J, Bailey S W, Shanley J B, et al., 2008. Evaluating sulfur dynamics during storm events for three watersheds in the northeastern USA: a combined hydrological, chemical and isotopic approach [J]. Hydrological Processes, 22 (20): 4023 - 4034.

Mitsch W J, Gosselink J G, Zhang L, et al., 2009. Wetland ecosystems [M]. New York: Wiley.

Mitsch W J, Gosselink J G, 2007. Wetlands [M]. New York: John Wiley & Sons, Inc.

Moon H P. 1956. Observations on a small portion of a drying chalk stream [C]. Wiley Online Library.

Motovilov Y G, Gottschalk L, Engeland K, et al., 1999. Validation of a distributed hydrological model against spatial observations [J]. Agricultural and Forest Meteorology，98 - 99：257 - 277.

Muchmore C B，Dziegielewski B，1983. Impact of drought on quality of potential water supply sources in the sangamon river basin [J]. Journal of the American Water Resources Association，19 (1)：37 - 46.

Mulhouse J M，De Steven D，Lide R F，et al.，2005. Effects of dominant species on vegetation change in Carolina bay wetlands following a multi-year drought [J]. Journal of the Torrey Botanical Society，132 (3)：411 - 420.

N. Sajikumar，B. S. Thandaveswara，1999. A nonlinear rainfall-runoff model using an artificial neural network [J]. Journal of Hydrology，216：32 - 35.

Naiman R J，Decamps H，Pastor J，et al.，1988. The potential importance of boundaries of fluvial ecosystems [J]. Journal of the North American Benthological Society：289 - 306.

Naiman R J，Decamps H. 1997. The ecology of interfaces：riparian zones [J]. Annual review of Ecology and Systematics：621 - 658.

Nam W H，Hayes M J，Svoboda M D，et al.，2015. Drought hazard assessment in the context of climate change for South Korea [J]. Agricultural Water Management，160：106 - 117.

Nash J E，Sutcliffe J V，1970. River flow forecasting through conceptual models：part I. a discussion of principles [J]. Journal of Hydrology，10 (3)：282 - 290.

Nicholas R B，Lake P S，Angela H A，2008. The impacts of drought on freshwater ecosystems：an Australian perspective [J]. Hydrobiologia，600：3 - 16.

Parry M L，2007. Climate Change 2007：Impacts，Adaptation and Vulnerability：Working Group I Contribution to the Fourth Assessment Report of the IPCC [M]. Cambridge University Press.

Pathak A A，Channaveerappa，Dodamani B M，2016. Comparison of two hydrological drought indices [J]. Perspectives in Science，8：626 - 628.

Plum N M，Filser J，2005. Floods and drought：Response of earthworms and potworms (Oligochaeta：Lumbricidae，Enchytraeidae) to hydrological extremes in wet grassland [J]. Pedobiologia，49 (5)：443 - 453.

Pollock M M，Naiman R J，Hanley T A，1998. Plant species richness in riparian wetlands-a test of biodiversity theory [J]. Ecology，79 (1)：94 - 105.

Price J S，Waddington J M，2000. Advances in Canadian wetland hydrology an biogeochemistry [J]. Hydrological Processes，14 (9)：1579 - 1589.

Richman M B, Leslie L M, 2015. Uniqueness and causes of the california drought [J]. Procedia Computer Science, 61: 428 - 435.

Sabo J L, Sponseller R, Dixon M, et al., 2005. Riparian zones increase regional species richness by harboring different, not more, species [J]. Ecology, 86 (1): 56 - 62.

Saito T, Terashima I, 2004. Reversible decreases in the bulk elastic modulus of mature leaves of deciduous Quercus species subjected to two drought treatments [J]. Plant Cell and Environment, 27 (7): 863 - 875.

Schneider C, Laizé C L R, Acreman M C, et al., 2013. How will climate change modify river flow regimes in Europe? [J]. Hydrology and Earth System Sciences, 17 (1): 325 - 339.

Song L, Zhou J, Guo J, et al., 2011. A robust well-balanced finite volume model for shallow water flows with wetting and drying over irregular terrain [J]. Advances in Water Resources, 34 (7): 915 - 932.

Song L, Zhou J, Li Q, et al., 2011. An unstructured finite volume model for dam-break floods with wet/dry fronts over complex topography [J]. International Journal for Numerical Methods in Fluids, 67 (8): 960 - 980.

Sprague L A, 2005. Drought effects on water quality in the South Platte River Basin, Colorado [J]. Journal of the American Water Resources Association, 41 (1): 11 - 24.

Staes J, Rubarenzya M H, Meire P, et al., 2009. Modelling hydrological effects of wetland restoration: a differentiated view [J]. Water Science and Technology, 59 (3): 433 - 441.

Stanford J A, Ward J V, 2001. Revisiting the serial discontinuity concept [J]. Regulated Rivers: Research & Management, 17 (4 - 5): 303 - 310.

Stanley E H, Fisher S G, Grimm N B, 1997. Ecosystem expansion and contraction in streams [J]. BioScience, 47: 427 - 435.

Steve Gilbert, Kirsten Lackstrom, Dan Tufford, 2012. The Impact of Drought on Coastal Ecosystems in the Carolinas [R]. Carolinas Integrated Sciences and Assessments (CISA), Executive Summary: Carolinas, 1 - 8.

Stroh C L, De Steven D, Guntenspergen G R, 2008. Effect of climate fluctuations on long-term vegetation dynamics in Carolina Bay wetlands [J]. Wetlands, 28 (1): 17 - 27.

Sun S, Chen H, Ju W, et al. 2014. On the attribution of the changing hydrological cycle in Poyang Lake Basin, China [J]. Journal of Hydrology, 514: 214 - 225.

Swetalina N, Thomas T, 2016. Evaluation of hydrological drought characteristics for bearma basin in Bundelkhand region of central India [J]. Procedia Technology, 24: 85 - 92.

Taylor R G, Scanlon B, Dll P, et al., 2013. Ground water and climate change [J]. Nature Climate Change, 3 (4): 322 - 329.

Toro E F, 2009. Riemann solvers and numerical methods for fluid dynamics: a practical introduction [M]. Berlin: Springer.

Touchette B, Iannacone L, Turner G, et al., 2007. Drought tolerance versus drought avoidance: A comparison of plant-water relations in herbaceous wetland plants subjected to water withdrawal and repletion [J]. Wetlands, 27 (3): 656.

Trepel M, Dall'O M, Dal Cin L, et al., 2000. Models for wetland planning, design and management [J]. Guidelines for Wetland Monitoring, Designing and Modelling, 8: 93 - 137.

Trepel M, Kluge W, 2004. Wettrans: a flow-path-oriented decision-support system for the assessment of water and nitrogen exchange in riparian peatlands [J]. Hydrological Processes, 18 (2): 357 - 371.

UNISDR, 2009. Drought Risk Reduction Framework and Practices: Contributing to the Implementation of the Hyogo Framework for Action [M]. Geneva: United Nations secretariat of the International Strategy for Disaster Reduction.

Van L, 2000. Drought and Drought Management in Europe [M]. Dordrecht: Kluwer.

Vanek V, 1997. Heterogeneity of groundwater-surface water ecotones [J]. International Hydrology Series, 151 - 161.

Verdon-Kidd D C, Scanlon B R, Ren T, et al., 2017. A comparative study of historical droughts over Texas, USA and Murray-Darling Basin, Australia: Factors influencing initialization and cessation [J]. Global & Planetary Change, 149 (2): 123 - 138.

Vicente-Serrano S M, L′opez-Moreno J I, 2005. Hydrological response to different time scales of climatological drought: an evaluation of the Standardized Precipitation Index in a mountainous Mediterranean basin [J]. Hydrology and Earth System Sciences, 9: 523 - 533.

Wagner I, Zalewski M, 2000. Effect of hydrological patterns of tributaries on biotic processes in a lowland reservoir—consequences for restoration [J]. Ecological Engineering, 16 (1): 79 - 90.

Wanders N, Wada Y, 2014. Human and climate impacts on the 21st century hydrological drought [J]. Journal of Hydrology, 526: 208 - 220.

Wang M N, Qin D Y, Lu C Y, et al., 2010. Modeling anthropogenic impacts and hydrological processes on a wetland in China [J]. Water Resources Management, 24 (11): 2743 - 2757.

Wang W, Shao Q, Yang T, et al., 2013. Quantitative assessment of the impact of climate variability and human activities on runoff changes: a case study in four catchments of the Haihe River basin, China [J]. Hydrological Processes, 27 (8): 1158 - 1174.

Welcomme R L, 1986. The effects of the Sahelian drought on the fishery of the central delta of the Niger River [J]. Aquaculture Research, 17 (2): 147 - 154.

Wright J F, Berrie A D, 1987. Ecological effects of groundwater pumping and a natural drought on the upper reaches of a chalk stream [J]. Regulated Rivers: Research & Management, 1 (2): 145 - 160.

Wylie E B, Streeter V L, Suo L, 1993. Fluid transients in systems [M]. N. J.: Prentice Hall Englewood Cliffs.

Yang G, Shao W, Wang H, et al., 2016. Drought Evolution Characteristics and Attribution Analysis in Northeast China [J]. Procedia Engineering, 154: 749 - 756.

Ylla I, Sanpera-Calbet I, Vázquez E, et al., 2010. Organic matter availability during pre-and post-drought periods in a Mediterranean stream [J]. Hydrobiologia, 657 (1): 217 - 232.

Zacharias I, Dimitriou E, Koussouris T, 2004. Quantifying land-use alterations and associated hydrologic impacts at a wetland area by using remote sensing and modeling techniques [J]. Environmental Modeling and Assessment, 9 (1): 23 - 32.

Zelnik I, čarni A, 2008. Distribution of plant communities, ecological strategy types and diversity along a moisture gradient [J]. Community Ecology, 9 (1): 1 - 9.

Zhang L, Dawes W R, Walker G R, 2001. Response of mean annual evapotranspiration to vegetation changes at catchment scale [J]. Water Resources Research, 37 (3): 701 - 708.

Zhang X, Zhang L, Zhao J, et al., 2008. Responses of streamflow to changes in climate and land use/cover in the Loess Plateau, China [J]. Water Resources Research, 44 (7): W7A.

Zheng H, Zhang L, Zhu R, et al., 2009. Responses of streamflow to climate and land surface change in the headwaters of the Yellow River Basin [J]. Water Resources Research, 45 (7): W19A.

Abstract

This book has proposed the theory and technical framework of drought restoration with Baiyangdian basin and Baiyangdian lake as the case study. Based on the hydrology model and ecological models of wetland, the historical drought of the Baiyangdian basin and the lake has been evaluated. What's more, the drought evolution law and driving mechanism have been identified. It has proposed comprehensive measures to fighting drought after studying the characteristics of drought restoration. These studies will provide an important foundation for understanding of drought mechanisms and influence, and improve comprehensive measures to fighting drought.

This book can be read for experts who engage in the mechanism of drought evolution and lake ecological hydrology. And, it can be read for teachers and students of related majors in universities for, also.

Contents

“水科学博士文库”编后语

水科学博士是活跃在我国水利水电建设事业中的一支重要力量，是从事水利水电工作的专家群体，他们代表着水利水电科学最前沿领域的学术创新“新生代”。为充分挖掘行业内的学术资源，系统归纳和总结水科学博士科研成果，服务和传播水电科技，我们发起并组织了“水科学博士文库”的选题策划和出版。

“水科学博士文库”以系统地总结和反映水科学最新成果，追踪水科学学科前沿为主旨，既面向各高等院校和研究院，也辐射水利水电建设一线单位，着重展示国内外水利水电建设领域高端的学术和科研成果。

“水科学博士文库”以水利水电建设领域的博士的专著为主。所有获得博士学位和正在攻读博士学位的在水利及相关领域从事科研、教学、规划、设计、施工和管理等工作的科技人员，其学术研究成果和实践创新成果均可纳入文库出版范畴，包括优秀博士论文和结合新近研究成果所撰写的专著以及部分反映国外最新科技成果的译著。获得省、国家优秀博士论文奖和推荐奖的博士论文优先纳入出版计划，择优申报国家出版奖项，并积极向国外输出版权。

我们期待从事水科学事业的博士们积极参与、踊跃投稿（邮箱：103656940@qq.com），共同将“水科学博士文库”打造成一个展示高端学术和科研成果的平台。

中国水利水电出版社

水利水电出版事业部

2022年9月